令和6年度版

ビジネス計算実務検定模擬テスト1級

JN132194

◆ 問題集の構成と学習のすすめかた

① 分野別学習（p.3 ～ 73）

【構成】

・ビジネス計算の基本トレーニング …p.2	5.減価償却 …p.30
1.単利の計算 …p.6	6.仲立人 …p.38
2.手形割引 …p.14	7.売買計算 …p.42
3.複利終価 …p.16	8.複利年金の計算 …p.54
4.複利現価 …p.22	9.証券投資の計算 …p.74
・利息計算復習問題（①，②）…p.26	

【内容と学習方法】

　ここでは，1級の試験範囲について分野別に学習します。はじめに，その分野の基本的な内容や公式について学習します。その後，例題を学習し，練習問題で理解度を確認します。

　例題解説の電卓操作については，カシオ型，シャープ型それぞれの操作と，どちらにも共通する操作について載せています。電卓のキー操作は，問題によりさまざまなパターンがあります。そのため，解説では，以下のような方法でキー操作を説明しています。

パターン1

【電卓】75200 ÷ 470 ＝

→ カシオ型・シャープ型で共通のキー操作

パターン2

【電卓】670000 × 66 ％ ／ 670000 × .66 ＝

→ カシオ型・シャープ型で共通のキー操作。また，（／）の前後どちらの操作でもよい。

パターン3

【電卓】C型 1 ＋ .23 ÷ ÷ 541200 ＝
　　　　S型 1 ＋ .23 ＝ 541200 ÷ GT ＝

→ C型はカシオ型電卓の操作方法，S型はシャープ型電卓の操作方法

パターン4

【電卓】共通 1 ＋ .033 × 190000 ＝
　　　　C型 190000 × 33 ％ ＋
　　　　S型 190000 × 33 ％ ＋ ＝ ／ 190000 ＋ 33 ％

→ 共通：カシオ型・シャープ型共通の操作
→ カシオ型の場合，1 ＋ .033 × 190000 ＝ と 190000 × 33 ％ ＋ どちらの操作でもよい。
→ シャープ型の場合，1 ＋ .033 × 190000 ＝ と 190000 × 33 ％ ＋ ＝ と 190000 ＋ 33 ％ の3つのうち，どの操作でもよい。

② 例題・練習問題の復習（p.80 ～ 117）

　ここでは，p.5 ～ 77の例題・練習問題と同じ問題を解くことができます。問題は分野ごとに構成されており，名前と正答数の記入欄を設けているため，復習テストとしても活用することができます。

③ ビジネス計算実務検定試験の注意事項（p.118 ～ 119）

　ここでは，試験を受けるうえでの注意事項やポイントについて確認します。

④ 模擬試験問題8回分（p.120 ～ 183）

　ここでは，本番の試験と同じ形式の模擬試験問題を解くことができます。模擬試験は8回分あります。

⑤ 最新過去問題3回分（p.184 ～ 207）

　最新の過去問題3回分を掲載しています。

ビジネス計算の基本トレーニング①

1．数字の書き方トレーニング

0〜9までの数字の書き方を練習してみよう!

0	1	2	3	4	5	6	7	8	9

0	1	2	3	4	5	6	7	8	9

2. 記号の書き方トレーニング

練習してみよう！

ビジネス計算でよく用いられる記号の書き方を練習してみよう！

【 通貨単位 】

国・地域	通貨単位	補助通貨単位	記 号	記 号 の 練 習					
日　本	円	1円＝100銭	¥	¥	¥				
アメリカ	ドル	1ドル＝100セント	$	$	$				
Ｅ　Ｕ	ユーロ	1ユーロ＝100セント	€	€	€				
イギリス	ポンド	1ポンド＝100ペンス	£	£	£				

【 長さの単位 】

メートル	1メートル＝100cm	m	m	m					
ヤード	1ヤード＝0.9144m	yd	yd	yd					
フィート	1フィート＝0.3048m	ft	ft	ft					
インチ	1インチ＝2.54cm	in	in	in					

【 重さの単位 】

リットル	1リットル＝10dL	L	L	L					
キログラム	1キログラム＝1,000g	kg	kg	kg					
トン	1トン＝1,000kg	t	t	t					
ポンド	1ポンド＝0.4536kg	lb	lb	lb					

ビジネス計算の基本トレーニング②

3. 割合の表し方トレーニング

練習してみよう！
Dentakun

「￥2,500の75％はいくらか」のような問題では、「￥2,500×0.75＝￥1,875」のように、割合を小数にして計算するよ。75％や7割5分などの割合をすばやく小数に直せるように、練習をしてみよう！
たとえば、33.3％＝3割3分3厘＝0.333だよ。

	百分率	小 数	歩 合
①	23％		
②		0.35	
③			1割3分
④	4.3％		
⑤		0.021	
⑥	0.1％		
⑦			2割4厘

	百分率	小 数	歩 合
⑧			5分
⑨		0.005	
⑩	76.3％		
⑪	40.08％		4割8毛
⑫	3.4％		
⑬			3割3分3厘
⑭	0.76％		

4. 補数（割引き・％引き）をつくるトレーニング

練習してみよう！
Dentakun

たとえば「￥2,500の35％引きはいくらか」という問題では、「￥2,500×（1－0.35）＝￥1,875」のように計算するよ。このとき、先に（1－0.35）つまり0.75を出してから計算するよ。この0.75は補数といい、足して1になる相手の数のことだよ。補数の作り方は、小数点以下の最後の数は10になる相手の数、それ以外は9になる相手の数を考えれば、わかりやすいよ。
もとの数：0.4 2 1
補　　数：0.5 7 9
　　　　　　9 9 10　←最後の数は10になる相手、それ以外は9になる相手の数だよ。

① 0.3 → (　　　) 　② 0.4 → (　　　) 　③ 0.26 → (　　　)
④ 0.34 → (　　　) 　⑤ 0.015 → (　　　) 　⑥ 0.56 → (　　　)
⑦ 20％引き → (　　　) 　⑧ 42％引き → (　　　) 　⑨ 8％引き → (　　　)
⑩ 0.7％引き → (　　　) 　⑪ 4割引き → (　　　) 　⑫ 2割引き → (　　　)
⑬ 3分引き → (　　　) 　⑭ 1割2分引き → (　　　)

⑮ ￥5,000の30％引きはいくらか。 → (￥　　　) 　⑯ ￥6,000の14％引きはいくらか。 → (￥　　　)
⑰ ￥7,000の2％引きはいくらか。 → (￥　　　) 　⑱ ￥5,000の2割引きはいくらか。 → (￥　　　)
⑲ ￥8,000の1割5分引きはいくらか。 → (￥　　　) 　⑳ ￥6,000の6分引きはいくらか。 → (￥　　　)

5. 割増し（増し・％増し）を作るトレーニング

練習してみよう！
Dentakun

「￥2,500の35％増しはいくらか」のような問題では、「￥2,500×（1＋0.35）＝3,375」のように計算するよ。このとき、先に（1＋0.35）つまり1.35を出してから計算するよ。この1.35は0.35に1を足した数で、たとえば0.2増しは1.2となり、3割増しは1.3となるよ。

① 0.3 → (　　　) 　② 0.4 → (　　　)
③ 0.26 → (　　　) 　④ 0.34 → (　　　)
⑤ 0.015 → (　　　) 　⑥ 0.56 → (　　　)
⑦ 20％増し → (　　　) 　⑧ 42％増し → (　　　)
⑨ 8％増し → (　　　) 　⑩ 0.7％増し → (　　　)
⑪ 4割増し → (　　　) 　⑫ 2割増し → (　　　)
⑬ 3分増し → (　　　) 　⑭ 1割2分増し → (　　　)

⑮ ￥5,000の30％増しはいくらか。 → (￥　　　) 　⑯ ￥6,000の14％増しはいくらか。 → (￥　　　)
⑰ ￥7,000の2％増しはいくらか。 → (￥　　　) 　⑱ ￥5,000の2割増しはいくらか。 → (￥　　　)
⑲ ￥8,000の1割5分増しはいくらか。 → (￥　　　) 　⑳ ￥6,000の6分増しはいくらか。 → (￥　　　)

（解答→別冊 p.5）

6. 原価 x を用いて予定売価や実売価の式にするトレーニング

【① 原価を x とした式の作成】

・原価に ¥20 の利益を見込んで予定売価をつけた　　　　　　　　　→（予定売価：$x + 20$　）

・原価に 25 ％の利益を見込んで予定売価をつけた　　　　　　　　→（予定売価：$1.25x$　）

・¥15 の利益があった　　　　　　　　　　　　　　　　　　　　　→（実売価：$x + 15$　）

・原価の 18.75 ％の利益があった　　　　　　　　　　　　　　　→（実売価：$1.1875x$　）

・¥15 の損失であった　　　　　　　　　　　　　　　　　　　　　→（実売価：$x - 15$　）

・原価の 18.75 ％の損失であった　　　　　　　　　　　　　　　→（実売価：$0.8125x$　）

・原価の 20 ％の利益を見込んで予定売価をつけた商品を 5 ％引きで販売

　　　　　　　　　　　　　　　→ 予定売価：原価の 20 ％増し（$1.2x$）

　　　　　　　　　　　　　　　　実売価：予定売価から 5 ％引き

　　　　　　　　　　　　　　　→ 予定売価 ×（$1 - 0.05$）

　　　　　　　　　　　　　　　→ 0.05 の補数は 0.95（予定売価 × 0.95）

　　　　　　　　　　　　　　　→（$1.2x$）× $0.95 = 1.14x$（実売価）

・原価 x に対し、¥20 の利益を見込み予定売価をつけた商品を 10 ％引きで販売

　　　　　　　　　　　　　　　→ 予定売価：原価 + ¥20（$x + 20$）

　　　　　　　　　　　　　　　→ 実売価：予定売価 ×（$1 - 0.1$）

　　　　　　　　　　　　　　　→ 0.1 の補数は 0.9（予定売価 × 0.9）

　　　　　　　　　　　　　　　→（$x + 20$）× 0.9

　　　　　　　　　　　　　　　＝ $0.9x + 18$（実売価）

① 原価に ¥50 の利益を見込んで予定売価をつけた　　　　　　　　→（予定売価：　　　　　）

② 原価の 15 ％利益を見込んで予定売価をつけた　　　　　　　　→（予定売価：　　　　　）

③ ¥25 の利益があった　　　　　　　　　　　　　　　　　　　　→（実売価：　　　　　）

④ 原価の 19.75 ％の利益があった　　　　　　　　　　　　　　→（実売価：　　　　　）

⑤ ¥35 の損失であった　　　　　　　　　　　　　　　　　　　　→（実売価：　　　　　）

⑥ 原価の 19.55 ％の損失であった　　　　　　　　　　　　　　→（実売価：　　　　　）

⑦ 原価の 25 ％利益を見込んで予定売価をつけた商品を 8 ％引きで販売　→（実売価：　　　　　）

⑧ 原価の ¥50 利益を見込んで予定売価をつけた商品を 2 割引きで販売　→（実売価：　　　　　）

【② 原価を x，予定売価を y，値引きを n とし、式を作成】

・予定売価の 1 割 2 分引きで販売した　　　　　　　　　　　　　→（実売価：　　$0.88y$　）

・原価の 24 ％の利益を見込んで予定売価をつけ、値引きをして ¥2,400 で販売　→（式：$1.24x - n = 2400$）

・¥4,920 で販売したところ、原価の 23 ％の利益になった　　　→（式：$4,920 = 1.23x$ または $1.23x = 4,920$）

⑨ 予定売価の 2 割 2 分引きで販売した　　　　　　　　　　　　→（実売価：　　　　　）

⑩ 原価の 25 ％の利益を見込んで予定売価をつけ、値引きをして ¥3,400 で販売　→（式：　　　　　）

⑪ 予定売価の 2 割 5 分引きで販売した　　　　　　　　　　　　→（実売価：　　　　　）

⑫ ¥500 の利益を見込んで予定売価をつけ，3 割値引きをして販売　→（実売価：　　　　　）

⑬ ¥6,200 で販売したところ、原価の 24 ％の利益になった　　　→（式：　　　　　）

⑭ ¥4,110 で販売したところ、原価の 37 ％の利益になった　　　→（式：　　　　　）

1．単利の計算①

1 基本の単利計算（2級の復習も兼ねる）

元　　金 … 利息を計算するもとになるお金。
年　　利 … 元金に対する1年間で発生する利息の割合のこと。
年 利 率 … 年利の利率
期　　間 … 借入あるいは貸付の期間。1年を基準にしている。
元利合計 … 利息と元金の合計。

【ひとこと①】（→ p.7）
うるう年とは？

※期間が月数や日数などの場合は，計算の際に12か月や365日を分母とした分数の形であらわす必要があるよ。うるう年を含む場合は1日多くなるけれど，分母は平年と同様に365日にしよう！

3か月：$\dfrac{3}{12}$ …1年（12か月）のうち3か月分。

1年4か月：$\dfrac{16}{12}$ …（12＋4）か月分。

67日：$\dfrac{67}{365}$ …1年（365日）のうち67日分。

ひとこと
Dentakun

【ひとこと②】（→ p.9）
公式は少ないほど良い！

【 ① 単利の基本式（利息）】

利息 ＝ 元金 × 年利率 × 期間※

【 ② 単利の基本式の変形（元金・年利率・期間）】

「元金×年利率×期間＝利息」に数字を当てはめ，求めたいものを左辺に残す。他はすべて右辺に移す。左辺から右辺に移すときは，符号を逆にする。

・元　金 … 「元金×年利率×期間＝利息」に数字を当てはめ，「元金」を左辺に残し，他は右辺に移す。
　　　　　たとえば，期間が日数の場合，次のようになる。

元金 ×年利率 ×日数 ÷365 ＝ 利息 ×365 ÷日数 ÷年利率

期間が月数の場合は，「日数」を「月数」，「365」を「12」にする。

期間が**年数**のとき： 元　金 ＝ 利息 ÷ 年利率 ÷ 期間
期間が**月数**のとき： 元　金 ＝ 利息 × 12 ÷ 月数 ÷ 年利率
期間が**日数**のとき： 元　金 ＝ 利息 × 365 ÷ 日数 ÷ 年利率

ひとこと
Dentakun

商業の計算では，端数がでないように掛け算を必ず先に計算しよう！

・年利率 … 「元金×年利率×期間＝利息」に数字を当てはめ，「年利率」を左辺に残し，他は右辺に移す。
　　　　　元金の計算と同様に利息の計算式を変形すると，年利率を求める式は次のようになる。

期間が**年数**のとき： 年利率 ＝ 利息 ÷ 元金 ÷ 期間
期間が**月数**のとき： 年利率 ＝ 利息 × 12 ÷ 月数 ÷ 元金
期間が**日数**のとき： 年利率 ＝ 利息 × 365 ÷ 日数 ÷ 元金

・期　間 … 「元金×年利率×期間＝利息」に数字を当てはめ，「期間」を左辺に残し，他は右辺に移す。
　　　　　元金の計算と同様に利息の計算式を変形すると，期間を求める式は次のようになる。

期間が**年数**のとき： 期間 ＝ 利息 ÷ 元金 ÷ 年利率
期間が**月数**のとき： 期間 ＝ 利息 × 12 ÷ 年利率 ÷ 元金
期間が**日数**のとき： 期間 ＝ 利息 × 365 ÷ 年利率 ÷ 元金

1 基本の単利計算

例1 | 1-① 単利の基本式（利息）

¥53,000,000 を年利率 0.262％の単利で 1 年 5 か月間借り入れた。期日に支払う利息はいくらか。（円未満切り捨て）

❶「×$\frac{17}{12}$」は，「× 17 ÷ 12」と計算する。
商業の計算は掛け算が先。
　→「1 年 5 か月」は 12 ＋ 5 ＝ 17 か月。

❷円未満切り捨て

【解式】¥53,000,000 × 0.00262 ×$\frac{17}{12}$❶ ＝ ¥196,718.3… （¥196,718❷）

　　　　元金　×　年利率　×　期間　＝　利息

【電卓】ラウンドセレクターを CUT（S型は↓），小数点セレクターを 0 に設定

53000000 ☒ . 00262 ☒ 17 ÷ 12 ＝ ／ 53000000 ☒ . 262 ％ ☒ 17 ÷ 12 ＝

答　　　¥196,718

═══════════ ≪ 練 習 問 題 ≫ ═══════════

(1) ¥53,000,000 を年利率 2.5％の単利で 1 年 5 か月間貸し付けると，期日に受け取る利息はいくらか。（円未満切り捨て）

答　＿＿＿＿＿＿＿＿

(2) ¥460,000 を年利率 3％の単利で 120 日間借り入れた。期日に支払う利息はいくらか。（円未満切り捨て）

答　＿＿＿＿＿＿＿＿

(3) ¥59,500,000 を年利率 0.493％の単利で 8 か月間借り入れた。期日に支払う利息はいくらか。（円未満切り捨て）

答　＿＿＿＿＿＿＿＿

(4) 元金 ¥23,800,000 を年利率 0.374％の単利で 6 月 2 日から 10 月 10 日まで借り入れた。期日に支払う利息はいくらか。（片落とし，円未満切り捨て）

答　＿＿＿＿＿＿＿＿

（解答→別冊 p6，例題・練習問題復習テスト→ p80）

ビジネス計算の問題を解くときには，問題文の最後の（ ）内に注意しよう！たとえば…
・日数の処理では，「片落とし」か「両端入れ」かを確認
・2 月が含まれる場合には，「平年」か「うるう年」かを確認
・何も指定がないときには，電卓の設定を「F」にする

また，メモリー機能などを使った後は，次の問題にうつる前に MC や AC などで電卓をリセットするのを忘れないようにしよう！

うるう年とは？

ひとこと①
「うるう年とは？」

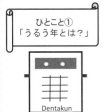

　平年の場合，2 月は 28 日までありますが，4 年に 1 回，2 月が 29 日になる年があります。この年を「うるう年」といいます。地球の回転から 1 年を調整するためにつくられたものです。ちなみに，夏のオリンピックの年は一部例外もありますが，ほとんどがうるう年です。商業の日数計算では，算出した日数に「＋1」します。なお，分母の 365 日はそのままであり，366 日にはしないルールです。

1. 単利の計算①

[1]－② 単利の基本式の変形（元金）

ある金額を年利率 0.426％で，5 月 19 日から 10 月 12 日まで貸し付けたところ，利息が ¥95,424 になった。元金はいくらか。（片落とし）

【解説】 日　数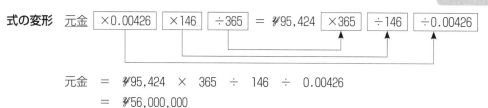 $(31 - 19) + 30 + 31 + 31 + 30 + 12 = 146$ 日

❶【電卓】日数の計算
31 ⊟ 19 ⊞ 30 ⊞ 31 ⊞ 31 ⊞ 30 ⊞ 12 ⊟
(146 日) または，「日数計算条件セレクター」を「片落とし」に設定し，
C型 5 日数 19 ÷ 10 日数 2 ⊟
S型 5 日数 19 ％ 10 日数 12 ⊟

　　　　 基 本 式　元金 $\times$ 0.00426 $\times \dfrac{146}{365}$ ＝ ¥95,424 （元金×年利率×期間＝利息）

　　　　 式の変形　元金 $\boxed{\times 0.00426}$ $\boxed{\times 146}$ $\boxed{\div 365}$ ＝ ¥95,424 $\boxed{\times 365}$ $\boxed{\div 146}$ $\boxed{\div 0.00426}$

　　　　　　　　 元金 ＝ ¥95,424 $\times$ 365 $\div$ 146 $\div$ 0.00426
　　　　　　　　　　 ＝ ¥56,000,000

【電卓】95424 ✕ 365 ÷ 146 ÷ .00426 ＝

　　　　　　　　　　　　　　　　　　　　　　　　　　答　　　¥56,000,000

---

[1]－② 単利の基本式の変形（利率）

¥54,300,000 を単利で 2 月 10 日から 4 月 23 日まで借り入れ，元利合計 ¥54,326,607 を支払った。利率は年何パーセントであったか。パーセントの小数第 3 位まで求めよ。（うるう年，片落とし）

❷【電卓】日数の計算
29 ⊟ 10 ⊞ 31 ⊞ 23 ⊟ (73 日)
または，「日数計算条件セレクター」を「片落とし」に設定し，
C型 2 日数 10 ÷ 4 日数 23 ⊞ 1 ⊟
S型 2 日数 10 ％ 4 日数 23 ⊟ ⊞ 1 ⊟

【解説】 日　数^❷ $(29 - 10) + 31 + 23 = 73$ 日
　　　　 利　息　¥54,326,607 － ¥54,300,000 ＝ ¥26,607
　　　　 基 本 式　¥18,100,000 $\times$ 年利率 $\times \dfrac{73}{365}$ ＝ ¥26,607 （元金×年利率×期間＝利息）
　　　　 式の変形　年利率 ＝ ¥26,607 $\times$ 365 $\div$ 73 $\div$ 54,300,000
　　　　　　　　　　　　 ＝ 0.00245 (0.245%)

【電卓】54326607 ⊟ 54300000 ✕ 365 ÷ 73 ÷ 54300000 ％

　　　　　　　　　　　　　　　　　　　　　　　　　　答　　　0.245%

---

[1]－② 単利の基本式の変形（期間）

¥29,800,000 を年利率 4.8％の単利で貸し付け，期日に元利合計 ¥31,707,200 を受け取った。貸付期間は何年何か月間であったか。

【解説】 利　息　¥31,707,200 － ¥29,800,000 ＝ ¥1,907,200
　　　　 基 本 式　¥29,800,000 $\times$ 0.048 $\times \dfrac{月数}{12}$ ＝ ¥1,907,200 （元金×年利率×期間＝利息）
　　　　 式の変形　期間 ＝ ¥1,907,200 $\times$ 12 $\div$ 0.048 $\div$ 29,800,000
　　　　　　　　　　　　 ＝ 16 か月（＝1 年 4 か月）

【電卓】31707200 ⊟ 29800000 ✕ 12 ÷ .048 ÷ 29800000 ＝

　　　　　　　　　　　　　　　　　　　　　　　　　　答　　　1 年 4 か月

≪ 練習問題 ≫

(1) ある金額を年利率 0.352 ％で，4 月 10 日から 9 月 3 日まで貸し付けたところ，利息が ¥33,792 になった。元金はいくらか。（片落とし）

答 _____

(2) 年利率 3.2 ％で，8 月 15 日から 10 月 27 日まで借り入れ利息 ¥416,000 を支払った。借入金はいくらか。（片落とし）

答 _____

(3) 元金 ¥51,600,000 を単利で 11 か月間貸し付け，期日に元利合計 ¥51,832,716 を受け取った。利率は年何パーセントであったか。パーセントの小数第 3 位まで求めよ。

答 _____

(4) ¥12,300,000 を単利で 11 月 15 日から翌年 1 月 27 日まで貸し付け，利息 ¥8,487 を受け取った。利率は年何パーセントであったか。パーセントの小数第 3 位まで求めよ。（片落とし）

答 _____

(5) ¥64,300,000 を単利で 4 月 8 日から 6 月 20 日まで借り入れ，元利合計 ¥64,362,371 を支払った。利率は年何パーセントか。パーセントの小数第 3 位まで求めよ。（片落とし）

答 _____

(6) 元金 ¥84,200,000 を年利率 0.9 ％の単利で借り入れたところ，元利合計が ¥84,768,350 となった。借入期間は何か月間であったか。

答 _____

(7) ¥14,160,000 を年利率 0.595 ％の単利で借り入れ，期日に元利合計 ¥14,251,273 を支払った。借入期間は何年何か月間であったか。

答 _____

(8) ¥708,000 を年利率 5.9 ％の単利で借り入れ，期日に利息 ¥45,253 を支払った。借入期間は何年何か月間であったか。

答 _____

（解答→別冊 p.6、例題・練習問題復習テスト→ p.81 ）

公式は少ないほど良い！

ひとこと②
「公式は少ないほど良い！」

Dentakun

　基本式を変形させれば，いくつも公式を覚える必要はありません。統一的に 1 つの利息の基本式だけ理解すればいいのです。式の変形は，左辺に求めたいもののみを残し，他は符号を変えて右辺に移します。これによって，いくつもの公式を覚える必要はなくなります。

1．単利の計算②

【 ③ 元利合計の基本式 】

| 元利合計 ＝ 元金 ＋ 利息 |

| 元利合計 ＝ 元金 × （ 1 ＋ 年利率 × 期間 ） |

（1＋年利率×期間）の式は，複利の端数期間の問題でも使う重要な式だよ！

Dentakun

　元金や利息などを求める問題で，元利合計が示されており，p.6「①単利の基本式」「②単利の基本式の変形」の式で求められない問題は，「③元利合計の基本式」の 2 つ目の式を変形して計算する。

> 例）「年利率 5.7％の単利で 1 年 2 か月間貸し付け，期日に元利合計 ¥6,526,980 を受け取った。元金はいくらであったか。」

　元金を求めたいとき，基本的には p.6「②単利の基本式の変形」より，

「元金 ＝ 利息 × 12 ÷ 月数 ÷ 年利率 ）」（期間が月数の場合）で計算することができるが，上の例題の場合，

「元金 ＝ 利息 × 12 ÷ 14 ÷ 0.057 ）」となり，利息の値が空白のため，元金を求めることができない。

　そのため，このような問題の場合には，「③元利合計の基本式」の 2 つ目の式を変形し，

| 元金 ＝ 元利合計 ÷ （ 1 ＋ 年利率 × 期間 ） |

に数値を当てはめて計算することで，元金を求めることができる。

　なお，上の例題の詳しい解説は，例 6 でおこなう。

例5　1－③ 元利合計の基本式（元利合計）

元金 ¥62,000,000 を年利率 0.392％の単利で 1 月 6 日から 4 月 12 日まで貸し付けると，期日に受け取る元利合計はいくらか。（うるう年，片落とし，円未満切り捨て）

【解式】(31 － 6) ＋ 29 ＋ 31 ＋ 12 ＝ 97 日[1]（うるう年，片落とし）

　　　　$¥62,000,000 × 0.00392 × \dfrac{97}{365}$[2] ＝ ¥64,588[3]　（元金×年利率×期間＝利息）

　　　　¥62,000,000 ＋ ¥64,588 ＝ ¥62,064,588（元金＋利息＝元利合計）

※または，$¥62,000,000 × (1 + 0.0392 × \dfrac{97}{365})$ ＝ ¥62,064,588

　　　　元金 × （ 1 ＋ 年利率 × 期間） ＝ 元利合計

【電卓】ラウンドセレクターを CUT（S 型は↓），小数点セレクターを 0 に設定

　　　　62000000 [M+] [×] . 00392 [×] 97 ÷ 365 （[=]）[M+] [MR]

　　　　または，. 00392 [×] 97 ÷ 365 [+] 1 [×] 62000000 [=]

　　　　※答案記入後，[MC] [AC]

● 【電卓】日数の計算

31 [－] 6 [＋] 29 [＋] 31 [＋] 12 [＝] （97 日）

または，「日数計算条件セレクター」を「片落とし」に設定し，

C 型 1 [日数] 6 ÷ 4 [日数] 12 [＋] 1 [＝]
　（うるう年のため＋1 日）

S 型 1 [日数] 6 [%] 4 [日数] 12 [＝] [＋] 1 [＝]
　（うるう年のため＋1 日）

❷ 「$× \dfrac{97}{365}$」は，「× 97 ÷ 365」と計算する。

❸ 円未満切り捨て

答　　¥62,064,588

例6　①-③ 元利合計の基本式（元金）

年利率0.573％の単利で1年2か月間貸し付け，期日に元利合計￥61,609,122を受け取った。元金はいくらであったか。

【解説】元利合計　元金　×　$(1 + 0.057 \times \frac{14}{12})$　＝　￥61,609,122

　　　　式の変形　元金　＝　￥61,609,122　÷　$(1 + 0.00573 \times \frac{14}{12})$

　　　　　　　　　　　　＝　￥61,200,000

【電卓】.00573 ☒ 14 ÷ 12 ＋ 1 M+ 61609122 ÷ MR ＝

答　　￥61,200,000

例7　①-③ 元利合計の基本式（利息）

年利率0.573％の単利で1年2か月間貸し付け，期日に元利合計￥61,609,122を受け取った。利息はいくらであったか。

【解説】元金を求めるまでは例6と同様。

　　　利　息　￥61,609,122　－　￥61,200,000　＝　￥409,122

【電卓】.00573 ☒ 14 ÷ 12 ＋ 1 M+ 61609122 ÷ MR ＝ 61609122 － GT ＝（設定：F）

答　　￥409,122

===== ≪　練　習　問　題　≫ =====

(1) 元金￥22,000,000を年利率0.373％の単利で7月15日から9月17日まで借り入れると，期日に支払う元利合計はいくらか。（片落とし，円未満切り捨て）

答　＿＿＿＿＿＿＿＿

(2) ￥23,000,000を年利率0.172％の単利で1年4か月間借り入れると，期日に支払う元利合計はいくらか。（円未満切り捨て）

答　＿＿＿＿＿＿＿＿

(3) 元金￥12,400,000を年利率2.7％で3年間貸し付けると，元利合計はいくらか。

答　＿＿＿＿＿＿＿＿

(4) 年利率1.8％の単利で11か月間貸し付け，期日に元利ともに￥65,564,250を受け取った。元金はいくらであったか。

答　＿＿＿＿＿＿＿＿

(5) 年利率0.635％の単利で3月27日から8月20日まで貸し付け，期日に元利合計￥58,047,066を受け取った。元金はいくらであったか。（片落とし）

答　＿＿＿＿＿＿＿＿

(6) 年利率3.2％の単利で8月30日から11月11日まで貸し付け，期日に元利合計￥96,413,120を受け取った。利息はいくらであったか。（片落とし）

答　＿＿＿＿＿＿＿＿

（解答→別冊 p6，例題・練習問題復習テスト→p82）

② 積数法

　積数法とは，２口以上の単利の利息の合計計算をおこなう場合，はじめに「元金　×　（日数または月数）」のみで計算し（積数），それぞれを合計する。そこに利率を掛け，365や12で割り算をして，利息を求める。割り算を１回だけおこなう，簡便計算である。

【①積数法による利息合計の計算】

　それぞれの貸付（借入）金額に日数（または月数）を掛け，それらを合計して積数を求める。そこに利率を掛け，365（または12）で割る。

【②積数法による元利合計の計算】
それぞれの貸付（借入）金額と利息合計を足す。

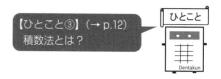
【ひとこと③】（→ p.12）
積数法とは？

---

② 積数法

例8　②－① 積数法による利息合計の計算

次の３口の貸付金の利息を積数法によって計算すると，利息合計はいくらになるか。ただし，いずれも期日は11月25日，利率は年2.93％とする。（片落とし，円未満切り捨て）

貸付金額	貸付日
¥47,000,000	9月17日
¥26,000,000	10月 3日
¥15,000,000	10月24日

【解説】それぞれの日数を求め，金額と日数を掛けたものを合計し，積数を求める。
　　　　日数は上から69日，53日，32日となる。

　　積　数　¥47,000,000 × 69 + ¥26,000,000 × 53 + ¥15,000,000 × 32 = ¥5,101,000,000
　　利息合計　¥5,101,000,000 × 0.0293 ÷ 365 = ¥409,477.5… (¥409,477)

【電卓】ラウンドセレクターをCUT（S型は↓），小数点セレクターを0に設定
　　　　47000000 ✕ 69 ＝ 26000000 ✕ 53 ＝ 15000000 ✕ 32 ＝ GT ✕ . 0293 ÷ 365 ＝

答　　　　¥409,477

・・・・・・・・　積数法とは？　・・・・・・・・

ひとこと③
「積数法とは？」

　　各口の元金と期間を掛けて積数を求め，その積数を合計します。これに利率を掛け，1年の365日や12か月で割って金額を求める方法を積数法といいます。率の掛け算は1回，1年の割り算も1回で済みます。1口1口ごと求めません。なお，1口ごとすべて計算してその後に合計を求めると，端数処理の関係で1円異なる場合があります。積数法の指示に従うことが大切です。

例9　②-② 積数法による元利合計の計算

次の3口の借入金の利息を積数法によって計算すると，元利合計はいくらか。
ただし，いずれも利率は年6.14％とする。（利息の円未満切り捨て）

借入金額	借入期間
¥90,000,000	11か月
¥26,000,000	8か月
¥73,000,000	7か月

【解説】金額と月数を掛けたものを合計し，積数を求める。

積　　数　¥90,000,000 × 11 ＋ ¥26,000,000 × 8 ＋ ¥73,000,000 × 7 ＝ ¥1,709,000,000

利息合計　¥1,709,000,000　×　0.0614　÷　12　＝　¥8,744,383.3…（¥8,744,383）

元利合計　¥90,000,000　＋　¥26,000,000　＋　¥73,000,000　＋　¥8,744,383　＝　¥197,744,383

【電卓】ラウンドセレクターをCUT（S型は↓），小数点セレクターを0に設定

90000000 M+ × 11 = 26000000 M+ × 8 = 73000000 M+ × 7 = GT × .0614 ÷ 12 M+ MR

答　　¥197,744,383

≪　練習問題　≫

(1) 次の3口の貸付金の利息を積数法によって計算すると，利息合計はいくらになるか。
ただし，いずれも期日は5月25日，利率は年1.97％とする。（平年，片落とし，円
未満切り捨て）

貸付金額	貸付日
¥19,000,000	2月17日
¥28,000,000	3月3日
¥55,000,000	4月24日

答

(2) 次の3口の借入金の利息を積数法によって計算すると，元利合計はいくらになるか。
ただし，いずれも期日は5月15日，利率は年3.92％とする。（うるう年，片落とし，
円未満切り捨て）

借入金額	借入日
¥37,000,000	1月17日
¥19,000,000	2月3日
¥16,000,000	4月24日

答

(3) 次の3口の借入金の利息を積数法によって計算すると，元利合計はいくらか。ただし，
いずれも利率は年6.18％とする。

借入金額	借入期間
¥12,000,000	9か月
¥28,000,000	10か月
¥93,000,000	3か月

答

（解答→別冊p.6、例題・練習問題復習テスト→p.83）

2．手形割引

手形割引とは，手形を期日前に銀行に持ち込み，現金化することである。期日前の利息に当たる割引料を差し引かれ，手取金を受け取ることになる。割引料の計算は単利の利息計算と同じである。

【 ① 割引料の基本式 】

$$割引料 ＝ 手形金額 × 割引率 × \frac{割引日数}{365}$$

手取金は，手形金額から割引料を引かれて受け取る金額である。

【 ② ¥100 未満に割引料を計算しない問題 】

手形金額の ¥100 未満は切り捨てて割引料の計算をする。手取金は，切り捨てた金額でなく，元の手形金額から割引料を引く。

【ひとこと④】（→ p.14）
割引料は利息！

ひとこと

例１　① 割引料の基本式（割引料）

6月11日満期，額面 ¥86,500,000 の手形を 4月18日に割引率年 2.52％ で割り引くと，割引料はいくらか。（両端入れ，円未満切り捨て）

【解説】日　数❶　（30 － 18）＋ 31 ＋ 11 ＋ 1 ＝ 55日（両端入れ❷のため＋1日）

割引料　¥86,500,000　×　0.0252　×　$\frac{55}{365}$　＝　¥328,463.01…（¥328,463）

手形金額 × 割引率 × $\frac{割引日数}{365}$ ＝ 割引料

【電卓】ラウンドセレクターをCUT（S型は↓），小数点セレクターを0に設定

86500000 ✕ . 0252 ✕ 55 ÷ 365 ＝

❶【電卓】日数の計算

30 ⊟ 18 ⊞ 31 ⊞ 11 ⊞ 1 ＝

または，日数計算条件セレクターを「両端入れ」に設定し，

C型　4 日数 18 ÷ 6 日数 11 ＝ （55日）

S型　4 日数 18 ％ 6 日数 11 ＝ （55日）

❷割引の期日はいつも両端入れである。

答　　　¥328,463

例２　① 割引料の基本式（手取金）

額面 ¥38,000,000 の手形を 2月10日に割引率年 2.75％ で割り引くと，手取金はいくらか。ただし，満期は 4月2日とする。
（平年，両端入れ，割引料の円未満切り捨て）

【解説】日　数　（28 － 10）＋ 31 ＋ 2 ＋ 1 ＝ 52日（両端入れのため＋1日）

割引料　¥38,000,000　×　0.0275　×　$\frac{52}{365}$　＝　¥148,876.7…（¥148,876）

手形金額 × 割引率 × $\frac{割引日数}{365}$ ＝ 割引料

手取金　¥38,000,000 － ¥148,876 ＝ ¥37,851,124

【電卓】ラウンドセレクターをCUT（S型は↓），小数点セレクターを0に設定

38000000 M＋ ✕ . 0275 ✕ 52 ÷ 365 M－ MR

答　　　¥37,851,124

ひとこと④
「割引料は利息！」

割引料は利息！

割引料は期日までの利息を単利法で計算しています。元金×利率×期間と同様の計算方法です。割引という言葉は，安くすることではなく利息を意味します。なお，期間が両端入れなのは，買う側の銀行が有利となっているからです。また，割引料を引かれて，手元に来る金額を手取金と呼んでいます。

例3　② ¥100 未満に割引料を計算しない問題

/2 月 /2 日満期，額面 ¥9,862,360 の手形を割引率年 3.25% で /0 月 25 日に割り引くと，手取金はいくらか。ただし，手形金額の ¥100 未満には割引料を計算しないものとする。（両端入れ，割引料の円未満切り捨て）

> ❶手形額面を 100 単位にして（100 円未満計算しない）割引料を算出する。この問題の場合，¥9,862,360 の 100 円未満は 60 円分であるため，60 円分を引いた ¥9,862,300 で割引料を計算する。手取金は ¥9,862,300 ではなく，もとの ¥9,862,360 から割引料を引いて計算する。

【解説】日　数　(31 − 25) ＋ 30 ＋ 12 ＋ 1 ＝ 49 日（両端入れのため＋1日）

割引料❶　¥9,862,300 × 0.0325 × $\frac{49}{365}$ ＝ ¥43,029.35…（¥43,029）

手取金　¥9,862,360 − ¥43,029 ＝ ¥9,819,331

【電卓】 ラウンドセレクターを CUT（S型は↓），小数点セレクターを 0 に設定

9862300 ✕ .0325 ✕ 49 ÷ 365 M− 9862360 M＋ MR

答　　　¥9,819,331

≪　練習問題　≫

(/) 5 月 // 日満期，額面 ¥28,000,000 の約束手形を 3 月 4 日に割引率年 2.35% で割り引くと，割引料はいくらか。（両端入れ，円未満切り捨て）

答　＿＿＿＿＿＿＿＿＿＿

(2) 額面 ¥52,000,000 の手形を割引率年 3.5% で 8 月 /3 日に割り引くと，割引料はいくらか。ただし，満期は /0 月 5 日とする。（両端入れ，円未満切り捨て）

答　＿＿＿＿＿＿＿＿＿＿

(3) 練習問題（/）の場合の手取金はいくらか。

答　＿＿＿＿＿＿＿＿＿＿

(4) 練習問題（2）の場合の手取金はいくらか。

答　＿＿＿＿＿＿＿＿＿＿

(5) 額面 ¥53,200,000 の約束手形を割引率年 3.05% で /0 月 4 日に割り引くと，手取金はいくらか。ただし，満期は /2 月 25 日とする。（両端入れ，割引料の円未満切り捨て）

答　＿＿＿＿＿＿＿＿＿＿

(6) /0 月 25 日満期，額面 ¥5,9/4,380 の手形を 8 月 5 日に割引率年 5.35% で割り引くと，手取金はいくらか。ただし，手形金額の ¥100 未満には割引料を計算しないものとする。（両端入れ，割引料の円未満切り捨て）

答　＿＿＿＿＿＿＿＿＿＿

(7) 翌年 / 月 27 日満期，額面 ¥8,473,260 の手形を割引率年 3.25% で /2 月 /0 日に割り引くと，手取金はいくらか。ただし，手形金額の ¥100 未満には割引料を計算しないものとする。（両端入れ，割引料の円未満切り捨て）

答　＿＿＿＿＿＿＿＿＿＿

(8) 3 月 /0 日満期，額面 ¥965,740 の手形を割引率年 2.75% で /2 月 /5 日に割り引くと，手取金はいくらか。ただし，手形金額の ¥100 未満には割引料を計算しないものとする。（平年，両端入れ，割引料の円未満切り捨て）

答　＿＿＿＿＿＿＿＿＿＿

（解答→別冊 p6、例題・練習問題復習テスト→p84）

3．複利終価

① 複利終価とは

複利とは各期の利息を次期の元金に含めて計算する方法である。利息を元金に繰り込むことを転化という。一定の期間後の将来の金額を**複利終価**という。複利終価とは複利利息と元金の合計金額であり，イメージとしては雪だるまが転がり元金に利息がついて増えていくイメージである。

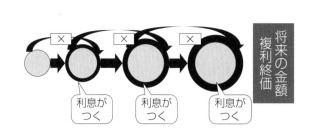

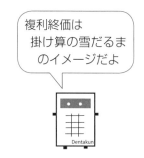

複利終価は
掛け算の雪だるま
のイメージだよ

② 複利終価の計算

数式では，「元金×（1＋利率）×（1＋利率）×（1＋利率）・・・・・」

つまり，数学的な公式としては 元金×（1＋利率）^{期間} となる。

また，**複利終価率**は，「複利終価表の率」（表率）を用い，率を「列」，期を「行」として表引きして求められる（表は巻末に収録）。

【 ① 複利終価の基本式 】

| 複利終価 ＝ 元金 × 複利終価率（「表率」と呼ぶ） |

| 複利利息 ＝ 複利終価 － 元金 |

【ひとこと⑤】（→ p.18）
複利表は元金1円の表？

ひとこと

【 ② 半年 1 期の場合 】

年利率を2分の1，期間を2倍にして，表引きして求める。

たとえば，「年利率4%，半年1期で期間が3年間」の場合，利率は2%で期間を6期とする。

【 ③ 端数期間のある複利終価 】

端数期間のある複利終価は，単利法により求める。

【ひとこと⑥】（→ p.19）
利率は2分の1！

ひとこと

| 複利終価 ＝ 元金 × 端数なしの表率 × （1＋ 利率 × 端数期間） |

※ 補足：複利終価表の見方

次頁 例 1 の4%12期の場合，4%と12期が交差する場所の数値を見る。

複利終価表

n＼i	2%	2.5%	3%	3.5%	4%
6	1.1261 6242	1.1596 9342	1.1940 5230	1.2292 5533	1.2653 1902
7	1.1486 8567	1.1886 8575	1.2298 7387	1.2722 7926	1.3159 3178
8	1.1716 5938	1.2184 0290	1.2667 7008	1.3168 0904	1.3685 6905
9	1.1950 9257	1.2488 6297	1.3047 7318	1.3628 9735	1.4233 1181
10	1.2189 9442	1.2800 8454	1.3439 1638	1.4105 9876	1.4802 4428
11	1.2433 7431	1.3120 8666	1.3842 3387	1.4599 6972	1.5394 5406
12	1.2682 4179	1.3448 8882	1.4257 6089	1.5110 6860	1.6010 3222
13	1.2936 0663	1.3785 1104	1.4685 3371	1.5639 5606	1.6650 7351
14	1.3194 7876	1.4129 7382	1.5125 8972	1.6186 9452	1.7316 7645
15	1.3458 6834	1.4482 9817	1.5579 6742	1.6753 4883	1.8009 4351

…4.5%とつづく

例1 **① 複利終価の基本式（複利終価）**

¥35,600,000 を年利率4％，／年／期の複利で／2年間借り入れると，複利終価はいくらか。（円未満４捨５入）

【解説】巻末の複利終価表を見て，利率4％，12期の終価率を求める。
→ 1.60103222

【解式】¥35,600,000 × 1.60103222 ＝ ¥56,996,747.032（¥56,996,747）
　　　　 元金 × 複利終価率 ＝ 複利終価

【電卓】ラウンドセレクターを5/4，小数点セレクターを0に設定
35600000 ⊠ 1.60103222 ▣

答　　¥56,996,747

例2 **① 複利終価の基本式（複利利息）**

¥36,300,000 を年利率2.5％，／年／期の複利で／0年間貸すと，複利利息はいくらか。（円未満４捨５入）

【解説】巻末の複利終価表を見て，利率2.5％，10期の終価率を求める。
→ 1.28008454

【解式】複利終価　¥36,300,000 × 1.28008454 ＝ ¥46,467,068.802（¥46,467,069）
　　　　　　　　 元金 × 複利終価率 ＝ 複利終価

　　利　息　¥46,467,069 － ¥36,300,000 ＝ ¥10,167,069
　　　　　　 複利終価 － 元金 ＝ 複利利息

【電卓】ラウンドセレクターを5/4，小数点セレクターを0に設定
36300000 M− ⊠ 1.28008454 M+ MR

答　　¥10,167,069

≪ 練 習 問 題 ≫

(1) ¥39,400,000 を年利率3％，／年／期の複利で／2年間借り入れると，複利終価はいくらか。（円未満４捨５入）

答　　　　　　　　　

(2) ¥68,700,000 を年利率5％，／年／期の複利で8年間貸すと，期日に受け取る元利合計はいくらか。（円未満４捨５入）

答　　　　　　　　　

(3) ¥43,500,000 を年利率4.5％，／年／期の複利で／0年間貸し付けると，複利利息はいくらか。（円未満４捨５入）

答　　　　　　　　　

(4) ¥56,600,000 を年利率7％，／年／期の複利で／5年間貸すと，複利利息はいくらか。（円未満４捨５入）

答　　　　　　　　　

(5) ¥47,500,000 を年利率3.5％，／年／期の複利で9年間借り入れると，複利利息はいくらか。（円未満４捨５入）

答　　　　　　　　　

（解答→別冊 p.6、例題・練習問題復習テスト→ p.85）

３．複利終価

例3　② 半年１期の場合

¥43,200,000 を年利率 7％，半年１期の複利で 5 年間貸し付けると，期日に受け取る元利合計はいくらになるか。（円未満 4 捨 5 入）

【解説】半年１期は，年利率を半分に，期間を 2 倍にする。期間を 2 倍にするのは，半年
　　　　6 か月を 1 期とするからである。

　　　　7％　→　3.5％
　　　　5 期　→　10 期　となる。
　　　　3.5％ 10 期　→　1.41059876

【解式】¥43,200,000　×　1.41059876　＝　¥60,937,866.432（¥60,937,866）
【電卓】ラウンドセレクターを 5/4，小数点セレクターを 0 に設定

　　　　43200000 ☒ 1.41059876 🟰

7％　→　3.5％，
5 期　→　10 期のように，
間違えないように問題文に
メモしながら解こう！

答　　　¥60,937,866

例4　② 半年１期の場合

¥88,700,000 を年利率 5％，半年１期の複利で 4 年 6 か月間借り入れると，
複利終価はいくらか。（円未満 4 捨 5 入）

【解説】半年１期は，年利率を半分に，期間を 2 倍にする。

　　　　5％　→　2.5％
　　　　4 年 6 か月　→　8 ＋ 1 ＝ 9 期
　　　　2.5％ 9 期　→　1.24886297

【解式】¥88,700,000　×　1.24886297　＝　¥110,774,145.439（¥110,774,145）
【電卓】ラウンドセレクターを 5/4，小数点セレクターを 0 に設定

　　　　88700000 ☒ 1.24886297 🟰

答　　　¥110,774,145

・・・・・・・・　複利表は元金1円の表？　・・・・・・・・

ひとこと⑤
「複利表は元金
1円の表？」

　　　　複利終価率を表から表引きするには，期数(n)は「行」，利率(i)は「列」から求めます。たとえば 6 期 2％
　　　　は（1.12616242）になります。
　　　　この率に元金を掛けることで複利終価の金額が求まります。この複利終価率は，「1 円を元金とした表」
　　　　だと理解すると便利です。元金を掛けるだけで良いです。また，表率から 1 を引けば，元金 1 円分の利息
　　　　分が算出され，6 期 2％では（0.12616242）となります。これが 1 円の利息です。また，この表だけでなく
他の複利表も元金 1 円でできている表だと考えると，便利です。

　参考までに，電卓で率を作成すると仕組みの理解が深まります。電卓で次のように打つと，2％ 6 期の複利終価を求めるこ
とができます。
Ｃ型：1.02 ☒ ☒ 1 🟰 🟰 🟰 🟰 🟰 🟰 （＝を 6 回）で 1.12616242 が求まる
Ｓ型：1.02 ☒ 1 🟰 🟰 🟰 🟰 🟰 🟰 　　（＝を 6 回）
　これは元金 1 円で 1.02 を 6 乗したものです。さらに，逆に考えると終価を 1.02 で割り続けると複利現価（p.20）が算出され
ます。複利現価を求める場合，
Ｃ型：1.02 ➗ ➗ 1 🟰 🟰 🟰 🟰 🟰 🟰 （＝を 6 回）で 0.88797138
Ｓ型：1.02 ➗ 1 🟰 🟰 🟰 🟰 🟰 🟰 （＝を 6 回）
　これは，元金 1 円で 1.02 を 6 回割り算したものです。

≪ 練習問題 ≫

(1) ¥43,200,000 を年利率 6％，半年 1 期の複利で 5 年間貸し付けると，期日に受け取る元利合計はいくらになるか。(円未満 4 捨 5 入)

答 _____

(2) ¥35,600,000 を年利率 4％，半年 1 期の複利で 4 年間貸すと，複利終価はいくらか。(円未満 4 捨 5 入)

答 _____

(3) ¥69,800,000 を年利率 5％，半年 1 期の複利で 4 年間貸すと，複利利息はいくらか。(円未満 4 捨 5 入)

答 _____

(4) 元金 ¥35,240,000 を年利率 6％，半年 1 期の複利で 5 年 6 か月間貸し付けると，複利終価はいくらか。(円未満 4 捨 5 入)

答 _____

(5) ¥85,360,000 を年利率 6％，半年 1 期の複利で 3 年 6 か月間借り入れると，期日に支払う元利合計はいくらになるか。(円未満 4 捨 5 入)

答 _____

(6) ¥39,720,000 を年利率 7％，半年 1 期の複利で 6 年 6 か月間貸し付けると，期日に受け取る複利利息はいくらか。(円未満 4 捨 5 入)

答 _____

(解答→別冊 p6、例題・練習問題復習テスト→ p86)

ひとこと⑥
「利率は2分の1！」

利率は2分の1！

　半年 1 期であると，1 年に 2 期，2 年に 4 期となり，期は 2 倍になります。年と期を混同しないようにしましょう。また，利率は 1 年の年利率であるため，半年 1 期ならば，利率は $\frac{1}{2}$ となります。

　ところで，利息が元金に転化する複利であるならば，年利率の平方根が利率ではないか？という疑問も生じます。これに関しては，次のように説明できます。複利計算における利率は年利率であらわす習慣です。

　年利率を（i），転化（利子を元入れに繰り込むこと）回数を（m），期間を（n）とする。なお，転化は半年 1 期なので 1 年で 2 回になる（m ＝ 2）。

S（複利終価）＝ P（複利現価）$(1+\frac{i}{m})^{mn}$　と定義される。

したがって，$\frac{i}{m}$ は「i（利率）÷ 2（m）」となるので，2 で割ることになります。

3．複利終価

③ 端数期間のある複利終価は単利法（1年1期）

¥89,750,000 を年利率3%，1年1期の複利で10年6か月間借り入れると，期日に支払う元利合計はいくらか。ただし，端数期間は単利法による。（計算の最終で円未満4捨5入）

【解説】1年1期のため6か月が端数期間になる。

表率は 3％で10期を求める。（1.34391638）

【解式】¥89,750,000 × 1.34391638 × $(1 + 0.03 × \frac{6}{12})$ ＝ ¥122,425,742.5… (¥122,425,743)

【電卓】ラウンドセレクターを5/4，小数点セレクターを0に設定

.03 ⊠ 6 ÷ 12 ⊞ 1 ⊠ 89750000 ⊠ 1.34391638 ＝

答　　¥122,425,743

③ 端数期間のある複利終価は単利法（半年1期）

¥58,390,000 を年利率4%，半年1期の複利で5年9か月間借り入れると，期日に支払う元利合計はいくらになるか。ただし，端数期間は単利法による。（計算の最終で円未満4捨5入）

【解説】半年1期のため，

4％ → 2％

5年9か月 → 11期と3か月

2％11期 → 1.24337431

【解式】¥58,390,000 × 1.24337431 × $(1 + 0.02 × \frac{3}{6})$ ＝ ¥73,326,632.2… (¥73,326,632)

【電卓】ラウンドセレクターを5/4，小数点セレクターを0に設定

.02 ⊠ 3 ÷ 6 ⊞ 1 ⊠ 58390000 ⊠ 1.24337431 ＝

分母は12か月ではなく6か月になるよ！間違えないように問題文などにメモをしながら解こう！

答　　¥73,326,632

●・・・・・・・・・・　アインシュタインと複利計算　・・・・・・・・・・●

　20世紀最高の物理学者ともいわれるアインシュタインは，複利計算を指して「人類最大の発明」と呼びました。複利は利子を元本に組み込み，再投資するので，単利と複利を比較してみれば，複利計算のほうが金額が大きく膨らむことに気が付きます。

　アインシュタインのこうした指摘は，物理学でいう「フィードバック」（あるシステムの出力結果を再び入力すること）に複利計算をなぞらえたという見方もあります。確かに，利子を元本に再び組み込む過程は物理でいう「フィードバック」そのものといえるでしょう。

≪ 練習問題 ≫

(1) ¥75,240,000 を年利率 6％，1年1期の複利で 12 年 6 か月間借り入れると，期日に支払う元利合計はいくらになるか。ただし，端数期間は単利法による。（計算の最終で円未満4捨5入）

答 ＿＿＿＿＿＿＿＿＿＿

(2) ¥85,130,000 を年利率 5.5％，1年1期の複利で 12 年 6 か月間借り入れると，期日に支払う複利利息はいくらか。ただし，端数期間は単利法による。（計算の最終で円未満4捨5入）

答 ＿＿＿＿＿＿＿＿＿＿

(3) 元金 ¥78,950,000 を年利率 3％，1年1期の複利で 10 年 6 か月間貸し付けると，期日に受け取る元利合計はいくらになるか。ただし，端数期間は単利法による。（計算の最終で円未満4捨5入）

答 ＿＿＿＿＿＿＿＿＿＿

(4) ¥82,500,000 を年利率 7％，半年1期の複利で 4 年 9 か月間貸し付けると，期日に受け取る元利合計はいくらになるか。ただし，端数期間は単利法による。（計算の最終で円未満4捨5入）

答 ＿＿＿＿＿＿＿＿＿＿

(5) ¥52,780,000 を年利率 6％，半年1期の複利で 5 年 8 か月間借り入れると，期日に支払う元利合計はいくらになるか。ただし，端数期間は単利法による。（計算の最終で円未満4捨5入）

答 ＿＿＿＿＿＿＿＿＿＿

(6) ¥56,810,000 を年利率 5％，半年1期の複利で 6 年 3 か月間借り入れると，期日に支払う複利利息はいくらか。ただし，端数期間は単利法による。（計算の最終で円未満4捨5入）

答 ＿＿＿＿＿＿＿＿＿＿

（解答→別冊 p6、例題・練習問題復習テスト→ p87）

4．複利現価

① 複利現価とは

複利現価は，将来の金額が分かっており，その金額から現在の金額を求めることである。終価が将来の金額を求めるのに対し，現価は現在の金額を求める。イメージとしては，雪だるまの逆回転のイメージなので，割り算の連続である。

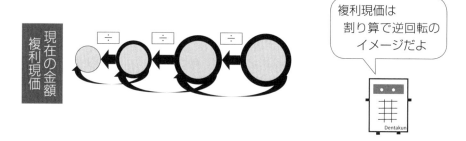

複利現価は
割り算で逆回転の
イメージだよ

② 複利現価の計算

数式では，「元金÷（1＋利率）÷（1＋利率）÷（1＋利率）・・・・」
つまり，数学的な公式としては $元金 \times （1＋利率）^{-期間}$ である。

また，**複利現価率**は複利終価表と同じように，「複利現価表の率」（表率）で求められる。この率は，将来の終価を1として考えているので，現在に戻る段階で当然1より小さな数値になる。

【 ① 複利現価の基本式 】

複利現価 ＝ 元金 × 複利現価率（表率）

※イメージは割り算であるが，率は元金に掛けるので注意する。

【 ② 半年1期の場合 】

年利率を2分の1，期間を2倍にして，表引きして求める。
※複利終価と同様の方法である。

【 ③ 端数期間のある複利現価 】

端数期間のある複利現価は，**真割引**により求める。

【ひとこと⑦】（→ p.24）
真割引は割る！

複利現価 ＝ 元金 × 端数なしの表率 ÷ （1 ＋ 利率 × 端数期間）

例1　① 複利現価の基本式

13年後に支払う負債¥82,600,000の複利現価はいくらか。ただし，年利率4.5％，1年1期の複利とする。（円未満4捨5入）

【解説】4.5％で13期の複利現価率は 0.56427164
【解式】¥82,600,000 × 0.56427164 ＝ ¥46,608,837.464（¥46,608,837）
　　　　元金　　 ×　複利現価率　＝　複利現価

【電卓】ラウンドセレクターを5/4，小数点セレクターを0に設定
　　　　82600000 ⊠ . 56427164 ⊟

答　　¥46,608,837

例2　② 半年１期の場合

6年6か月後に支払う負債 ¥42,300,000 を年利率4%，半年１期の複利で割り引いて，いま支払う❶とすればその金額はいくらか。（¥100 未満切り上げ）

❶「いま支払う」とは，将来の金額が分かっていて，現在の価値（複利現価）を求めることである。

【解説】半年1期のため，

    4%　→　2%

    6年6か月　→　12＋1＝13期

    2%13期　→　0.77303253

【解式】¥42,300,000 × 0.77303253 ＝ ¥32,699,276.019

    → ¥100 未満切り上げのため，¥76 を ¥100 とする。

    そのため，¥276 が ¥300 となり，¥32,699,276 は ¥32,699,300 となる。

【電卓】42300000 ⊠ . 77303253 ＝ （¥100 未満切り上げに注意する）

答　¥32,699,300

≪ 練習問題 ≫

(1) 9年後に支払う負債 ¥93,620,000 の複利現価はいくらか。ただし，年利率2.5%，1年1期の複利とする。（円未満4捨5入）

答 ＿＿＿＿＿＿＿＿

(2) 14年後に支払う負債 ¥81,630,000 をいま支払うとすればその金額はいくらか。ただし，年利率3.5%，1年1期の複利とする。（¥100 未満切り上げ）

答 ＿＿＿＿＿＿＿＿

(3) 7年後に支払う負債 ¥45,170,000 を年利率5.5%，1年1期の複利で割り引いて，いま支払うとすればその金額はいくらか。（¥100 未満切り上げ）

答 ＿＿＿＿＿＿＿＿

(4) 3年6か月後に支払う負債 ¥64,400,000 を年利率5%，半年1期の複利で割り引いて，いま支払うとすればその金額はいくらか。（¥100 未満切り上げ）

答 ＿＿＿＿＿＿＿＿

(5) 5年6か月後に支払う負債 ¥23,190,000 の複利現価はいくらか。ただし，年利率6%，半年1期の複利とする。（円未満4捨5入）

答 ＿＿＿＿＿＿＿＿

(6) 4年6か月後に支払う負債 ¥89,640,000 を年利率7%，半年1期の複利で割り引いて，いま支払うとすればその金額はいくらか。（¥100 未満切り上げ）

答 ＿＿＿＿＿＿＿＿

（解答→別冊 p6，例題・練習問題復習テスト→p88）

4．複利現価

例3　③ 端数期間のある複利現価は真割引（1年1期）

8年2か月後に支払う負債 ¥82,360,000 を年利率4.5%，1年1期の複利で割り引いて，いま支払うとすればその金額はいくらか。ただし，端数期間は真割引による。（計算の最終で ¥100 未満切り上げ）

【解説】1年1期のため2か月が端数期間になる。

表率は4.5%で8期を求める。（0.70318513）

【解式】¥82,360,000 × 0.70318513 ÷ $(1 + 0.045 × \frac{2}{12})$ = ¥57,483,203.2…

　　　　元金　×　端数なしの表率　÷　（1＋利率×端数期間）　＝　複利現価

→先に $(1 + 0.045 × \frac{2}{12})$ を計算する。

¥100 未満切り上げのため，¥57,483,203.2…は ¥57,483,300 となる。

【電卓】. 045 ✕ 2 ÷ 12 ＋ 1 M+ 82360000 ✕ . 70318513 ÷ MR ＝

答　　　¥57,483,300

例4　③ 端数期間のある複利現価は真割引（半年1期）

5年3か月後に支払う負債 ¥69,250,000 を年利率4%，半年1期の複利で割り引いて，いま支払うとすればその金額はいくらか。ただし，端数期間は真割引による。（計算の最終で ¥100 未満切り上げ）

【解説】半年1期のため，

4%　→　2%，

5年3か月　→　10期と3か月

2%10期　→　0.82034830

【解式】¥69,250,000 × 0.82034830 ÷ $(1 + 0.02 × \frac{3}{6})$ = ¥56,246,653.2…

　　　　元金　×　端数なしの表率　÷　（1＋利率×端数期間）　＝　複利現価

→先に $(1 + 0.02 × \frac{3}{6})$ を計算する。このとき，分母は半年（6か月）1期のため，

12ではなく6になることに注意する。

100円未満切り上げのため，¥56,246,653.2…は ¥56,246,700 となる。

【電卓】. 02 ✕ 3 ÷ 6 ＋ 1 M+ 69250000 ✕ . 82034830 ÷ MR ＝

答　　　¥56,246,700

真割引は割る！

ひとこと⑦
「真割引は割る！」

Dentakun

　複利現価は，図解したように割り算の繰り返しです。複利現価表はこの割り算の値を複利終価1円に対して算出したものなので，表率を掛けることで複利現価が算出されます。また，端数期間は本来の割り算で端数期間部分を逆回転させるイメージです。したがって，複利現価の端数期間は「÷」になります。

　複利終価は掛け算なので端数期間も掛けるのであり，統一して覚えやすいのですが，真割引だけが「÷」となります。そこで，真割引は割るので，「真割引は割る！」と覚えておきましょう。

≪ 練習問題 ≫

(1) 7年9か月後に支払う負債 ¥97,180,000 を年利率5％，1年1期の複利で割り引いて，いま支払うとすればその金額はいくらか。ただし端数期間は真割引による。（計算の最終で¥100未満切り上げ）

答 _____

(2) 8年8か月後に支払う負債 ¥32,750,000 を年利率4.5％，1年1期の複利で割り引いて，いま支払うとすればその金額はいくらか。ただし，端数期間は真割引による。（計算の最終で¥100未満切り上げ）

答 _____

(3) 5年4か月後に支払う負債 ¥96,420,000 を年利率6％，半年1期の複利で割り引いて，いま支払うとすればその金額はいくらか。ただし，端数期間は真割引による。（計算の最終で¥100未満切り上げ）

答 _____

(4) 3年3か月後に支払う負債 ¥89,260,000 を年利率5％，半年1期の複利で割り引いて，いま支払うとすればその金額はいくらか。ただし，端数期間は真割引による。（計算の最終で¥100未満切り上げ）

答 _____

(5) 4年9か月後に支払う負債 ¥76,140,000 を年利率4％，半年1期の複利で割り引いて，いま支払うとすればその金額はいくらか。ただし，端数期間は真割引による。（計算の最終で¥100未満切り上げ）

答 _____

（解答→別冊p6、例題・練習問題復習テスト→p89）

補足　利息計算の学習内容まとめ

◆ 利息計算

― Point ―

1．単利の計算
　① 基本の単利計算
　　① 単利の基本式　　　　　　　　　…基本的な公式を使用して利息や元利合計を求める。
　　② 単利の基本式の変形　　　　　　…単利の基本式を変形することにより，元金，年利率，期間を求める。
　　③ 元利合計の基本式　　　　　　　…基本的な公式を使用して元利合計や元金，利息などを求める。
　② 積数法
　　① 積数法による利息合計の計算　　…積数法によって利息合計を求める。
　　② 積数法による元利合計の計算　　…積数法によって元利合計を求める。

2．手形割引
　① 割引料の基本式　　　　　　　　　…基本的な公式を使用して割引料や手取金などを求める。
　② 100円未満に割引料を計算しない問題　…手形金額の¥100未満を切り捨てて割引料の計算をする。

3．複利終価
　① 複利終価の基本式　　　　　　　　…基本的な公式を使用して複利終価を求める。
　② 半年1期の場合　　　　　　　　　…半年1期の場合の年利率や期数の変換。
　③ 端数期間のある複利終価　　　　　…端数期間は単利法で計算する。

4．複利現価
　① 複利現価の基本式　　　　　　　　…基本的な公式を使用して複利現価を求める。
　② 半年1期の場合　　　　　　　　　…半年1期の場合の年利率や期数の変換。
　③ 端数期間のある複利現価　　　　　…端数期間は真割引で計算する。

≪　利息計算復習問題①　≫

(1) ¥75,960,000 を年利率 0.493% の単利で 3 月 24 日から 6 月 11 日まで借り入れると，元利合計はいくらか。（片落とし，円未満切り捨て）

答 _____

(2) 元金 ¥36,250,000 を年利率 2.5%，1 年 1 期の複利で 15 年間貸すと，複利利息はいくらか。（円未満 4 捨 5 入）

答 _____

(3) 額面 ¥87,540,000 の手形を割引率年 2.85% で 10 月 11 日に割り引くと，割引料はいくらか。ただし，満期は 12 月 25 日とする。（両端入れ，円未満切り捨て）

答 _____

(4) 額面 ¥32,560,000 の手形を 12 月 2 日に割引率年 2.35% で割り引くと，割引料はいくらか。ただし，満期日は翌年 1 月 15 日とする。（両端入れ，円未満切り捨て）

答 _____

(5) 元金 ¥45,120,000 を単利で 10 か月間貸し付け，期日に元利合計 ¥45,226,032 を受け取った。利率は年何パーセントであったか。パーセントの小数第 3 位まで求めよ。

答 _____

(6) 5 月 13 日満期，額面 ¥35,280,000 の手形を 3 月 28 日に割引率年 4.15% で割り引くと，手取金はいくらか。（両端入れ，割引料の円未満切り捨て）

答 _____

(7) 次の 2 口の貸付金の元利合計を積数法によって計算せよ。ただし，いずれも利率は年 2.58% とする。（円未満切り捨て）

貸付金額	貸付期間
¥25,100,000	55 日
¥76,500,000	62 日

答 _____

(8) 額面 ¥72,160,000 の手形を割引率年 3.85% で 7 月 3 日に割り引いた。手取金はいくらか。ただし，満期日は 11 月 30 日とする。（両端入れ，割引料の円未満切り捨て）

答 _____

(9) 次の 3 口の貸付金の利息を積数法によって計算すると，利息合計はいくらになるか。ただし，いずれも利率は年 1.7% とする。（円未満切り捨て）

貸付金額	貸付期間
¥42,560,000	121 日
¥38,740,000	77 日
¥64,150,000	65 日

答 _____

(10) 3月15日満期，額面¥7,543,670の約束手形を1月16日に割引率年2.45%で割り引くと，手取金はいくらになるか。ただし，手形金額の¥100未満には割引料を計算しないものとする。（平年，両端入れ，割引料の円未満切り捨て）

答 _____

(11) 3年6か月後に支払う負債¥42,650,000を年利率4%，半年1期の複利で割り引いて，いま支払うとすればその金額はいくらか。（¥100未満切り上げ）

答 _____

(12) 12月20日満期，額面¥6,537,220の手形を9月4日に割引率年4.5%で割り引くと，手取金はいくらか。ただし，手形金額の¥100未満には割引料を計算しないものとする。（両端入れ，割引料の円未満切り捨て）

答 _____

(13) 5年4か月後に支払う負債¥96,750,000を年利率6%，半年1期の複利で割り引いて，いま支払うとすればその金額はいくらか。ただし，端数期間は真割引による。（計算の最終で¥100未満切り上げ）

答 _____

(14) 額面¥58,320,000の約束手形を割引率年3.05%で10月4日に割り引くと，手取金はいくらか。ただし，満期は12月25日とする。（両端入れ，割引料の円未満切り捨て）

答 _____

(15) 12年後に支払う負債¥76,520,000の複利現価はいくらになるか。ただし，年利率4%，1年1期の複利とする。（円未満4捨5入）

答 _____

(16) 12月20日満期，額面¥93,540,000の手形を10月16日に割引率年2.45%で割り引くと，割引料はいくらになるか。（両端入れ，円未満切り捨て）

答 _____

（解答→別冊 p.7）

第 学年 組 番		正答数
名前		／16

≪　利息計算復習問題②　≫

(1) 額面¥64,650,000 の約束手形を割引率年 1.75%, 5 月 21 日に割り引くと, 割引料はいくらか。ただし, 満期は 7 月 11 日とする。(両端入れ, 円未満切り捨て)

答 _____

(2) 3 年 6 か月後に支払う負債¥63,770,000 の複利現価はいくらか。ただし, 年利率 5%, 半年 1 期の複利とする。(円未満 4 捨 5 入)

答 _____

(3) ¥25,480,000 を年利率 0.283% の単利で 1 年 8 か月間借り入れた。期日に支払う利息はいくらか。(円未満切り捨て)

答 _____

(4) 次の 3 口の借入金の利息合計を積数法によって計算せよ。ただし, 利率はいずれも年 2.1% とする。(円未満切り捨て)

借入金額	借入期間
¥36,250,000	62 日
¥37,620,000	54 日
¥42,180,000	78 日

答 _____

(5) 6 月 8 日満期, 額面¥7,542,380 の手形を 4 月 16 日に割引率年 3.85% で割り引くと, 手取金はいくらか。ただし, 手形金額の¥100 未満には割引料を計算しないものとする。(両端入れ, 割引料の円未満切り捨て)

答 _____

(6) 3 月 25 日満期, 額面¥89,350,000 の約束手形を 1 月 15 日に割引率年 4.54% で割り引くと, 手取金はいくらか。(平年, 両端入れ, 割引料の円未満切り捨て)

答 _____

(7) ¥1,840,000 を年利率 3.5%, 1 年 1 期の複利で 13 年間貸すと, 期日に受け取る元利合計はいくらになるか。(円未満 4 捨 5 入)

答 _____

(8) 額面¥85,360,000 の手形を 11 月 26 日に割引率年 2.45% で割り引いた。手取金はいくらか。ただし, 満期日は 3 月 10 日とする。(うるう年, 両端入れ, 割引料の円未満切り捨て)

答 _____

(9) 4 年 7 か月後に支払う負債¥26,930,000 を年利率 6%, 半年 1 期の複利で割り引いて, いま支払うとすればその金額はいくらになるか。ただし, 端数期間は真割引による。(計算の最終で¥100 未満切り上げ)

答 _____

(10) 年利率0.192%の単利で10か月間貸し付けたところ, 期日に元利合計¥52,273,504を受け取った。元金はいくらであったか。

答 _____

(11) 8月20日満期, 額面¥4,853,280の手形を6月11日に割引率年3.25%で割り引くと, 手取金はいくらか。ただし, 手形金額の¥100未満には割引料を計算しないものとする。(両端入れ, 割引料の円未満切り捨て)

答 _____

(12) 次の2口の借入金の利息合計を積数法によって計算せよ。ただし, いずれも期日は11月25日, 年利率2.7%とする。(片落とし, 円未満切り捨て)

借入金額	借入日
¥75,160,000	8月20日
¥24,370,000	11月2日

答 _____

(13) 11年6か月後に支払う負債¥66,250,000を年利率3%, 1年1期の複利で割り引いて, いま支払うとすればその金額はいくらか。ただし, 端数期間は真割引による。(計算の最終で¥100未満切り上げ)

答 _____

(14) ¥35,892,600を年利率2.1%の単利で1年6か月間貸し付けた。期日に受け取る利息はいくらか。(円未満切り捨て)

答 _____

(15) 年利率3.2%で, 8月15日から10月27日まで借り入れ, 利息¥432,576を支払った。借入金はいくらか。(片落とし)

答 _____

(16) ¥85,240,000を年利率5.5%, 1年1期の複利で12年6か月間借り入れると, 期日に支払う複利利息はいくらか。ただし, 端数期間は単利法による。(計算の最終で円未満4捨5入)

答 _____

(解答→別冊 p.7)

第　学年　　組　　番		正答数
名前		／16

　建物や備品や機械などの固定資産は，時間の経過や使用により，価値が減少していく。**減価償却**とは，この減少額を各期の費用として計上し，固定資産の帳簿価額から差し引いていくことをいう。1 級では**定額法**と，**定率法**と呼ばれる 2 つの方法が出題される。

◆ **取 得 価 額** … 固定資産の購入にかかった金額。
◆ **耐 用 年 数** … 固定資産が使用し続けられる期間を推定した年数のこと。この年数により「償却率表」から償却率が表引きされる。
◆ **期首帳簿価額** … その期の償却額を差し引いた残りの金額をいう。1 期の金額は取得価額である。
◆ **償 却 限 度 額** … 各期に減価償却として費用化できる限度額。

| 期首帳簿価額 × 償却率 ＝ 償却限度額 | の式で求める。

◆ **減価償却累計額** … 各期の減価償却の金額を足し合わせた金額である。期ごとに累計額は増えていく。

　減価償却計算表の形式は以下のようになっている。

期数	期首帳簿価額	償却限度額	減価償却累計額
1			

① 定額法

　償却限度額が一定金額であるので**定額法**と呼ばれる。固定資産の価値が一定額ずつ毎期減少し，一定額が減価償却累計額として毎期足されていく。作表を図解すると，次のようになる。

　取得価額 ¥100　耐用年数 10 年の償却率は 0.1 とする。

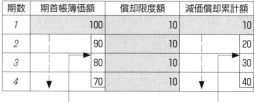

【電卓】 100 ☒ .1 ＝ Ｍ＋

　　　❸ 2 期以降の減価償却累計額

　　　　C 型 ＭＲ 10 ＋ ＋ ＝（＝ を繰り返す）／ S 型 10 ＋ ＭＲ ＝（＝ を繰り返す）

　　　❹ 2 期以降の期首帳簿価額

　　　　C 型 ＭＲ 10 ＝ ＝ 100 ＝（＝ を繰り返す）／ S 型 100 ＝ ＭＲ ＝（＝ を繰り返す）

【 ① 求めたい期の減価償却累計額の算出 】

| 求めたい期の減価償却累計額 ＝ 償却限度額 × 求める期数 |

　累計額は定額法なので期数の掛け算で算出できる。

【 ② 求めたい期の期首帳簿価額の算出 】

| 求めたい期の期首帳簿価額 ＝ 取得価額 － 1 期前の減価償却累計額 |

　求めたい期の期首帳簿価額は，前期の期末まで減価償却されているので，最初の取得価額から 1 期前の減価償却累計額分が引かれていることになる。

① 定額法

例1 ①-① 減価償却累計額（定額法）

取得価額 ¥28,320,000　耐用年数30年の固定資産を定額法で減価償却すれば，第13期末減価償却累計額はいくらになるか。ただし，決算は年1回，残存簿価¥1とする。

【解説】定額法の累計額は減価償却限度額に期数を掛ければ良い。

　　30年の定額法の償却率は0.034。（巻末の表を参照）

【解式】¥28,320,000 × 0.034 × 13 = ¥12,517,440

　　償却限度額×求める期数＝求めたい期の減価償却累計額

【電卓】28320000 ✕ .034 ✕ 13 =

　　　　　　　　　　　　　　　　　　　　答　　¥12,517,440

例2 ①-② 期首帳簿価額（定額法）

取得価額 ¥83,850,000　耐用年数25年の固定資産を定額法で減価償却すれば，第7期首帳簿価額はいくらになるか。ただし，決算は年1回，残存簿価¥1とする。

【解説】7期の期首帳簿価額は取得価額が6期分の減価償却が終わった状態なので，6期の減価償却累計額を引けば求められる。

　　25年の定額法の償却率は0.040である。（巻末の表を参照）

【解式】¥83,850,000 × 0.040 × 6 = ¥20,124,000

　　¥83,850,000 − ¥20,124,000 = ¥63,726,000

　　取得価額－1期前の減価償却累計額＝求めたい期の期首帳簿価額

【電卓】83850000 M+ ✕ .04 ✕ 6 M− MR

　　　　　　　　　　　　　　　　　　　　答　　¥63,726,000

━━━━━━━━━ ≪ 練 習 問 題 ≫ ━━━━━━━━━

(1) 取得価額 ¥36,250,000　耐用年数38年の固定資産を定額法で減価償却すれば，第12期末減価償却累計額はいくらになるか。ただし，決算は年1回，残存簿価¥1とする。

　　　　　　　　　　　　　　　　　　　　答　_____

(2) 取得価額 ¥58,630,000　耐用年数22年の固定資産を定額法で減価償却すれば，第14期末減価償却累計額はいくらになるか。ただし，決算は年1回，残存簿価¥1とする。

　　　　　　　　　　　　　　　　　　　　答　_____

(3) 取得価額 ¥69,320,000　耐用年数14年の固定資産を定額法で減価償却すれば，第9期首帳簿価額はいくらになるか。ただし，決算は年1回，残存簿価¥1とする。

　　　　　　　　　　　　　　　　　　　　答　_____

(4) 取得価額 ¥37,960,000　耐用年数25年の固定資産を定額法で減価償却すれば，第11期首帳簿価額はいくらになるか。ただし，決算は年1回，残存簿価¥1とする。

　　　　　　　　　　　　　　　　　　　　答　_____

（解答→別冊p7、例題・練習問題復習テスト→p90）

5．減価償却①

取得価額 ¥8,850,000　耐用年数 15 年の固定資産を定額法で減価償却するとき，次の減価償却計算表の第 4 期末まで記入せよ。ただし，決算は年 1 回，残存簿価 ¥1 とする。

期数	期首帳簿価額	償却限度額	減価償却累計額
1			
2			
3			
4			

【解説】15 年の定額法の償却率は 0.067。（巻末の表を参照）

　　　　¥8,850,000 × 0.067 ＝ ¥592,950

1 期の期首帳簿価額に取得価額を記入。償却限度額と 1 期の減価償却累計額に 592,950 を記入する。

期数	期首帳簿価額	償却限度額	減価償却累計額
1	8,850,000	592,950	592,950
2		592,950	
3		592,950	
4		592,950	

2 期の減価償却累計額　¥592,950 ＋ ¥592,950 ＝ ¥1,185,900

3 期の減価償却累計額　¥1,185,900 ＋ ¥592,950 ＝ ¥1,778,850

4 期の減価償却累計額　¥1,778,850 ＋ ¥592,950 ＝ ¥2,371,800

2 期の期首帳簿価額　¥8,850,000 － ¥592,950 ＝ ¥8,257,050

3 期の期首帳簿価額　¥8,257,050 － ¥592,950 ＝ ¥7,664,100

4 期の期首帳簿価額　¥7,664,100 － ¥592,950 ＝ ¥7,071,150

期数	期首帳簿価額	償却限度額	減価償却累計額
1	8,850,000	592,950	592,950
2	8,257,050	592,950	1,185,900
3	7,664,100	592,950	1,778,850
4	7,071,150	592,950	2,371,800

【電卓】8850000 ✕ . 067 ＝ M+ （592,950）

2 期以降の減価償却累計額　　C 型　　MR 592950 ＋ ＋ ＝ （＝を繰り返す）

　　　　　　　　　　　　　　S 型　　592950 ＋ MR ＝ （＝を繰り返す）

2 期以降の期首帳簿価額　　　C 型　　MR 592950 － － 8850000 ＝ （＝を繰り返す）

　　　　　　　　　　　　　　S 型　　8850000 － MR ＝ （＝を繰り返す）

≪ 練習問題 ≫

(/) 取得価額¥9,650,000　耐用年数20年の固定資産を定額法で減価償却するとき，次の減価償却計算表の第4期末まで記入せよ。ただし，決算は年/回，残存簿価¥/とする。

期数	期首帳簿価額	償却限度額	減価償却累計額
/			
2			
3			
4			

(2) 取得価額¥7,500,000　耐用年数22年の固定資産を定額法で減価償却するとき，次の減価償却計算表の第4期末まで記入せよ。ただし，決算は年/回，残存簿価¥/とする。

期数	期首帳簿価額	償却限度額	減価償却累計額
/			
2			
3			
4			

(3) 取得価額¥8,520,000　耐用年数35年の固定資産を定額法で減価償却するとき，次の減価償却計算表の第4期末まで記入せよ。ただし，決算は年/回，残存簿価¥/とする。

期数	期首帳簿価額	償却限度額	減価償却累計額
/			
2			
3			
4			

（解答→別冊 p 7、例題・練習問題復習テスト→ p 90 ）

② 定率法

　期首帳簿価額に掛ける償却率が毎期一定であるため，**定率法**と呼ばれる。金額は変化するが掛ける率は一定である。作表を図解すると次のようになる。

取得価額 ¥100　耐用年数 10 年の償却率は 0.2（円未満切り捨て）。

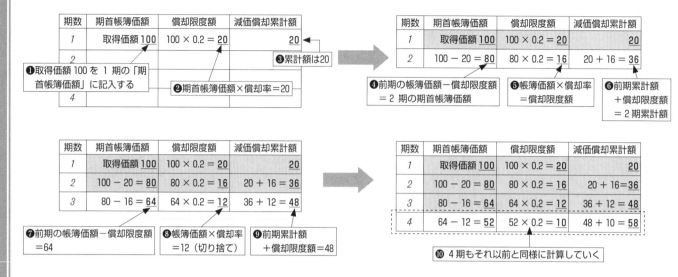

【電卓】では，期首帳簿価額をメモリー機能で，減価償却累計額を GT 機能で捉え，償却限度額は償却率を記憶して計算する。これにより効率的に表が作成できる。

　取得価額 ¥100　償却率 0.2 で以下図解する。［Cut　0］に設定する。

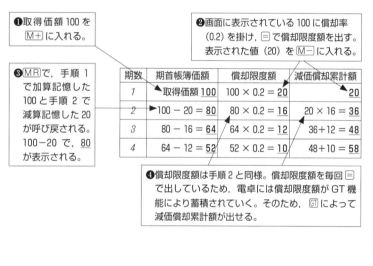

❶ 取得価額
　100 M+

❷ 償却限度額，1 期の減価償却累計額
　✕ .2 ＝ M−（20）…この時点でメモリーは
　　　　　　　　　　　　　　　　　80，GT は 20

❸ 2 期の期首帳簿価額
　MR（80）

❹ 2 期の償却限度額，減価償却累計額
　✕ .2 ＝ M−（16 と表示される）
　GT（36 と表示される）

❺ 3 期以降は手順③～④を繰り返す。

② 定率法

例4　②−① 期首帳簿価額（定率法）

取得価額 ¥76,830,000　耐用年数 28 年の固定資産を定率法で減価償却すれば，第 4 期首帳簿価額はいくらになるか。ただし，決算は年 1 回，残存簿価 ¥1 とする。（毎期償却限度額の円未満切り捨て）

【電卓】76830000 M+ ✕ .071 M− MR ✕ .071 M− MR ✕ .071 M− MR（CUT，0 に設定）

答　　　¥61,599,613

例5　②-② 償却限度額（定率法）

取得価額¥26,480,000　耐用年数15年の固定資産を定率法で減価償却すれば，第3期末償却限度額はいくらになるか。ただし，決算は年1回，残存簿価¥1とする。（毎期償却限度額の円未満切り捨て）

【電卓】26480000 [M+] [×].133 [M-] [MR][×].133 [M-] [MR][×].133 [=]（CUT，0に設定）

答　　　¥2,647,328

例6　②-③ 減価償却累計額（定率法）

取得価額¥32,730,000　耐用年数30年の固定資産を定率法で減価償却すれば，第3期末減価償却累計額はいくらになるか。ただし，決算は年1回，残存簿価¥1とする。（毎期償却限度額の円未満切り捨て）

【電卓】32730000 [M+] [×].067 [=] [M-] [MR][×].067 [=] [M-] [MR][×].067 [=] [GT]（CUT，0に設定）

答　　　¥6,147,799

≪ 練習問題 ≫

(1) 取得価額¥45,260,000　耐用年数20年の固定資産を定率法で減価償却すれば，第4期首帳簿価額はいくらになるか。ただし，決算は年1回，残存簿価¥1とする。（毎期償却限度額の円未満切り捨て）

答　　　　　　　　　　　

(2) 取得価額¥99,180,000　耐用年数35年の固定資産を定率法で減価償却すれば，第4期首帳簿価額はいくらになるか。ただし，決算は年1回，残存簿価¥1とする。（毎期償却限度額の円未満切り捨て）

答　　　　　　　　　　　

(3) 取得価額¥74,230,000　耐用年数15年の固定資産を定率法で減価償却すれば，第3期末償却限度額はいくらになるか。ただし，決算は年1回，残存簿価¥1とする。（毎期償却限度額の円未満切り捨て）

答　　　　　　　　　　　

(4) 取得価額¥85,790,000　耐用年数22年の固定資産を定率法で減価償却すれば，第3期末償却限度額はいくらになるか。ただし，決算は年1回，残存簿価¥1とする。（毎期償却限度額の円未満切り捨て）

答　　　　　　　　　　　

(5) 取得価額¥52,360,000　耐用年数28年の固定資産を定率法で減価償却すれば，第4期末減価償却累計額はいくらになるか。ただし，決算は年1回，残存簿価¥1とする。（毎期償却限度額の円未満切り捨て）

答　　　　　　　　　　　

(6) 取得価額¥35,420,000　耐用年数26年の固定資産を定率法で減価償却すれば，第4期末減価償却累計額はいくらになるか。ただし，決算は年1回，残存簿価¥1とする。（毎期償却限度額の円未満切り捨て）

答　　　　　　　　　　　

（解答→別冊 p7、例題・練習問題復習テスト→p92）

5．減価償却②

取得価額 ¥8,300,000　耐用年数22年の固定資産を定率法で減価償却するとき，次の減価償却計算表の第4期末まで記入せよ。ただし，決算は年1回，残存簿価 ¥1 とする。（毎期償却限度額の円未満切り捨て）

期数	期首帳簿価額	償却限度額	減価償却累計額
1			
2			
3			
4			

【解説】償却率は，巻末の減価償却資産償却率表を参照する。

1期の期首帳簿価額は取得価額の ¥8,300,000

1期の償却限度額　　　 ¥8,300,000 × 0.091（定率法の償却率）＝ ¥755,300

1期の減価償却累計額　 ¥755,300

2期の期首帳簿価額　　 ¥8,300,000 − ¥755,300 ＝ ¥7,544,700

2期の償却限度額　　　 ¥7,544,700 × 0.091 ＝ ¥686,567

2期の減価償却累計額　 ¥686,567 ＋ ¥755,300 ＝ ¥1,441,867

3期の期首帳簿価額　　 ¥7,544,700 − ¥686,567 ＝ ¥6,858,133

3期の償却限度額　　　 ¥6,858,133 × 0.091 ＝ ¥624,090

3期の減価償却累計額　 ¥624,090 ＋ ¥1,441,867 ＝ ¥2,065,957

4期の期首帳簿価額　　 ¥6,858,133 − ¥624,090 ＝ ¥6,234,043

4期の償却限度額　　　 ¥6,234,043 × 0.091 ＝ ¥567,297

4期の減価償却累計額　 ¥567,297 ＋ ¥2,065,957 ＝ ¥2,633,254

期数	期首帳簿価額	償却限度額	減価償却累計額
1	8,300,000 ❶	755,300 ❷	755,300
2	7,544,700 ❸	686,567 ❹	1,441,867 ❺
3	6,858,133	624,090	2,065,957
4	6,234,043	567,297	2,633,254

【電卓】ラウンドセレクターを CUT（S型は↓），小数点セレクターを0に設定

❶　8300000 [M+]（8,300,000）

❷　[×].091[=][M−]（755,300）→減価償却累計額も記入

❸　[MR]（7,544,700）

❹　[×].091[=][M−]（686,567）

❺　[GT]（1,441,867）

❻　第3期の期首帳簿価額以降は，❸〜❺の繰り返し（[MR][×].091[=][M−][GT]）

≪ 練習問題 ≫

(1) 取得価額¥9,600,000 耐用年数28年の固定資産を定率法で減価償却するとき，次の減価償却計算表の第4期末まで記入せよ。ただし，決算は年1回，残存簿価¥1とする。(毎期償却限度額の円未満切り捨て)

期数	期首帳簿価額	償却限度額	減価償却累計額
1			
2			
3			
4			

(2) 取得価額¥8,900,000 耐用年数30年の固定資産を定率法で減価償却するとき，次の減価償却計算表の第4期末まで記入せよ。ただし，決算は年1回，残存簿価¥1とする。(毎期償却限度額の円未満切り捨て)

期数	期首帳簿価額	償却限度額	減価償却累計額
1			
2			
3			
4			

(解答→別冊ｐ7、例題・練習問題復習テスト→ｐ92)

・・・・・・・・・・ 中国と減価償却 ・・・・・・・・・・

　現在では中国も会計基準を整備して減価償却をおこなっていますが，資本主義的な手法を取り込んだ当初は，減価償却という考え方がなかなか理解されず，損益計算書では利益がでているのに，経営が行き詰まる会社が少なくありませんでした。中国は社会主義の国ですから，そもそも減価償却という考え方がなくても設備投資は国が決めてくれますし，株式会社も存在しなかったのです。現在ではそれでは正しい経営成績を把握することができないということで，機械装置や工場などの減価償却がおこなわれています。

6. 仲立人

　仲立人は，商品の売買において，売り主と買い主の間に立って取り次ぎ・仲介し，契約を成立させて，売り主買い主両者から手数料（手数料合計）を受け取る。売り主は，売買価額から手数料を引かれた金額（手取金）を受け取る。買い主は，売買価額に手数料が足された金額（支払総額）を支払う。

　売買価額を¥100，比率を1として図解すると次のようになる。

◆ 売り主の手取金＝¥96

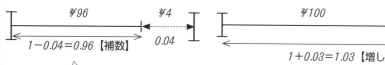

売り主の手数料は4%で¥4とする。
売り主の手取金は¥96になる。

◆ 買い主の支払総額＝¥103

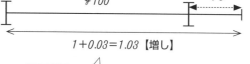

買い主の手数料は3%で¥3とする。
買い主の支払総額は¥103になる。

◆ 仲立人の手数料合計＝¥7

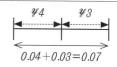

仲立人の手数料合計は売り主から¥3，買い主から¥4で合計¥7になる。

【 ① 売り主の手取金の基本式 】

売り主の手取金 ＝ 売買価額 × （1 － 売り主の手数料率）

　（ ）の中は手数料の「補数」となる。式の変形により，売買価額を求める式は，

売買価額 ＝ 売り主の手取金 ÷ （1 － 売り主の手数料率）

　図の計算では，¥96 ÷ 0.96 により売買価額¥100となる。

【 ② 買い主の支払総額の基本式 】

買い主の支払総額 ＝ 売買価額 × （1 ＋ 買い主の手数料率）

　（ ）の中は「増し」となる。式の変形により，売買価額を求める式は，

売買価額 ＝ 買い主の支払総額 ÷ （1 ＋ 買い主の手数料率）

　図の計算では，¥103 ÷ 1.03 により売買価額¥100となる。

【 ③ 仲立人の手数料合計の基本式 】

仲立人の手数料合計＝売買価額×（売り主手数料率＋買い主手数料率）

　式の変形により，売買価額を求める式は，

売買価額＝仲立人の手数料合計÷（売り主手数料率＋買い主手数料率）

　図の計算では，¥7 ÷ 0.07 により売買価額¥100となる。

例1　①売り主の手取金の基本式

仲立人が売り主から3.26%，買い主から3.15%の手数料を受け取る約束で商品の売買を仲介したところ，売り主の手取金が¥91,806,260であった。買い主の支払総額はいくらであったか。

【解説】売買価額は，売り主の手取金の基本式の変形により，

　　　¥91,806,260 ÷ （1 － 0.0326❶） ＝ ¥94,900,000となる。（1 － 0.0326 ＝ 0.9674）
　　　買い主の支払総額の基本式より，

　　　¥94,900,000 × （1 ＋ 0.0315） ＝ ¥97,889,350（買い主の支払総額）

❶ （1 － 0.0326）は，電卓のメモリー機能を使用してもよいが，p.3「ビジネス計算の基本トレーニング」で練習したように，0.0326の補数を素早く求めることができれば電卓の操作がより簡単になる。
補数を使用した場合，電卓操作は
91806260 ÷ .9674 × 1.031 ＝
となる。

【電卓】1 □ .0326 [M+] 91806260 ÷ [MR] × 1.0315 ＝

答　　¥97,889,350

例2　② 買い主の支払総額の基本式

仲立人が売り主から *3.51*%，買い主から *3.42*%の手数料を受け取る約束で
商品の売買を仲介したところ，買い主の支払総額が *¥52,537,360* であった。
仲立人の受け取った手数料の合計額はいくらであったか。

【解説】売買価額は，買い主の支払総額の基本式の変形により，

　　　　¥52,537,360 ÷（1 + 0.0342）= *¥50,800,000* となる。
　　　　仲立人の手数料合計の基本式より，*¥50,800,000* ×（0.0351 + 0.0342）= *¥3,520,440*

【電卓】52537360 ÷ 1.0342 × .0693 =　　　　　　　　　答　　*¥3,520,440*

例3　③ 仲立人の手数料合計の基本式

仲立人が売り主から *2.15*%，買い主から *1.93*%の手数料を受け取る約束で
商品の売買を仲介したところ，仲立人の受け取った手数料の合計額が
¥3,684,240 であった。売り主の手取金はいくらであったか。

【解説】売買価額は，仲立人の手数料合計の基本式の変形により，

　　　　¥3,684,240 ÷（0.0215 + 0.0193）= *¥90,300,000* となる。（0.0215 + 0.0193 = 0.0408）
　　　　売り主の手取金の基本式より，*¥90,300,000* ×（1 − 0.0215）= *¥88,358,550*

【電卓】3684240 ÷ .0408 M+ 1 − .0215 × MR =　　　　答　　*¥88,358,550*

≪ 練習問題 ≫

(*1*) 仲立人が売り主から *1.45*%，買い主から *1.24*%の手数料を受け取る約束で商品の売買を仲介したところ，売り主の手取金が *¥29,170,800* であった。買い主の支払総額はいくらか。

答　　　　　　　　

(*2*) 仲立人が売り主から *2.32*%，買い主から *2.18*%の手数料を受け取る約束で商品の売買を仲介したところ，売り主の手取金が *¥46,691,040* となった。仲立人の受け取った手数料の合計はいくらであったか。

答　　　　　　　　

(*3*) 仲立人が売り主から *2.53*%，買い主から *2.48*%の手数料を受け取る約束で商品の売買を仲介したところ，買い主の支払総額が *¥72,350,880* となった。仲立人の受け取った手数料の合計額はいくらか。

答　　　　　　　　

(*4*) 仲立人がある商品の売買を仲介したところ，売り主の手取金が売買価額の *3.57*%の手数料を差し引いて *¥66,536,700* であった。買い主の支払った手数料が *¥2,270,100* であれば，買い主の支払った手数料は売買価額の何パーセントであったか。パーセントの小数第 *2* 位まで求めよ。

答　　　　　　　　

(*5*) 仲立人が売り主から *2.82*%，買い主から *2.46*%の手数料を受け取る約束で商品の売買を仲介したところ，仲立人の受け取った手数料の合計額が *¥3,590,400* となった。買い主の支払総額はいくらであったか。

答　　　　　　　　

(*6*) 仲立人が売り主から *2.63*%，買い主から *2.58*%の手数料を受け取る約束で商品の売買を仲介したところ，仲立人の手数料合計が *¥4,063,800* となった。売り主の手取金はいくらか。

答　　　　　　　　

（解答→別冊 p *7*、例題・練習問題復習テスト→ p *94*）

① 建値

【 ① 建値の問題 】

　建とは，取引における一定数量のまとまりであり，建値はその金額をいう。たとえば，建値の問題としては，「10 lb につき £50 の商品を，50kg 建にすると円でいくらか。ただし 1lb＝0.4536kg　£1 ＝ ¥113.4 とする」と問われる。この場合，50kg の建で何円かを問われている。

　計算手順を示すと次のようになる。

① kg の建で何円かなのが問われているので，単位を合わせる。

　　　貨幣単位を円に換算　→　£50 × 113.4（£50 ＝ ¥5,670）
　　　重さを kg に換算　→　　10lb × 0.4536（10lb ＝ 4.536kg）

② 単価を求める（「/kg は何円か」という /kg の「単価」を出す）。

$$単価＝\frac{金額}{数量}$$　（→この例題では，「数量」は「重さ（kg）」のこと）

③ 建にする。この例の場合，50kg のまとまりにする。（→単価× 50）

　　①〜③までをまとめると，次のようになる。

$$\frac{£ を ¥ にする（50 × 113.4）}{lb を kg にする（10 × 0.4536）} × 50 ＝ ¥62,500$$

【 ② 建値類似問題 】

　換算をおこなったうえで金額を求める問題である。たとえば，「ある商品を 10 米トン仕入れ，代金として ¥4,989,600 を支払った。この商品の仕入価格は <u>20kg につき何ドル何セント</u>であったか。ただし，1 米トン＝ 907.2kg　$1 ＝ ¥110.00 とする。」

　この例題の計算手順を示すと次のようになる。

① ここでは、kg につき何ドル何セントかが問われている。

　　　貨幣単位をドルに換算　→　¥4,989,600 ÷ 110.00（¥4,989,600 ＝ $45,360）
　　　重さを kg に換算　→　　10 米トン× 907.2（10 米トン＝ 9,072kg）

② 単価を求める。

$$単価＝\frac{金額}{数量}$$　のため，$\frac{(4,989,600 ÷ 110.00)}{(10 × 907.2)}$ が単価となる。

③ それを一定の数量にする。（→単価× 20）

　式にすると次のようになる。単位を変えるだけで建値と同じ計算である。

$$\frac{金額（4,989,600 ÷ 110.00）}{数量（10 × 907.2）} × 20 ＝ \$100.00$$

① 建値

例1　①－① 建値の問題

60lb につき £89.50 の商品を 50kg 建にすると円でいくらか。ただし，/lb ＝ 0.4536kg　£/ ＝ ¥115.7 とする。（計算の最終で ¥10 未満切り上げ）

【解説】 まず，金額を ¥ に換算し，重さを kg に換算する。次に，金額を数量で割り単価を出し，建にする。上記を式にまとめると次のようになる。

【解式】 $\dfrac{89.50 \times 115.7}{60 \times 0.4536} \times 50 = ¥19,024.011\cdots$

→計算の最終で 10 円未満切り上げのため，¥19,030 となる。

【電卓】 60 ⊠ .4536 M+ 89.5 ⊠ 115.7 ⊠ 50 ÷ MR ＝

答　　　　¥19,030

例2　①－② 建値類似問題

ある商品を /0 米トン仕入れ，代金として ¥5,349,660 を支払った。この商品の仕入価格は /5kg につき何ドル何セントであったか。ただし，/ 米トン ＝ 907.2kg　$/ ＝ ¥97.80 とする。（セント未満4捨5入）

【解説】 金額を $ に換算し（¥ を $ に換算するので ¥ を 97.8 で割る），米トンを kg に換算し，1kg の単価を出し，一定量にする。上記を式にまとめると次のようになる。

【解式】 $\dfrac{5,349,660 \div 97.80}{10 \times 907.2} \times 15 = \$90.4431\cdots$

→セント未満4捨5入のため，$90.44 となる。

【電卓】 10 ⊠ 907.2 M+ 5349660 ÷ 97.8 ⊠ 15 ÷ MR ＝

答　　　　$90.44

≪ 練 習 問 題 ≫

(1) /00yd につき $52.20 の商品を 50m 建にすると円でいくらになるか。ただし，/yd ＝ 0.9144m　$/ ＝ ¥119.50 とする。（計算の最終で円未満4捨5入）

答　＿＿＿＿＿＿＿＿

(2) /0 英ガロンにつき £42.60 の商品を 20L 建にすると，円でいくらになるか。ただし，/ 英ガロン ＝ 4.546L　£/ ＝ ¥185.20 とする。（計算の最終で円未満4捨5入）

答　＿＿＿＿＿＿＿＿

(3) ある商品を /0 米トン仕入れ，代金 ¥536,075 を支払った。この商品の仕入価格は 30kg につき何ドル何セントであったか。ただし，/ 米トン ＝907.2kg　$/＝¥102.50 とする。（セント未満4捨5入）

答　＿＿＿＿＿＿＿＿

(4) ある商品を 20 米トン仕入れ，代金 ¥622,115 を支払った。この商品の仕入価格は 60kg につき何ドル何セントであったか。ただし，/ 米トン ＝ 907.2kg, $/＝¥110.50 とする。（セント未満4捨5入）

答　＿＿＿＿＿＿＿＿

（解答→別冊 p7、例題・練習問題復習テスト→ p95 ）

7．売買計算②

売買基本式の問題

| 予定売価 － 値引額 ＝ 原価 ＋ 利益額 | （左辺＝実売価，右辺＝実売価） |
| 予定売価 － 値引額 ＝ 原価 － 損失額 | （左辺＝実売価，右辺＝実売価） |

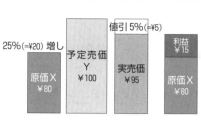

　原価が¥80であり，ここに原価の25％増しの¥20の利益を見込んで予定売価をつけた（予定売価＝¥100）。予定売価から予定売価の5％である¥5の値引きをして，¥95で販売した（実売価¥95）。この実売価¥95は¥80の原価と利益¥15からなる。最終的に，利益は¥15となる。

　これを，予定売価－値引額 ＝ 原価＋利益額 であらわし，ここでは，これを**売買基本式**と呼ぶ。この式は，右辺と左辺が「実売価」になる等式である。なお，利益ではなく損失が出る場合には，予定売価－値引額 ＝ 原価－損失額 となる。

　原価とは，仕入諸掛込原価をいう。「仕入の金額＋仕入諸掛」である。また，原価の金額が不明の場合，ここでは原価を x とする。売買の問題の解法ポイントは，原価 x を用いて，予定売価や実売価を x の式であらわすことである。

　売買基本式の問題は，たとえば，以下のような流れで考えると解きやすくなる（詳しくは各例題の解説参照）。

問題文の記述

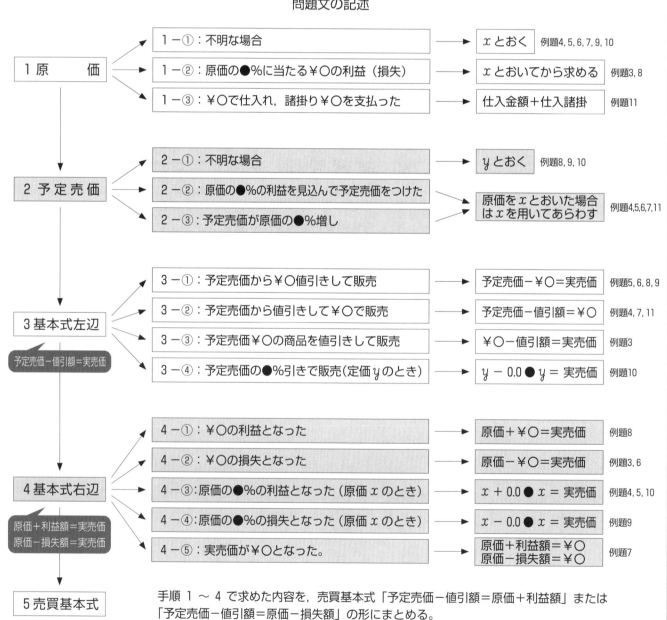

② 売買基本式の問題

例3　②-① 原価を x とおく問題

予定売価（定価）¥19,680,000 の商品を値引きして販売したところ，原価の 1.6％にあたる ¥272,000 の損失となった。値引額は予定売価（定価）の何パーセントであったか。

【解説】原価を x とおく。

原　　価：$0.016x = ¥272,000$　$x = ¥17,000,000$　（原価）

基本式左辺：¥19,680,000 － 値引額 ＝ 実売価　（予定売価 － 値引額 ＝ 実売価）

基本式右辺：¥17,000,000 － ¥272,000 ＝ ¥16,728,000　（原価 － 損失額 ＝ 実売価）

売買基本式：¥19,680,000 － 値引額 ＝ ¥16,728,000　（予定売価 － 値引額 ＝ 原価 － 損失額）
　　　　　　値引額 ＝ ¥2,952,000 より，¥2,952,000 ÷ ¥19,680,000 ＝ 0.15(15％)

【電卓】272000 ÷ .016 － 272000 M− 19680000 M+ MR ÷ 19680000 ％

答　　　　　15％

P.42 の流れ図のうち，
「1 －②：原価の●％にあたる ¥ ○の利益（損失）」→「x とおいてから求める」というのは，たとえば，「原価の 1.6％にあたる ¥27,200 の損失」という場合，まず原価を x とおいてから，
$0.016x = ¥27,200$　という式をたてて，$x = ¥1,700,000$ というように原価を求めるという意味だよ。

また，「2 －②：原価の●％の利益を見込んで予定売価をつけた」「2 －③：予定売価が原価の●％増し」→「原価を x とおいた場合は x を用いてあらわす」というのは，たとえば，原価が不明で，かつ「原価の 35％の利益を見込んで予定売価をつけた」という場合，原価を x とおいてから，予定売価を $1.35x$ というように x を用いてあらわすという意味だよ。

≪　練 習 問 題　≫

(1) 予定売価（定価）¥19,580,000 の商品を値引きして販売したところ，原価の 2.1％にあたる ¥344,400 の損失となった。値引額は予定売価（定価）の何パーセントであったか。

答　　　　　　　　　

(2) 予定売価（定価）¥14,745,000 の商品を値引きして販売したところ，原価の 1.7％にあたる ¥191,250 の損失となった。値引額は予定売価（定価）の何パーセントであったか。

答　　　　　　　　　

(3) 予定売価（定価）¥15,195,000 の商品を値引きして販売したところ，原価の 1.3％にあたる ¥163,800 の利益となった。値引額は予定売価（定価）の何パーセントであったか。

答　　　　　　　　　

（解答→別冊 p.8、例題・練習問題復習テスト→ p.96 ）

7．売買計算②

②－② 原価をxとおき，予定売価をxであらわす問題

ある商品を予定売価（定価）から値引きして¥7,182,000で販売したところ，原価の28.25％の利益となった。原価の35％の利益を見込んで予定売価（定価）をつけたとすれば，値引額は予定売価（定価）の何パーセントであったか。

【解説】原価をxとおくと，予定売価は$1.35x$

基本式左辺：$1.35x －$ 値引額 $= ¥7,182,000$（予定売価 － 値引額 ＝ 実売価）

基本式右辺：$x + 0.2825x = ¥7,182,000$ （原価 ＋ 利益額 ＝ 実売価）

$1.2825x = ¥7,182,000$　$x = ¥5,600,000$（原価）より，

$¥5,600,000 × 1.35 = ¥7,560,000$（予定売価）となるため，

$¥7,560,000 －$ 値引額 $= ¥7,182,000$　となる。

よって，値引額 $= ¥378,000$　より，$¥378,000 ÷ ¥7,560,000 = 0.05$　(5%)

【電卓】7182000 ÷ 1.2825 × 1.35 M+ － 7182000 ÷ MR %

答　　　　　5%

②－② 原価をxとおき，予定売価をxであらわす問題

原価の32％の利益をみて予定売価（定価）をつけた商品を予定売価（定価）から¥8,125,000値引きして販売したところ，原価の19.5％の利益があった。原価はいくらか。

【解説】原価をxとおくと，予定売価は$1.32x$

基本式左辺：$1.32x － ¥8,125,000 =$ 実売価（予定売価 － 値引額 ＝ 実売価）

基本式右辺：$x + 0.195x =$ 実売価　　　（原価 ＋ 利益額 ＝ 実売価）

売買基本式：$1.32x － ¥8,125,000 = 1.195x$（予定売価 － 値引額 ＝ 原価 ＋ 利益額）

$0.125x = ¥8,125,000$　$x = ¥65,000,000$（原価）

【電卓】1.32 － 1.195 M+ 8125000 ÷ MR =

答　　　¥65,000,000

②－② 原価をxとおき，予定売価をxであらわす問題

ある商品に原価の32％の利益を見込んで予定売価（定価）をつけたが，予定売価（定価）から¥495,000値引きして販売したところ，¥95,000の損失となった。損失額は原価の何パーセントであったか。パーセントの小数第1位まで求めよ。

【解説】原価をxとおくと，予定売価は$1.32x$

基本式左辺：$1.32x － ¥495,000 =$ 実売価　（予定売価 － 値引額 ＝ 実売価）

基本式右辺：$x － ¥95,000 =$ 実売価　　　（原価 － 損失額 ＝ 実売価）

基　本　式：$1.32x － ¥495,000 = x － ¥95,000$（予定売価 － 値引額 ＝ 原価 － 損失額）

$0.32x = ¥400,000$　$x = ¥1,250,000$（原価）

よって，$¥95,000 ÷ ¥1,250,000 = 0.076$　(7.6%)

【電卓】1.32 － 1 M+ 495000 － 95000 ÷ MR = 95000 ÷ GT %

答　　　　　7.6%

44

例7 　2－② 原価を x とおき，予定売価を x であらわす問題

ある商品に原価の2割5分の利益を見込んで予定売価（定価）をつけたが，予定売価（定価）から¥1,831,620値引きして販売したところ，実売価が¥6,743,380となった。損失額は原価の何分何厘か。

【解説】原価を x とおくと，予定売価は $1.25x$

　　　基本式左辺：$1.25x － ¥1,831,620 ＝ ¥6,743,380$（予定売価 － 値引額 ＝ 実売価）
　　　　　　　　　　$1.25x ＝ ¥8,575,000$　　$x ＝ ¥6,860,000$（原価）

　　　基本式右辺：$¥6,860,000 － 損失額 ＝ ¥6,743,380$（原価 － 損失額 ＝ 実売価）
　　　　　　　　　　損失額 ＝ ¥116,620　より，¥116,620 ÷ ¥6,860,000 ＝ 0.017　(1分7厘)

【電卓】6743380 ＋ 1831620 ÷ 1.25 M＋ ー 6743380 ÷ MR ＝

答　　　　　　　1分7厘

≪　練 習 問 題　≫

(1) ある商品を予定売価（定価）から値引きして¥6,699,000で販売したところ，原価の15.5%の利益となった。原価の25%の利益を見込んで予定売価（定価）をつけたとすれば，値引額は予定売価（定価）の何パーセントであったか。パーセントの小数第1位まで求めよ。

答　　　　　　　

(2) ある商品を予定売価（定価）から値引きして¥5,953,500で販売したところ，原価の21.5%の利益となった。予定売価（定価）が原価の35%増しだとすれば，値引額は予定売価（定価）の何パーセントであったか。

答　　　　　　　

(3) 原価の25%の利益をみて予定売価（定価）をつけた商品を，予定売価（定価）から¥934,500値引きして販売したところ，原価の14.5%の利益があった。実売価はいくらであったか。

答　　　　　　　

(4) 原価に¥1,520,000の利益をみて予定売価（定価）をつけた商品を，予定売価（定価）の14%値引きして販売したところ，¥243,200の利益があった。原価はいくらか。

答　　　　　　　

(5) 原価1割5分の利益を見込んで予定売価（定価）をつけ，予定売価（定価）から¥326,800値引きして販売したところ，¥98,800の損失となった。損失額は原価の何パーセントであったか。パーセントの小数第1位まで求めよ。

答　　　　　　　

(6) ある商品に原価の35%の利益をみて予定売価（定価）をつけ，予定売価（定価）から¥7,425,000値引きして販売したところ，利益額が¥11,825,000になった。値引額は定価の何パーセントか。

答　　　　　　　

(7) ある商品に原価の2割4分の利益を見込んで予定売価（定価）をつけたが，予定売価（定価）から¥1,636,250値引きして販売したところ，実売価が¥5,741,750となった。損失額は原価の何分何厘か。

答　　　　　　　

(8) ある商品に原価の4割2分の利益を見込んで予定売価（定価）をつけたが，予定売価（定価）から¥3,617,600値引きして販売したところ，実売価が¥7,174,400となった。損失額は原価の何パーセントか。パーセントの小数第1位まで求めよ。

答　　　　　　　

（解答→別冊 p.8、例題・練習問題復習テスト→ p.97）

7．売買計算②

例8 ②－③ 原価を x，予定売価を y とおく問題

ある商品を予定売価（定価）から¥331,500値引きして販売したところ，原価の18%にあたる¥351,000の利益となった。予定売価（定価）は原価の何パーセント増しであったか。

【解説】原価を x，予定売価を y とおく。

原　　　価：$0.18x = ¥351,000$　$x = ¥1,950,000$（原価）

基本式左辺：$y - ¥331,500 = $ 実売価　（予定売価 － 値引額 ＝ 実売価）

基本式右辺：$¥1,950,000 + ¥351,000 = ¥2,301,000$　（原価 ＋ 利益額 ＝ 実売価）

基　本　式：$y - ¥331,500 = ¥2,301,000$　（予定売価 － 値引額 ＝ 原価 ＋ 利益額）

$y = ¥2,632,500$（予定売価）より，$¥2,632,500 ÷ ¥1,950,000 = 1.35$（<u>35%増し</u>）

【電卓】351000 ÷ .18 [M+] [+] 351000 [+] 331500 ÷ [MR] [=]

答　　　　35%増し

例9 ②－③ 原価を x，予定売価を y とおく問題

ある商品を予定売価（定価）から¥696,000の値引きをして販売したところ，原価の5分の損失となった。値引額が定価の2割4分にあたるとすれば，損失額はいくらであったか。

【解説】原価を x，予定売価を y とおく。

基本式左辺：$y - ¥696,000 = $ 実売価　（予定売価 － 値引額 ＝ 実売価）

基本式右辺：$x - 0.05x = 0.95x$　（原価 － 損失額 ＝ 実売価）

定　　　価：$0.24y = ¥696,000$　$y = ¥2,900,000$（予定売価）

基　本　式：$¥2,900,000 - ¥696,000 = 0.95x$（予定売価 － 値引額 ＝ 原価 － 損失額）

$0.95x = ¥2,204,000$　$x = ¥2,320,000$（原価）

よって，損失額は$¥2,320,000 × 0.05 = $<u>¥116,000</u>

【電卓】696000 [M+] ÷ .24 [－] [MR] ÷ .95 [×] .05 [=]

答　　　　¥116,000

例10 ②－③ 原価を x，予定売価を y とおく問題

ある商品を予定売価（定価）の3割5分引きで販売したところ，原価の2割1分の利益を得た。値引額が¥423,500だとすれば，原価はいくらであったか。

【解説】原価を x，予定売価を y とおく。

基本式左辺：$y - 0.35y = 0.65y$（予定売価 － 値引額 ＝ 実売価）

基本式右辺：$x + 0.21x = 1.21x$（原価 ＋ 利益額 ＝ 実売価）

定　　　価：$0.35y = ¥423,500$　$y = ¥1,210,000$（予定売価）

基　本　式：基本式左辺の$0.65y$は，$0.65 × ¥1,210,000 = ¥786,500$（実売価）となる。よって，

$¥786,500 = 1.21x$（予定売価 － 値引額 ＝ 原価 ＋ 利益額）

$x = ¥650,000$（原価）

【電卓】423500 ÷ .35 [×] .65 ÷ 1.21 [=]

答　　　　¥650,000

例11 ②－④ 原価を「仕入金額＋仕入諸掛」で求める問題

商品を¥5,540,000 で仕入れ，諸掛りとして¥430,000 を支払った。この商品に原価の24％の利益をみて予定売価（定価）をつけたが，値引きをして¥7,032,660 で販売した。値引額は予定売価（定価）の何パーセントか。

【解説】原　　　価：¥5,540,000 ＋ ¥430,000 ＝ ¥5,970,000
　　　　定　　　価：¥5,970,000 × 1.24 ＝ ¥7,402,800
　　　　基本式左辺：¥7,402,800 － 値引額 ＝ ¥7,032,660　（予定売価 － 値引額 ＝ 実売価）
　　　　　　　　　値引額 ＝ ¥370,140 より，¥370,140 ÷ ¥7,402,800 ＝ 0.05（5％）
【電卓】5540000 ＋ 430000 ✕ 1.24 M＋ － 7032660 ÷ MR ％　　　　　答　　　　5％

≪　練習問題　≫

(1) ある商品を予定売価（定価）から¥6,072,000 値引きして販売したところ，原価の5％にあたる¥1,380,000 の利益となった。予定売価（定価）は原価の何パーセント増しであったか。　　答＿＿＿＿

(2) ある商品を予定売価（定価）から¥3,696,000 値引きして販売したところ，原価の8.5％にあたる¥2,992,000 の利益となった。予定売価（定価）は原価の何パーセント増しであったか。　　答＿＿＿＿

(3) ある商品を予定売価（定価）から¥10,920,000 値引きして販売したところ，原価の2％の損失となった。値引額が予定売価（定価）の19.5％にあたるとすれば，原価はいくらであったか。　　答＿＿＿＿

(4) ある商品を予定売価（定価）から¥570,000 の値引きをして販売したところ，原価の15.5％の利益となった。値引額が予定売価（定価）の7.6％にあたるとすれば，利益額はいくらであるか。　　答＿＿＿＿

(5) ある商品を予定売価（定価）の2割5分引きで販売したところ，原価の1割7分の利益を得た。値引額が¥7,312,500 だとすれば，原価はいくらであったか。　　答＿＿＿＿

(6) ある商品を予定売価（定価）の32％引きで販売したところ，原価の9％の損失となった。値引額が¥29,120,000 だとすれば，原価はいくらであったか。　　答＿＿＿＿

(7) ある商品を¥4,250,000 で仕入れ，諸掛り¥250,000 を支払った。この商品に諸掛込原価の32％の利益をみて予定売価（定価）をつけたが，市価下落のため値引きして¥4,514,400 で販売した。値引額は予定売価（定価）の何パーセントか。　　答＿＿＿＿

(8) 原価¥4,432,000 の商品を仕入れ，諸掛り¥160,000 を支払った。この商品に諸掛込原価の25％の利益を見込んで予定売価（定価）をつけたが，値引きして¥5,395,600 で販売した。値引額は予定売価（定価）の何パーセントであったか。　　答＿＿＿＿

（解答→別冊 p8、例題・練習問題復習テスト→p 98 ）

③　分数売買

以下のような基本的な問題を例として，解法を説明する。

例 商品の予定売価を￥50として，ₐ$\frac{3}{5}$は予定売価の♭1割引きで販売し，c残りはd予定売価の7掛で販売した。原価を￥20とすると，利益はいくらか。

$$\text{￥50} \begin{cases} \times \to \frac{3}{5} \times 0.9 \\ \times \to \frac{2}{5} \times 0.7 \end{cases} = \text{￥20 ＋利益額}$$

　　下線部 a は，予定売価￥50を$\frac{3}{5}$に分ける。（$50 \times \frac{3}{5}$）

　　下線部 b は，1割引きのため補数0.9を掛ける。＝27（実売価の一部）

　　下線部 c は，$\frac{3}{5}$の残りなので，$\frac{2}{5}$と記入する。（$50 \times \frac{2}{5}$）

　　下線部 d は，7掛のため0.7を掛ける。＝14（実売価の一部）

この金額を合計したものが実売価である。売買の基本式より，

売価　＝　原価　＋　利益額

のため，（27 ＋ 14）＝（20 ＋利益額）

よって，利益＝27 ＋ 14 － 20　　　　　　　　　　利益　￥21

　このように，予定売価を分割してそれぞれに値引きなどをおこない販売する場合，それぞれを算出して合計したものが実売価となる（基本式の左辺となる）。分割を分数であらわして計算するので，ここではこれを**分数売買**と呼ぶ。

　分数売買の注意点としては，予定売価を分数で分割したとき，「残り」の部分も分数であらわすことを忘れないことである。

　なお，分数売買の問題には，主に，

① 　最初に予定売価を計算で算出してから解く問題
② 　予定売価を原価と関係づけた式であらわす問題
③ 　値引きが入る問題
④ 　「〇〇につき￥〇〇」であらわされる問題

がある。基本的には，分数で表現されていても売買基本式 | 予定売価　－　値引額　＝　原価　＋　利益額 |

または | 予定売価　－　値引額　＝　原価　－　損失額 | の式の変形である。

④　「単価×数量」売買

　売買価格は「単価×数量」で計算することができる。数量を把握して，予定売価の単価を算出し，それらを掛けることで問題を解くことができる。「単価×数量」売買とは，次のような問題である。

例 「ある商品60ダースを1個につき￥8,600で仕入れ，原価の2割5分の利益を見込んで予定売価をつけた。このうち500個は予定売価どおりで販売し，残り全部は予定売価から1個につき￥800値引きして販売した。実売価の総額はいくらか。」

　※詳しい計算方法は，例16 で解説する。

③ **分数売買**

例12 ③—① **分数であらわしている売買基本式を使う問題**

原価¥980,000 の商品に ₐ原価の2割5分の利益をみて予定売価（定価）を
つけ，ᵦ全体の $\frac{4}{5}$ は定価の1割引きで販売し，ᵢ残り全部は予定売価（定価）の
7掛半で販売した。利益の総額はいくらか。

【解説】下線部ₐより，¥980,000 × 1.25 ＝ ¥1,225,000（予定売価）

　　　下線部ᵦより，予定売価¥1,225,000 の $\frac{4}{5}$ は1割引き → ×0.9

　　　下線部ᵢより，残り $\frac{1}{5}$ は7掛半 → ×0.75

$$¥1,225,000 \begin{cases} \times \frac{4}{5} \times 0.9 \\ \times \frac{1}{5} \times 0.75 \end{cases} = ¥980,000 ＋利益額$$

【解式】¥980,000 × 1.25 ＝ ¥1,225,000（予定売価）

　　¥1,225,000 × $\frac{4}{5}$ × 0.9 ＝ ¥882,000（実売価①）

　　¥1,225,000 × $\frac{1}{5}$ × 0.75 ＝ ¥183,750（実売価②）

　　¥882,000 ＋ ¥183,750 ＝ ¥980,000 ＋利益額

よって，¥882,000 ＋ ¥183,750 － ¥980,000 ＝ <u>¥85,750</u>

【電卓】980000 × 1.25 ＝ （予定売価¥1,225,000 が GT に入る。）
　　　× 4 × .9 ÷ 5 M+ （実売価をメモリーに入れる。＝ は押さない。）
　　　GT × .75 ÷ 5 M+ （実売価をメモリーに入れる。＝ は押さない。）
　　　MR － 980000 ＝

答　　　　¥85,750

━━━━ ≪ **練習問題** ≫ ━━━━

(1) 原価¥10,800,000 の商品に原価の3割5分の利益をみて予定売価（定価）をつけ，
全体の半分は予定売価（定価）の9分引きで販売し，残り全部は予定売価（定価）の
7掛半で販売した。利益の総額はいくらか。

答　　　　　　　　　　

(2) 原価¥14,550,000 の商品に¥4,650,000 の利益をみて予定売価（定価）をつけ，
全体の $\frac{2}{3}$ は予定売価（定価）どおりで販売し，残り全部は予定売価（定価）の2割5
分引きで販売した。利益の総額はいくらか。

答　　　　　　　　　　

(3) 原価¥12,400,000 の商品に仕入諸掛¥600,000 を支払った。この商品に諸掛込
原価の2割6分の利益をみて予定売価（定価）をつけ，全体の $\frac{2}{3}$ は予定売価（定価）
の9掛で販売し，残り全部は予定売価（定価）の8掛半で販売した。実売価の総額は
いくらであるか。

答　　　　　　　　　　

(4) 原価¥2,250,000 の商品に仕入諸掛¥144,000 を支払った。この商品に諸掛込原
価の3割5分の利益をみて予定売価（定価）をつけ，全体の $\frac{2}{3}$ は定価の9掛半で販売し，
残り全部は予定売価（定価）の7掛半で販売した。実売価の総額はいくらであるか。

答　　　　　　　　　　

（解答→別冊 p.8、例題・練習問題復習テスト→p.100）

7．売買計算③

例13　③－② 予定売価を x であらわし，分数を用いた基本式を使う問題

ある商品に $_a$原価の 3 割 5 分の利益を見込んで予定売価（定価）をつけたが，全体の $_b\frac{3}{4}$ は予定売価（定価）の 1 割引きで販売し，$_c$残り全部は予定売価（定価）の 8 掛で販売した。この商品全体の $_d$利益額が ¥141,375 であったとすると原価はいくらか。

【解説】下線部 a より，　原価を x として，予定売価をあらわす　→　$1.35x$（予定売価）

　　　　下線部 b より，　予定売価の $\frac{3}{4}$ は 1 割引き　→　× 0.9

　　　　下線部 c より，　残り $\frac{1}{4}$ は 8 掛　→　× 0.8

　　　　下線部 d より，　実売価 ＝ x ＋ ¥141,375

$$1.35x \begin{cases} \times\ \frac{3}{4}\ \times\ 0.9 \\ \times\ \frac{1}{4}\ \times\ 0.8 \end{cases} =\ x\ +\ ¥141,375$$

【解式】$1.35x\ \times\ \frac{3}{4}\ \times\ 0.9\ =\ 0.91125x$

　　　　$1.35x\ +\ \frac{1}{4}\ \times\ 0.8\ =\ 0.27x$

　　　　$0.91125x\ +\ 0.27x\ =\ x\ +\ ¥141,375$
　　　　よって，$0.18125x\ =\ ¥141,375$　　$x\ =\ ¥780,000$

【電卓】1.35 ✕ 3 ✕ .9 ÷ 4 M+ （実売価をメモリーに入れる。= は押さない。）
　　　　1.35 ✕ .8 ÷ 4 M+ （実売価をメモリーに入れる。= は押さない。）
　　　　1 M− （右辺の x を左辺に移動，$-x$ としてメモリーに入れる。）
　　　　141375 ÷ MR = （x をもとめる。）

答　　　¥780,000

例14　③－③ 値引きの金額が入っている分数売買の問題

$_a$原価 ¥2,100,000 の商品に仕入諸掛 ¥140,000 を支払った。この商品に諸掛込原価の 2 割 9 分の利益を見込んで予定売価（定価）をつけ，$_b$全体の $\frac{1}{3}$ は予定売価（定価）の 1 割 5 分引きで販売し，$_c$残り全部は予定売価（定価）から ¥385,280 値引きして販売した。利益の総額はいくらか。

【解式】下線部 a より，　¥2,100,000 ＋ ¥140,000 ＝ ¥2,240,000（諸掛込原価）
　　　　　　　　　　　¥2,240,000 × 1.29 ＝ ¥2,889,600（予定売価）

　　　　下線部 b より，　¥2,889,600 × $\frac{1}{3}$ × 0.85 ＝ ¥818,720（実売価①）

　　　　下線部 c より，　¥2,889,600 × $\frac{2}{3}$ － ¥385,280 ＝ ¥1,541,120（実売価②）

　　　　¥818,720 ＋ ¥1,541,120 ＝ ¥2,240,000 ＋ 利益額
よって，利益額＝ ¥818,720 ＋ ¥1,541,120 － ¥2,240,000
　　　　　　　　＝ ¥119,840

$$定価 ¥2,889,600 \begin{cases} \times\ \frac{1}{3}\ \times\ 0.85 \\ \times\ \frac{2}{3}\ -\ ¥385,280 \end{cases} =\ ¥2,240,000\ +利益額$$

> ❶メモリーには M− で「− 2,240,000」，M+ で「＋ 818,720」と「＋ 1,541,120」が記憶されているため，MR で数値を呼び出すと，
> 　利益額＝ ¥818,720 ＋ ¥1,541,120 － ¥2,240,000 の計算結果が出る。

【電卓】2100000 ＋ 140000 M− （原価 ¥2,240,000 をメモリーに減算で入れる。）❶
　　　　✕ 1.29 = （予定売価 ¥2,889,600 が GT に入る。）
　　　　✕ .85 ÷ 3 M+ （実売価をメモリーに入れる。= は押さない。）
　　　　GT ✕ 2 ÷ 3 － 385280 M+ （売価をメモリーに入れる。= は押さない。）
　　　　MR

答　　　¥119,840

≪ 練 習 問 題 ≫

(1) ある商品に原価の2割4分の利益をみて予定売価（定価）をつけたが，全体の $\frac{3}{4}$ は予定売価（定価）の1割引きで販売し，残り全部は予定売価（定価）の8掛で販売した。この商品全体の利益額が¥8,160,000であったとすれば原価はいくらか。

答 _____

(2) ある商品に原価の2割8分の利益を見込んで予定売価（定価）をつけたが，全体の $\frac{3}{4}$ は予定売価（定価）どおりで販売し，残り全部は予定売価（定価）の8掛で販売した。この商品全体の利益額が¥4,428,000であったとすれば予定売価（定価）はいくらか。

答 _____

(3) ある商品に原価の2割5分の利益を見込んで予定売価（定価）をつけたが，全体の $\frac{3}{5}$ は予定売価（定価）の8掛半で販売し，残り全部は予定売価（定価）の2割引きして販売した。この商品全体の利益額が¥2,580,000であったとすれば予定売価（定価）はいくらか。

答 _____

(4) 原価¥32,000,000の商品に仕入諸掛¥1,600,000を支払った。この商品に諸掛込原価の2割9分の利益を見込んで予定売価（定価）をつけ，全体の $\frac{1}{3}$ は予定売価（定価）の1割5分引きで販売し，残り全部は予定売価（定価）から¥5,779,200値引きして販売した。利益の総額はいくらか。

答 _____

(5) 原価¥8,000,000の商品に原価の26％の利益をみて予定売価（定価）をつけ，全体の半分は予定売価（定価）の20％引きで販売し，残り全部は予定売価（定価）から¥284,000値引きして販売した。この商品の利益額は原価の何パーセントか。パーセントの小数第2位まで求めよ。

答 _____

(6) 原価¥3,200,000の商品に原価の25％の利益をみて予定売価（定価）をつけ，全体の半分は予定売価（定価）の20％引きで販売し，残り全部は予定売価（定価）から¥688,000値引きして販売した。この商品の損失額は原価の何パーセントか。

答 _____

(7) 1本につき¥5,400の商品を60ダース仕入れ，諸掛り¥120,000を支払った。この商品に諸掛込原価の35％の利益を見込んで予定売価（定価）をつけたが，全体の半分は予定売価（定価）の15％引きで販売し，残り全部は予定売価（定価）から¥135,990値引きして販売した。利益の総額はいくらか。

答 _____

（解答→別冊 p8、例題・練習問題復習テスト→p101）

7．売買計算③

例15 ③－④「〇〇につき ¥〇〇」であらわされる分数売買の問題

_a3kgにつき ¥47,400の商品を250kg仕入れ，諸掛り ¥152,400を支払った。_bこの商品に諸掛込原価の2割5分の利益を見込んで予定売価（定価）をつけ，_c全体の $\frac{3}{5}$ は予定売価（定価）の8掛半で販売し，_d残り全部は予定売価（定価）の7掛半で販売した。利益の総額はいくらか。

【解説】「3kg につき ¥47,400」のような場合，まず 1kg あたりの値段を計算する。

下線部 a より， ¥47,400 ÷ 3 ＝ ¥15,800（1kg あたりの値段）

¥15,800 × 250 ＋ ¥152,400 ＝ ¥4,102,400（諸掛込原価）

下線部 b より， ¥4,102,400 × 1.25 ＝ ¥5,128,000（予定売価）

下線部 c より， ¥5,128,000 × $\frac{3}{5}$ × 0.85 ＝ ¥2,615,280（実売価①）

下線部 d より， ¥5,128,000 × $\frac{2}{5}$ × 0.75 ＝ ¥1,538,400（実売価②）

¥2,615,280 ＋ ¥1,538,400 ＝ ¥4,102,400 ＋利益額

よって，利益額＝ ¥2,615,280 ＋ ¥1,538,400 － ¥4,102,400

＝ ¥51,280

$$\text{予定売価 ¥5,128,000} \begin{array}{l} \times \ \frac{3}{5} \ \times \ 0.85 \\ \times \ \frac{2}{5} \ \times \ 0.75 \end{array} \left. \right\} = \ \text{実売価の総額}$$

【電卓】47400 ÷ 3 × 250 ＋ 152400 M－ × 1.25 ＝ × 3 × .85 ÷ 5 M＋

GT × 2 × .75 ÷ 5 M＋ MR

答 ＿＿＿¥51,280＿＿＿

---

④ 「単価×数量」売買

例16 ④「単価×数量」売買

_aある商品60ダースを_b1個につき ¥8,600で仕入れ，原価の2割5分の利益を見込んで予定売価（定価）をつけた。このうち_c500個は予定売価（定価）どおりで販売し，_d残り全部は予定売価（定価）から1個につき ¥800値引きして販売した。実売価の総額はいくらか。

【解説】予定売価どおりの 500 個の単価・売上高を「単価①」「売上高①」，

残り全部の単価・売上高を「単価②」「売上高②」とする。

下線部 a から全体の量を把握する。 60 × 12 ＝ 720 個

下線部 b より，単価は ¥8,600 × 1.25 ＝ ¥10,750（単価①）

下線部 c より， ¥10,750 × 500 ＝ ¥5,375,000（売上高①）

下線部 d より，残りの個数は 720 － 500 ＝ 220 個

予定売価から ¥800 引きで 220 個のため，

（¥10,750 － ¥800）× 220 ＝ ¥2,189,000（売上高②）

よって，実売価の総額は，500 個分の「売上高①」と残りの 220 個分の「売上高②」の合計より， ¥5,375,000 ＋ ¥2,189,000 ＝ ¥7,564,000

【解式】上記の解説をまとめると，

（¥8,600 × 1.25）× 500 ＝ ¥5,375,000（単価①×数量＝売上高①）

（¥10,750 － ¥800）× 220 ＝ ¥2,189,000（単価②×数量＝売上高②）

¥5,375,000 ＋ ¥2,189,000 ＝ ¥7,564,000（売上高①＋売上高②＝実売価の総額）

【電卓】8600 × 1.25 ＝ × 500 M＋ GT － 800 × 220 M＋ MR

答 ＿＿＿¥7,564,000＿＿＿

≪ 練習問題 ≫

(1) 5本につき¥24,000の商品を500ダース仕入れ，諸掛り¥350,000を支払った。この商品に諸掛込原価の24％の利益を見込んで予定売価（定価）をつけ，全体の $\frac{2}{5}$ は予定売価（定価）の7掛半で販売し，残り全部は予定売価（定価）から¥1,725,000値引きして販売した。利益の総額はいくらか。

答 _____

(2) 3kgにつき¥42,000の商品を2,600kg仕入れ，諸掛り¥1,200,000を支払った。この商品に諸掛込原価の3割2分の利益を見込んで予定売価（定価）をつけ，全体の $\frac{3}{5}$ は予定売価（定価）どおりで販売し，残り全部は予定売価（定価）の7掛半で販売した。利益の総額はいくらであったか。

答 _____

(3) 4kgにつき¥4,800の商品を3,200kg仕入れ，諸掛り¥320,000を支払った。この商品には諸掛込原価の2割5分の利益を見込んで予定売価（定価）をつけたが，全体の $\frac{3}{4}$ は予定売価（定価）から1割8分引きで販売し，残り全部は定価から1kgにつき¥525値引きして販売した。実売価の総額はいくらになるか。

答 _____

(4) 1台につき¥180,000の商品を50台仕入れ，諸掛り¥250,000を支払った。この商品に諸掛込原価の2割8分の利益を見込んで予定売価（定価）をつけたが，31台は予定売価（定価）の1割引きで販売し，残り全部は予定売価（定価）から1台につき¥56,000値引きして販売した。実売価の総額はいくらか。

答 _____

(5) 1本につき¥190,000の商品を60本仕入れ，諸掛り¥144,000を支払った。この商品に諸掛込原価の2割5分の利益を見込んで予定売価（定価）をつけたが，40本は予定売価（定価）の1割5分引きで販売し，残り全部は予定売価（定価）から1本につき¥62,500値引きして販売した。利益の総額はいくらか。

答 _____

(6) ある商品60ダースを1個につき¥48,000で仕入れ，諸掛り¥360,000を支払った。この商品に諸掛込原価の2割6分の利益を見込んで予定売価（定価）をつけたが，600個は予定売価（定価）どおりで販売し，残り全部は予定売価（定価）から1個につき¥7,500値引きして販売した。実売価の総額はいくらか。

答 _____

（解答→別冊p8、例題・練習問題復習テスト→p102）

8. 複利年金の計算①

一定期間ごとに継続して給付される金銭を年金という。年金には，家賃，銀行ローン，定期積立金などがある。

① 複利年金終価の計算

毎期支払われる年金の最終期末における複利終価の総和を**複利年金終価**という。なお，複利終価とは，複利法の期日または満期日における元利合計のことをいう。

【 ① 期末払い 】

複利年金終価 ＝ 年金額 × 複利年金終価率

【 ② 期首払い 】

複利年金終価 ＝ 年金額 ×（実際の期数より１期多い複利年金終価率 － １）

※複利年金終価率は，$\dfrac{(1+利率)^{期数}-1}{利率}$ で求めることができる。

---

① 複利年金終価の計算

例1 | ①－① 期末払いの複利年金終価

毎年末に¥50,000ずつ4年間支払う年金の終価はいくらになるか。ただし，年利率5%，／年／期の複利とする。（円未満4捨5入）

【解説】

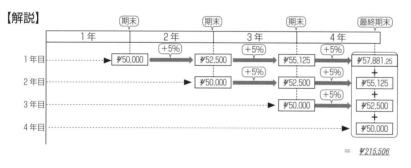

上図のように，複利年金終価は複利終価の総和である。

そのため，複利年金終価を求める式は，

$\{¥50,000 × (1 + 0.05)^3\} + \{¥50,000 × (1 + 0.05)^2\} + \{¥50,000 × (1 + 0.05)\}$
$+ \{¥50,000 × 1\} = ¥215,506$

となる。これは，

$¥50,000 × \{(1 + 0.05)^3 + (1 + 0.05)^2 + (1 + 0.05) + 1\}$

$= ¥50,000 × 4.310125$

$= ¥215,506$（円未満4捨5入）

と変形することができる。これらをまとめると，以下のようになる。

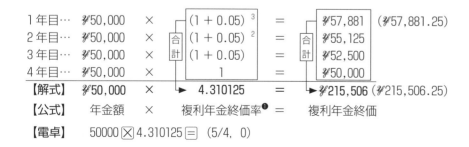

> ❶複利年金終価率は，複利年金終価表(巻末収録)を見れば簡単に求めることができるが，例1の解説のように複利終価率を合計することでも求められる。複利終価率の合計は，等比数列の公式を活用し，$\dfrac{(1+利率)^{期数}-1}{利率}$ で求めることができる。

答　　　　¥215,506

≪ 練習問題 ≫

(1) 毎年末に ¥135,000 ずつ 10 年間支払う年金の終価はいくらになるか。ただし，年利率 3%，1 年 1 期の複利とする。（円未満 4 捨 5 入）

答 _____

(2) 毎年末に ¥70,000 ずつ 8 年間支払う年金の終価はいくらになるか。ただし，年利率 6%，1 年 1 期の複利とする。（円未満 4 捨 5 入）

答 _____

(3) 毎半年末に ¥245,000 ずつ 7 年間支払う年金の終価はいくらになるか。ただし，年利率 5%，半年 1 期の複利とする。（円未満 4 捨 5 入）

答 _____

(4) 毎半年末に ¥195,000 ずつ 5 年間支払う年金の終価はいくらになるか。ただし，年利率 7%，半年 1 期の複利とする。（円未満 4 捨 5 入）

答 _____

（巻末の「複利年金終価表」を使用，解答→別冊 p.8、例題・練習問題復習テスト→p.104 ）

── 複利年金終価の計算方法は？ ──
たとえば，「毎年末に ¥60,000 ずつ 8 年間支払う年金の終価はいくらになるか。ただし，年利率 6%，1 年 1 期の複利とする。（円未満 4 捨 5 入）」という問題の場合，計算方法は 3 つあるよ。

方法①：複利終価の合計を求める
左ページ（p.54）の例題解説のように，1 年ごとの複利終価を求めて，それらを合計する計算方法だよ。
【計算式】 $¥60,000 \times \{(1 + 0.06)^7 + (1 + 0.06)^6 + (1 + 0.06)^5 + (1 + 0.06)^4 + (1 + 0.06)^3 + (1 + 0.06)^2 + (1 + 0.06)^1 + 1\} = ¥593,848.07\cdots$ （¥593,848）

方法②：複利年金終価率の公式を使って求める
左ページ（p.54）の四角枠内にある複利年金終価率の公式に数字を当てはめて計算する方法だよ。

【計算式】 $¥60,000 \times \dfrac{((1+0.06)^8 - 1)}{0.06} = ¥593,848.07\cdots$ （¥593,848）

方法③：複利年金終価表を使って求める
巻末にある「複利年金終価表」を使って計算する方法だよ。
【計算方法】 $¥60,000 \times 9.89746791 = ¥593,848.07\cdots$ （¥593,848）

この中で最も簡単ではやい方法は，③の表を使う計算方法だとわかるね！

8．複利年金の計算①

毎年初めに¥50,000ずつ4年間支払う年金の終価はいくらになるか。ただし，年利率5％，／年／期の複利とする。

（円未満4捨5入）

【解説】

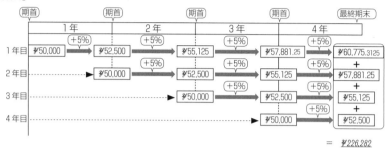

$$= ¥226,282$$

期末払いの場合（例1）と期首払いの場合（例2）を比較すると，以下のようになる。

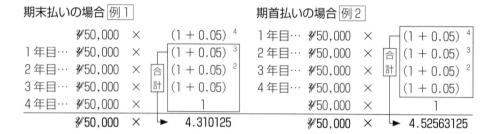

よって，複利年金終価率は，この問題の場合，例1の複利年金終価率に $(1+0.05)^4$ を足し，1を引けばよい。

$$\underline{\{(1+0.05)^4+(1+0.05)^3+(1+0.05)^2+(1+0.05)+1\}} -1 \; = \; 4.52563125$$
$$\rightarrow （4期＋1期の複利年金終価率） \qquad -1$$

上記の式より，複利年金終価率は，4.52563125 となる。

したがって，期首払いの複利年金終価は以下のように計算することができる。

【解式】¥50,000 × （5.52563125 − 1）＝ ¥226,281.5625（¥226,282）

【公式】 年金額 × （実際の期数より1期多い複利年金終価率−1）＝ 複利年金終価

【電卓】5.52563125 ⊟ 1 ⊠ 50000 ⊜ （5/4，0）

答 ¥226,282

≪ 練習問題 ≫

(1) 毎年初めに¥120,000ずつ6年間支払う年金の終価はいくらになるか。ただし，年利率5%，1年1期の複利とする。（円未満4捨5入）

答 _____

(2) 毎年初めに¥160,000ずつ5年間支払う年金の終価はいくらになるか。ただし，年利率5%，1年1期の複利とする。（円未満4捨5入）

答 _____

(3) 毎半年初めに¥825,000ずつ5年間支払う年金の終価はいくらになるか。ただし，年利率6%，半年1期の複利とする。（円未満4捨5入）

答 _____

(4) 毎半年初めに¥675,000ずつ7年間支払う年金の終価はいくらになるか。ただし，年利率4%，半年1期の複利とする。（円未満4捨5入）

答 _____

（巻末の「複利年金現価表」を使用，解答→別冊 p8、例題・練習問題復習テスト→p104 ）

• • • • • • • • • • 積立式の定期預金 •

普通の定期預金は，金融機関の窓口やインターネットなどであらかじめ預け入れる年数と金額を決めて一括で入金します。それとは異なり，積立式の定期預金では，毎月少額の現金を積み立てていく定期預金で，手もとに多額の資金がない場合に適した方法です。100円～500円といった金額からでも始めることができ，複利で預金を運用できますから，地道にコツコツ預金をしたい人に向いていますね。この積立式の定期預金の一定期間後の金額を求めるのに，複利年金終価が役に立ちます。

8．複利年金の計算②

2　複利年金現価の計算

　毎期支払われる年金の，最初の受払日における複利現価の総和を**複利年金現価**という。なお，複利現価とは，期日前に複利で割り引いて受け払いするときの金額のことをいう。

【 ① 期末払い 】

複利年金現価　＝　年金額　×　複利年金現価率

【 ② 期首払い 】

複利年金現価　＝　年金額　×（実際の期数より 1 期少ない複利年金現価率　＋　1）

※複利年金現価率は，$\dfrac{1-\left(\dfrac{1}{(1+\text{利率})^{\text{期数}}}\right)}{\text{利率}}$ で求めることができる。

2　複利年金現価の計算

例3　2－① 期末払いの複利年金現価

　毎年末に￥50,000 ずつ 4 年間支払う年金の現価はいくらになるか。ただし，年利率 5%，1 年 1 期の複利とする。（円未満 4 捨 5 入）

【解説】

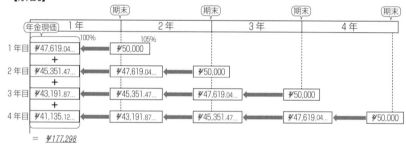

上図のように，複利年金現価は複利現価の総和である。複利年金現価を求める式は，

$$\left\{ ￥50,000 \times \frac{1}{(1+0.05)} \right\} + \left\{ ￥50,000 \times \frac{1}{(1+0.05)^2} \right\} + \left\{ ￥50,000 \right.$$

$$\left. \times \frac{1}{(1+0.05)^3} \right\} + \left\{ ￥50,000 \times \frac{1}{(1+0.05)^4} \right\} = ￥177,297.52\cdots（￥177,298）$$

であり，これは，

$$￥50,000 \times \left\{ \frac{1}{(1+0.05)} + \frac{1}{(1+0.05)^2} + \frac{1}{(1+0.05)^3} + \frac{1}{(1+0.05)^4} \right\}$$

$$= ￥50,000 \times 3.54595050$$

$$= ￥177,297.52\cdots（￥177,298）$$

と変形することができる。そのため，これらをまとめると，以下のようになる。

1 年目…	￥50,000	×	$\dfrac{1}{(1+0.05)}$	=	￥47,619.0476…
2 年目…	￥50,000	×	$\dfrac{1}{(1+0.05)^2}$	=	￥45,351.4739…
3 年目…	￥50,000	×	$\dfrac{1}{(1+0.05)^3}$	=	￥43,191.8799…
4 年目…	￥50,000	×	$\dfrac{1}{(1+0.05)^4}$	=	￥41,135.1237…

（合計）

【解式】	￥50,000	×	→ 3.54595050	=	→ ￥177,297.52…（￥177,298）
【公式】	年金額	×	複利年金現価率❶	=	複利年金現価
【電卓】	50000 ⊠ 3.54595050 ⊟		(5/4, 0)		

答　　￥177,298

❶複利年金現価率は，複利年金現価表（巻末収録）を見れば簡単に求めることができるが，例3 の解説のように複利現価率を合計することでも求められる。複利現価率の合計は，等比数列の公式を活用し，$\dfrac{1-\left(\dfrac{1}{(1+\text{利率})^{\text{期数}}}\right)}{\text{利率}}$ で求めることができる。

≪　練　習　問　題　≫

(1) 毎年末に¥246,000ずつ11年間支払う負債を，いま一時に支払えば，その金額は
いくらか。ただし，年利率3%，1年1期の複利とする。（円未満4捨5入）

　　　　　　　　　　　　　　　　　　　　　　　　　答 _____

(2) 毎年末に¥410,000ずつ12年間支払う年金の現価はいくらになるか。ただし，年
利率4%，1年1期の複利とする。（円未満4捨5入）

　　　　　　　　　　　　　　　　　　　　　　　　　答 _____

(3) 毎半年末に¥375,000ずつ4年6か月間支払う年金の現価はいくらになるか。ただ
し，年利率4%，半年1期の複利とする。（円未満4捨5入）

　　　　　　　　　　　　　　　　　　　　　　　　　答 _____

(4) 毎半年末に¥160,000ずつ4年間支払う負債を，いま一時に支払えば，その金額は
いくらか。ただし，年利率6%，半年1期の複利とする。（円未満4捨5入）

　　　　　　　　　　　　　　　　　　　　　　　　　答 _____

（巻末の「複利年金現価表」を使用，解答→別冊 p8、例題・練習問題復習テスト→ p105 ）

MEMO

8．複利年金の計算②

例4　②-②　期首払いの複利年金現価

毎年初めに¥50,000ずつ4年間支払う年金の現価はいくらになるか。ただし，年利率5%，/年/期の複利とする。（円未満4捨5入）

【解説】

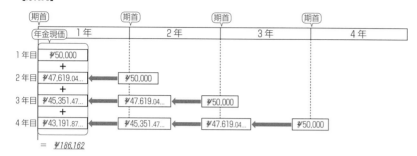

期末払いの場合（例3）と期首払いの場合（例4）を比較すると，以下のようになる。

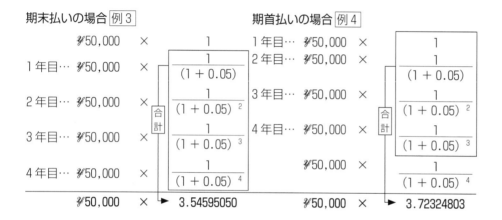

よって，複利年金現価率は，この問題の場合，例1の複利年金現価率から $(1 + 0.05)^4$ を引き，1を足せばよい。

$$\left(\frac{1}{(1 + 0.05)} + \frac{1}{(1 + 0.05)^2} + \frac{1}{(1 + 0.05)^3} \right) + 1 = 3.72324803$$

$$\rightarrow （4期-1期の複利年金終価率） + 1$$

上記の式より，複利年金現価率は，3.72324803 となる。

したがって，期首払いの複利年金現価は以下のように計算することができる。

【解式】¥50,000 ×（2.72324803 + 1）= ¥186,162.4015（¥186,162）

【公式】年金額×（実際の期数より1期少ない複利年金現価率+1）=複利年金現価

【電卓】2.72324803 [+] 1 [×] 50000 [=]（5/4, 0）

答　　¥186,162

≪ 練習問題 ≫

(1) 毎年初めに¥80,000ずつ10年間支払う負債を，いま一時に支払えば，その金額は
　　いくらか。ただし，年利率4.5%，1年1期の複利とする。（円未満4捨5入）

答 _____

(2) 毎半年初めに¥310,000ずつ4年間支払う年金の現価はいくらになるか。ただし，
　　年利率6%，半年1期の複利とする。（円未満4捨5入）

答 _____

(3) 毎半年初めに¥625,000ずつ6年間支払う年金の現価はいくらになるか。ただし，
　　年利率7%，半年1期の複利とする。（円未満4捨5入）

答 _____

(4) 毎半年初めに¥270,000ずつ5年間支払う負債を，いま一時に支払えば，その金額
　　はいくらか。ただし，年利率5%，半年1期の複利とする。（円未満4捨5入）

答 _____

（巻末の「複利年金現価表」を使用，解答→別冊p8、例題・練習問題復習テスト→p105）

MEMO

3 年賦金の計算

　　負債を返済する場合に，元金と利息について，毎期一定の金額を支払って期日に完済するときの毎期支払額を年賦金という。年賦金は次のように求めることができる。

$$年賦金 ＝ 負債額 × \frac{1}{複利年金現価率}$$

↓

$$年賦金 ＝ 負債額 × 複利賦金率$$

※　複利年金終価，複利年金現価の問題では**期末払い**の場合と**期首払い**の場合が出題されるが，**年賦金の計算，年賦償還表の作成問題**では，**期末払い**の場合のみ出題される。

3 年賦金の計算

例5　3－① 年賦金の計算

元金 ¥1,350,000 を年利率 6%，1 年 1 期の複利で借り入れた。これを毎年末に等額ずつ支払って 10 年間で完済するとき，毎期の賦金はいくらか。（円未満 ¥捨 5 入）

【解説】複利賦金表で 6%，10 期の複利賦金率を確認する。

　　　　6%，10 期の複利賦金率…0.13586796

【解式】¥1,350,000 × 0.13586796 ＝ ¥183,421.746（¥183,422）
　　　　　負債額　×　複利賦金率　＝　年賦金

【電卓】1350000 ⊠ .13586796 ⊟ （5/4，0）

答　　　　¥183,422

・・・・・「半年1期」に注意！・・・・・・・・・・・・・・・・・・・・・・・・・・・・

ひとこと⑧
「半年1期に
注意！」

Dentakun

　　複利計算のポイントは，期間と年利率から複利表を活用することです。複利年金終価率や複利年金現価率，複利賦金率などの数値は，表のなかで利率と期間が交わるところを見ればよいのですが，期間が「1 年 1 期」のときと「半年 1 期」のときでは，表の見方が変わります。

　　たとえば，元金¥1,350,000 を複利で借り入れるとき，「年利率 6%，1 年 1 期で 4 年間」の場合には，表のなかの，「6%と 4 期」が交わるところの数値が，求めたい率になります。しかし，「年利率 6%，**半年 1 期で 4 年間**」の場合には，表のなかの，「3%と 8 期」が交わるところの数値を見る必要があります（次ページ「補足」参照）。つまり，**半年 1 期**の場合には年利率を半分にし，期間は年数の部分を 2 倍にします。また，半年 1 期は 6 か月を 1 期と数えるため，「3 年 6 か月」のような場合には 3×2＋1＝7 期となります。

≪ 練習問題 ≫

(1) 元金 ¥5,430,000 を年利率 4%，1年1期の複利で借り入れた。これを毎年末に等額ずつ支払って 6 年間で完済するとき，毎期の年賦金はいくらか。（円未満 4 捨 5 入）

答 _____

(2) 元金 ¥7,480,000 を年利率 7%，半年1期の複利で借り入れた。これを毎半年末に等額ずつ支払って 4 年間で完済するとき，毎期の賦金はいくらか。（円未満 4 捨 5 入）

答 _____

(3) ¥6,600,000 を年利率 6%，半年1期の複利で借り入れた。これを毎半年末に等額ずつ支払って 3 年 6 か月で完済するとき，毎期の年賦金はいくらか。（円未満 4 捨 5 入）

答 _____

(4) 元金 ¥1,560,000 を年利率 4%，1年1期の複利で借り入れた。これを毎年末に等額ずつ支払って 3 年間で完済するとき，毎期の賦金はいくらか。（円未満 4 捨 5 入）

答 _____

（巻末の「複利賦金表」を使用，解答→別冊 p8、例題・練習問題復習テスト→ p106 ）

• • • • • • • • • • • 補足　半年1期の表の見方 • • • • • • • • • •

　年利率 6% 半年1期で 4 年間の場合，<u>3% と 8 期</u>が交差する場所の数値を見ればよい。なお，ここでは複利賦金表で複利賦金率を求めたい場合の表の見方を示す。

複利賦金表

i / n	2%	2.5%	3%	3.5%	4%	…4.5%とつづく
1	1.02	1.025	1.03	1.035	1.04	
2	0.5150 4950	0.5188 2716	0.5226 1084	0.5264 0049	0.5301 9608	
3	0.3467 5467	0.3501 3717	0.3535 3036	0.3569 3418	0.3603 4854	
4	0.2626 2375	0.2658 1788	0.2690 2705	0.2722 5114	0.2754 9005	
5	0.2121 5839	0.2152 4686	0.2183 5457	0.2214 8137	0.2246 2711	
6	0.1785 2581	0.1815 4997	0.1845 9750	0.1876 6821	0.1907 6190	
7	0.1545 1196	0.1574 9543	0.1605 0635	0.1635 4449	0.1666 0961	
8	0.1365 0980	0.1394 6735	0.1424 5639	0.1454 7665	0.1485 2783	
9	0.1225 1544	0.1254 5689	0.1284 3386	0.1314 4601	0.1344 9299	
10	0.1113 2653	0.1142 5876	0.1172 3051	0.1202 4137	0.1232 9094	

8．複利年金の計算③

例6 ③−② 年賦償還表の作成

¥6,800,000 を年利率 5％，1 年 1 期の複利で借り入れ，毎年末に等額ずつ支払って 4 年間で完済するとき，年賦償還表を作成せよ。（年賦金および毎期支払利息の円未満 4 捨 5 入，過不足は最終期末の利息で調整）

【解説】

年賦償還表

期数	期首未済元金	年賦金	支払利息	元金償還高
1	❹6,800,000	❶1,917,680		
2		❶1,917,680		
3		❶1,917,680		
4		❶1,917,680		
計	—	❷7,670,720	❸870,720	❹6,800,000

→ 合言葉『ふきんZ !!』と覚えて，「Z」の形になる部分を記入。

❶：複利賦金率 0.28201183 より年賦金を算出。
6800000 ☒ .28201183 M＋ （1,917,680）
→ 年賦金の 1〜4 期に同じ数字を記入。

❷：年賦金の計は，☒ 4 ＝ （7,670,720）

❸：支払利息の計は，－ 6800000 ＝ （870,720）

❹：1 期の期首未済元金と元金償還高の計の 2 か所に 6,800,000 を記入。
左表の黒枠のように，「Z」の形に記入する。

期数	期首未済元金	年賦金	支払利息	元金償還高
1	6,800,000	1,917,680	❺340,000	❻1,577,680
2	❼5,222,320	1,917,680	❽261,116	❾1,656,564
3	❿3,565,756	1,917,680	⓫178,288	⓬1,739,392
4	⓭1,826,364	1,917,680		
計	—	7,670,720	870,720	6,800,000

❺：1 期の期末支払利息は，利率「0.05」より算出。
6800000 ☒ .05 ＝ （340,000）

❻：電卓の画面表示「340,000」のまま，
－ MR ＝ （− 1,577,680）
このとき，表に「−」は記入しない。

❼：電卓の画面表示「− 1,577,680」のまま，
表の 1 つ上の数字（6,800,000）を加算する。
＋ 6800000 ＝ （5,222,320）

❽〜⓭：❺から❼の手順と同様に，
「☒ .05」→「－ MR ＝（−は記入しない）」
→「表の 1 つ上の数字を加算」を繰り返す。

期数	期首未済元金	年賦金	支払利息	元金償還高
1	6,800,000	1,917,680	340,000	1,577,680
2	5,222,320	1,917,680	261,116	1,656,564
3	3,565,756	1,917,680	178,288	1,739,392
4	⓭1,826,364	1,917,680	⓮91,316	⓭1,826,364
計	—	7,670,720	870,720	6,800,000

⓭：4 期の期首未済元金と元金償還高に同じ数字を記入（※元金償還高計が 6,800,000 になるように調整するため）。

⓮：電卓の画面表示「1,826,364」のまま，
－ MR ＝ （− 91,316）※−は記入しない

5％，4 期の複利賦金率…0.28201183 　　電卓はラウンドセレクターを 5/4，小数点セレクターを 0 に設定

	求めるもの	計算式	電 卓	計算結果
❶	毎期の年賦金	¥6,800,000 × 0.28201183	6800000 ☒ .28201183 M＋	¥1,917,680
❷	年賦金の合計	¥1,917,680 × 4	☒ 4 ＝	¥7,670,720
❸	支払利息の合計	¥7,670,720 − ¥6,800,000	－ 6800000 ＝	¥870,720
❹	1 期の期首未済元金 元金償還高の合計	¥6800000	6800000	¥6,800,000
❺	1 期の期末支払利息	¥6,800,000 × 0.05	☒ .05 ＝	¥340,000
❻	1 期の期末元金償還高	¥1,917,680 − ¥340,000	－ MR ＝ （−は記入しない）	¥1,577,680
❼	2 期の期首未済元金	¥6,800,000 − ¥1,577,680	＋ 6800000 ＝	¥5,222,320
❽	2 期の期末支払利息	¥5,222,320 × 0.05	☒ .05 ＝	¥261,116
❾	2 期の期末元金償還高	¥1,917,680 − ¥261,116	－ MR ＝ （−は記入しない）	¥1,656,564
❿	3 期の期首未済元金	¥5,222,320 − ¥1,656,564	＋ 5222320 ＝	¥3,565,756
⓫	3 期の期末支払利息	¥3,565,756 × 0.05	☒ .05 ＝	¥178,288
⓬	3 期の期末元金償還高	¥1,917,680 − ¥178,288	－ MR ＝ （−は記入しない）	¥1,739,392
⓭	4 期の期首未済元金 4 期の期末元金償還高	¥3,565,756 − ¥1,739,392	＋ 3565756 ＝	¥1,826,364
⓮	4 期の期末支払利息	¥1,917,680 − ¥1,826,364	－ MR ＝ （−は記入しない）	¥91,316

（第 4 期末支払利息は，¥1,826,364 × 0.05 ＝ ¥91,318.2（¥91,318）のため，¥2 調整している。）

≪ 練習問題 ≫

(1) ¥7,600,000 を年利率5%，1年1期の複利で借り入れ，毎年末に等額ずつ支払っ
て4年間で完済するとき，次の年賦償還表を作成せよ。(年賦金および毎期支払利息の
円未満4捨5入，過不足は最終期末の利息で調整)

年賦償還表

期数	期首未済元金	年賦金	支払利息	元金償還高
1				
2				
3				
4				
計	―			

(2) ¥4,900,000 を年利率4.5%，1年1期の複利で借り入れ，毎年末に等額ずつ支払っ
て4年間で完済するとき，次の年賦償還表を作成せよ。(年賦金および毎期支払利息の
円未満4捨5入，過不足は最終期末の利息で調整)

年賦償還表

期数	期首未済元金	年賦金	支払利息	元金償還高
1				
2				
3				
4				
計	―			

(3) ¥5,800,000 を年利率6%，1年1期の複利で借り入れ，毎年末に等額ずつ支払っ
て4年間で完済するとき，次の年賦償還表を作成せよ。(年賦金および毎期支払利息の
円未満4捨5入，過不足は最終期末の利息で調整)

年賦償還表

期数	期首未済元金	年賦金	支払利息	元金償還高
1				
2				
3				
4				
計	―			

(巻末の「複利賦金表」を使用，解答→別冊 p8、例題・練習問題復習テスト→ p107)

8．複利年金の計算③

例7 ③—② 年賦償還表の作成

元金 ¥4,200,000 を年利率 7%，1 年 1 期の複利で借り入れ，毎年末に等額
ずつ支払って 5 年間で完済するとき，次の年賦償還表の第 4 期末まで記入せよ。
（年賦金および毎期支払利息の円未満 4 捨 5 入）

年賦償還表

期数	期首未済元金	年賦金	支払利息	元金償還高
1				
2				
3				
4				

【解説】

年賦償還表

期数	期首未済元金	年賦金	支払利息	元金償還高
1	❷4,200,000	❶1,024,341		
2		❶1,024,341		
3		❶1,024,341		
4		❶1,024,341		

❶：複利賦金率 0.24389069 より年賦金を算出。
4200000 ✕ .24389069 M+ （1,024,341）
→ 年賦金の 1 ～ 4 期に同じ数字を記入。

❷：1 期の期首未済元金に 4,200,000 を記入。

期数	期首未済元金	年賦金	支払利息	元金償還高
1	4,200,000	1,024,341	❸294,000	❹730,341
2	❺3,469,659	1,024,341	❻242,876	❼781,465
3	❽2,688,194	1,024,341	❾188,174	❿836,167
4	⓫1,852,027	1,024,341	⓬129,642	⓭894,699

❸：1 期の期末支払利息は，利率「0.05」より
算出。4200000 ✕ .07 ＝ （294,000）

❹：電卓の画面表示「294,000」のまま，
－ MR ＝ （－730,341）
このとき，表に「－」は記入しない。

❺：電卓の画面表示「－730,341」のまま，
表の 1 つ上の数字（4,200,000）を加算する。
＋ 4200000 ＝ （3,469,659）

❻～⓭：❸から❺の手順と同様に，
「✕ .07」→「－ MR ＝（－は記入しない）」
→「表の 1 つ上の数字を加算」を繰り返す。

7%，5 期の複利賦金率…0.24389069　　電卓はラウンドセレクターを 5/4，小数点セレクターを 0 に設定

	求めるもの	計算式	電　卓	計算結果
❶	毎期の年賦金	¥4,200,000 × 0.24389069	4200000 ✕ .24389069 M+	¥1,024,341
❷	1 期の期首未済元金	¥4,200,000	4200000	¥4,200,000
❸	1 期の期末支払利息	¥4,200,000 × 0.07	✕ .07 ＝	¥294,000
❹	1 期の期末元金償還高	¥1,024,341 － ¥294,000	－ MR ＝ （－は記入しない）	¥730,341
❺	2 期の期首未済元金	¥4,200,000 － ¥730,341	＋ 4200000 ＝	¥3,469,659
❻	2 期の期末支払利息	¥3,469,659 × 0.07	✕ .07 ＝	¥242,876
❼	2 期の期末元金償還高	¥1,024,341 － ¥242,876	－ MR ＝ （－は記入しない）	¥781,465
❽	3 期の期首未済元金	¥3,469,659 － ¥781,465	＋ 3469659 ＝	¥2,688,194
❾	3 期の期末支払利息	¥2,688,194 × 0.07	✕ .07 ＝	¥188,174
❿	3 期の期末元金償還高	¥1,024,341 － ¥188,174	－ MR ＝ （－は記入しない）	¥836,167
⓫	4 期の期首未済元金	¥2,688,194 － ¥836,167	＋ 2688194 ＝	¥1,852,027
⓬	4 期の期末支払利息	¥1,852,027 × 0.07	✕ .07 ＝	¥129,642
⓭	4 期の期末元金償還高	¥1,024,341 － ¥129,642	－ MR ＝ （－は記入しない）	¥894,699

≪ 練習問題 ≫

(1) 元金 ¥3,600,000 を年利率 7%，1 年 1 期の複利で借り入れ，毎年末に等額ずつ支払って 5 年間で完済するとき，次の年賦償還表の第 4 期末まで記入せよ。（年賦金および毎期支払利息の円未満 4 捨 5 入）

年賦償還表

期数	期首未済元金	年賦金	支払利息	元金償還高
1				
2				
3				
4				

(2) 元金 ¥2,700,000 を年利率 6%，半年 1 期の複利で借り入れ，毎半年末に等額ずつ支払って 4 年間で完済するとき，次の年賦償還表を作成せよ。（年賦金および毎期支払利息の円未満 4 捨 5 入）

年賦償還表

期数	期首未済元金	年賦金	支払利息	元金償還高
1				
2				
3				
4				

(3) 元金 ¥6,900,000 を年利率 6%，半年 1 期の複利で借り入れ，毎半年末に等額ずつ支払って，3 年間で完済するとき，次の年賦償還表の第 5 期末まで記入せよ。（年賦金および毎期支払利息の円未満 4 捨 5 入）

年賦償還表

期数	期首未済元金	年賦金	支払利息	元金償還高
1				
2				
3				
4				
5				

（巻末の「複利賦金表」を使用，解答→別冊 p9、例題・練習問題復習テスト→ p108 ）

④ 積立金の計算

一定期間後に一定の金額を得るために，毎期一定額を積み立てて，複利で利殖する場合，この毎期積み立てる金額を**積立金**という。

積立金 ＝ 積立金総額（目標額） × $\dfrac{1}{複利年金終価率}$

↓

積立金 ＝ 積立金総額（目標額） × （複利賦金率－利率）

※ **積立金の計算，積立金表の作成問題**では，**期末払い**の場合のみ出題される。

④ 積立金の計算

例8 ④—① 積立金の計算

毎年末に等額ずつ積み立てて，8年後に¥1,000,000を得たい。年利率5.5%，/年/期の複利とすれば，毎期の積立金をいくらにすればよいか。
（円未満切捨5入）

【解説】複利賦金表で5.5%，8期の複利賦金率を確認する。

5.5%，8期の複利賦金率…0.15786401

【解式】¥1,000,000 × （0.15786401 － 0.055） ＝ ¥102,864.01 （¥102,864）
　　　　積立金総額（目標額）　×　（複利賦金率－利率）　＝　積立金

【電卓】.15786401 － .055 × 1000000 ＝ （5/4, 0）

答　　　¥102,864

MEMO

≪ 練習問題 ≫

(1) 毎年末に等額ずつ積み立てて，7年後に¥9,500,000を得たい。年利率6％，1年
1期の複利とすれば，毎期の積立金をいくらにすればよいか。（円未満4捨5入）

答 _____

(2) 毎年末に等額ずつ積み立てて，8年後に¥6,900,000を得たい。年利率5.5％，1
年1期の複利とすれば，毎期の積立金をいくらにすればよいか。（円未満4捨5入）

答 _____

(3) 毎半年末に等額ずつ積み立てて，4年後に¥15,000,000を得たい。年利率7％，
半年1期の複利とすれば，毎期の積立金をいくらにすればよいか。（円未満4捨5入）

答 _____

(4) 毎半年末に等額ずつ積み立てて，3年6か月後に¥8,400,000を得たい。年利率6％，
半年1期の複利とすれば，毎期の積立金をいくらにすればよいか。（円未満4捨5入）

答 _____

（巻末の「複利賦金表」を使用，解答→別冊 p.9、例題・練習問題復習テスト→p.110）

MEMO

8．複利年金の計算④

例9 　4－② 積立金表の作成

毎年末に等額ずつ積み立てて，4年後に¥6,500,000 を得たい。年利率3%，1年1期の複利として，積立金表を作成せよ。（積立金および毎期積立金利息の円未満4捨5入，過不足は最終期末の利息で調整）

【解説】

積立金表

期数	積立金	積立金利息	積立金増加高	積立金合計高
1	❶1,553,676	0	❶1,553,676	❶1,553,676
2	❶1,553,676			
3	❶1,553,676			
4	❶1,553,676			❹6,500,000
計	❷6,214,704	❸285,296	❹6,500,000	—

❶：複利賦金率 0.26902705 より積立金を算出。
.26902705 − .03 × 6500000 M+ (1,553,676)
→ 積立金の1〜4期と1期の積立金増加高・積立金合計高の6か所に同じ数字を記入。

❷：積立金の合計は， × 4 = (6,214,704)

❸：積立金利息の合計は，
− 6500000 = (− 285,296)
このとき，表に「−」は記入しない。

❹：4期の積立金合計高と積立金増加高の合計の2か所に 6,500,000 を記入。
左表の黒枠のように，「C」の形に記入する。

期数	積立金	積立金利息	積立金増加高	積立金合計高
1	1,553,676	0	1,553,676	1,553,676
2	1,553,676	❺46,610	❻1,600,286	❼3,153,962
3	1,553,676	❽94,619	❾1,648,295	❿4,802,257
4	1,553,676			6,500,000
計	6,214,704	285,296	6,500,000	—

❺：2期の積立金利息は，利率「0.03」より算出。
MR × .03 = (46,610)

❻：+ MR = (1,600,286)

❼：+ MR = (3,153,962)

❽：× .03 = (94,619)

❾：+ MR = (1,648,295)

❿：表の1つ上の数字 (3,153,962) を加算する。
+ 3153962 = (4,802,257)

期数	積立金	積立金利息	積立金増加高	積立金合計高
1	1,553,676	0	1,553,676	1,553,676
2	1,553,676	46,610	1,600,286	3,153,962
3	1,553,676	94,619	1,648,295	4,802,257
4	1,553,676	⓬144,067	⓫1,697,743	6,500,000
計	6,214,704	285,296	6,500,000	—

⓫：電卓の画面表示「4,802,257」のまま，
− 6500000 = (− 1,697,743)
このとき，表に「−」は記入しない。

⓬：+ MR = (− 144,067)
このとき，表に「−」は記入しない。

3%，4期の複利賦金率…0.26902705　　電卓はラウンドセレクターを5/4，小数点セレクターを0に設定

	求めるもの	計算式	電　卓	計算結果
❶	毎期積立金 1期の期末積立金増加高 1期の期末積立金合計高	¥6,500,000 × (0.26902705 − 0.03)	.26902705 − .03 × 6500000 M+	¥1,553,676
❷	積立金の合計	¥1,553,676 × 4	× 4 =	¥6,214,704
❸	積立金利息の合計	¥6,500,000 − ¥6,214,704	− 6500000 = （−は記入しない）	¥285,296
❹	4期の期末積立金合計高 積立金増加高の合計	6500000		¥6,500,000
❺	2期の期末積立金利息	¥1,553,676 × 0.03	MR × .03 =	¥46,610
❻	2期の期末積立金増加高	¥46,610 + ¥1,553,676	+ MR =	¥1,600,286
❼	2期の期末積立金合計高	¥1,600,286 + ¥1,553,676	+ MR =	¥3,153,962
❽	3期の期末積立金利息	¥3,153,962 × 0.03	× .03 =	¥94,619
❾	3期の期末積立金増加高	¥94,619 + ¥1,553,676	+ MR =	¥1,648,295
❿	3期の期末積立金合計高	¥1,648,295 + ¥3,153,962	+ 3153962 =	¥4,802,257
⓫	4期の期末積立金増加高	¥6,500,000 − ¥4,802,257	− 6500000 = （−は記入しない）	¥1,697,743
⓬	4期の期末積立金利息	¥1,697,743 − ¥1,553,676	+ MR = （−は記入しない）	¥144,067

（第4期末積立金利息は，¥4,802,257 × 0.03 ＝ ¥144,067.71（¥144,068）のため，¥1調整している。）

≪ 練習問題 ≫

(1) 毎年末に等額ずつ積み立てて，4年後に¥7,600,000 を得たい。年利率3.5%，1年1期の複利として，次の積立金表を作成せよ。（積立金および毎期積立金利息の円未満4捨5入，過不足は最終期末の利息で調整）

積立金表

期数	積立金	積立金利息	積立金増加高	積立金合計高
1				
2				
3				
4				
計				－

(2) 毎年末に等額ずつ積み立てて，4年後に¥4,800,000 を得たい。年利率3%，1年1期の複利として，次の積立金表を作成せよ。（積立金および毎期積立金利息の円未満4捨5入，過不足は最終期末の利息で調整）

積立金表

期数	積立金	積立金利息	積立金増加高	積立金合計高
1				
2				
3				
4				
計				－

(3) 毎年末に等額ずつ積み立てて，4年後に¥2,900,000 を得たい。年利率4%，1年1期の複利として，次の積立金表を作成せよ。（積立金および毎期積立金利息の円未満4捨5入，過不足は最終期末の利息で調整）

積立金表

期数	積立金	積立金利息	積立金増加高	積立金合計高
1				
2				
3				
4				
計				－

（巻末の「複利賦金表」を使用，解答→別冊 p9、例題・練習問題復習テスト→p111）

8．複利年金の計算④

例10 4—② 積立金表の作成

毎年末に等額ずつ積み立てて6年後に¥7,800,000を得たい。年利率4%，
1年1期の複利として，次の積立金表の第4期末まで記入せよ。（積立金および毎期積立金利息の円未満4捨5入）

積立金表

期数	積立金	積立金利息	積立金増加高	積立金合計高
1				
2				
3				
4				

【解説】

積立金表

期数	積立金	積立金利息	積立金増加高	積立金合計高
1	❶1,175,943	0	❶1,175,943	❶1,175,943
2	❶1,175,943			
3	❶1,175,943			
4	❶1,175,943			

❶：複利賦金率0.19076190より積立金を算出。
.1907619 − .04 × 7800000 M+ （1,175,943）
→ 積立金の1～4期と1期の積立金増加高・積立金合計高の6か所に同じ数字を記入。

期数	積立金	積立金利息	積立金増加高	積立金合計高
1	1,175,943	0	1,175,943	1,175,943
2	1,175,943	❷47,038	❸1,222,981	❹2,398,924
3	1,175,943	❺95,957	❻1,271,900	❼3,670,824
4	1,175,943	❽146,833	❾1,322,776	❿4,993,600

❷：2期の積立金利息は，利率「0.04」より算出。
電卓の画面表示「1,175,943」のまま，
× .04 = （47,038）
❸： + MR = （1,222,981）
❹： + MR = （2,398,924）
❺： × .04 = （95,957）
❻： + MR = （1,271,900）
❼：表の1つ上の数字（2,398,924）を加算する。
+ 2398924 = （3,670,824）
❽～❿：❺から❼の手順と同様に，
「× .04」→「+ MR =」→「表の1つ上の数字を加算」

4%，6期の複利賦金率…0.19076190　　電卓はラウンドセレクターを5/4，小数点セレクターを0に設定

	求めるもの	計算式	電卓	計算結果
❶	毎期積立金 1期の期末積立金増加高 1期の期末積立金合計高	¥7,800,000 × (0.19076190 − 0.04)	.1907619 − .04 × 7800000 M+	¥1,175,943
❷	2期の期末積立金利息	¥1,175,943 × 0.04	× .04 =	¥47,038
❸	2期の期末積立金増加高	¥47,038 + ¥1,175,943	+ MR =	¥1,222,981
❹	2期の期末積立金合計高	¥1,222,981 + ¥1,175,943	+ MR =	¥2,398,924
❺	3期の期末積立金利息	¥2,398,924 × 0.04	× .04 =	¥95,957
❻	3期の期末積立金増加高	¥95,957 + ¥1,175,943	+ MR =	¥1,271,900
❼	3期の期末積立金合計高	¥1,271,900 + ¥2,398,924	+ 2398924 =	¥3,670,824
❽	4期の期末積立金利息	¥3,670,824 × 0.04	× .04 =	¥146,833
❾	4期の期末積立金増加高	¥146,833 + ¥1,175,943	+ MR =	¥1,322,776
❿	4期の期末積立金合計高	¥1,322,776 + ¥3,670,824	+ 3670824 =	¥4,993,600

≪ 練習問題 ≫

(/) 毎年末に等額ずつ積み立てて7年後に¥6,900,000 を得たい。年利率4.5%，/年/期の複利として，次の積立金表の第4期末まで記入せよ。(積立金および毎期積立金利息の円未満4捨5入)

積立金表

期数	積立金	積立金利息	積立金増加高	積立金合計高
/				
2				
3				
4				

(2) 毎半年末に等額ずつ積み立てて4年後に¥2,300,000 を得たい。年利率5%，半年/期の複利として，次の積立金表の第4期末まで記入せよ。(積立金および毎期積立金利息の円未満4捨5入)

積立金表

期数	積立金	積立金利息	積立金増加高	積立金合計高
/				
2				
3				
4				

(3) 毎半年末に等額ずつ積み立てて，5年後に¥8,700,000 を得たい。年利率8%，半年/期の複利として，次の積立金表の第6期末まで記入せよ。(積立金および毎期積立金利息の円未満4捨5入)

積立金表

期数	積立金	積立金利息	積立金増加額	積立金合計額
/				
2				
3				
4				
5				
6				

(巻末の「複利賦金表」を使用，解答→別冊 p9、例題・練習問題復習テスト→p//2)

9．証券投資の計算①

①　債券の計算

国・地方公共団体や企業などが，資金を借り入れるために，一定期間での返済を約束して発行する証券を**債券**という。また，借り入れた債務を返済することを**償還**といい，償還される期日を**償還期限**という。債券は，償還期限前に売却することもできる。新規に発行される債券は**発行価額**で取引されるが，発行済みの債券は，証券会社などをとおして**市場価格**（時価）で売買される。

【 ① 利付債券の計算 】

発行済みの利付債券を利払日以外の日に売買したときは，売買価額に，前の利払日から取引日までの経過日数によって計算された経過利息を加えた金額で受け渡しされる。

$$売買価額 ＝ 額面金額 × \frac{市場価格}{¥100}$$

$$経過利息 ＝ 額面金額 × 年利率 × \frac{経過日数}{365 日}$$

$$支払代金 ＝ 売買価額 ＋ 経過利息$$

【 ② 債券の利回りの計算（単利最終利回り）】

債券に投資した金額に対する *1* 年間の収益額の割合を債券の**利回り**という。

$$単利最終利回り ＝ \frac{額面金額（¥100）×年利率＋\dfrac{償還差益}{償還年数}}{買入価格}$$

$$単利最終利回り ＝ \frac{額面金額（¥100）×年利率－\dfrac{償還差損}{償還年数}}{買入価格}$$

利付債券 … 一定期日に利息が支払われる債券。
利 払 日 … 利息の支払期日。
額面金額 … 債券に記載されている金額。
発行価額 … 債券を発行するときの金額。額面 ¥100 に対する価格を表示する。

ひとこと

---

①　債券の計算

例1　①−① 利付債券の計算

4.0% の利付社債，額面 ¥*4,500,000* を *10* 月 *5* 日に市場価格 ¥*98.00* で買い入れると，支払代金はいくらになるか。ただし，利払日は *6* 月 *20* 日と *12* 月 *20* 日である。（経過日数は片落とし，経過利息は円未満切り捨て）

● 【電卓】日数の計算
30 − 20 + 31 + 31 + 30 + 5 =
または，日数計算条件セレクターを「片落とし」に設定し，
C型　6 日数 20 ÷ 10 日数 5 =（107日）
S型　6 日数 20 ％ 10 日数 5 =（107日）

【解説】

半年分の利息
債券売り主保有　107 日　債券買い主保有
利払日 6/20　取引日までの利息は売り主の取り分となる。　売買日 10/5　利払日 12/20

日数計算のゴールは「買い入れた日」になる。スタートは「買い入れた日よりも前にある月の利払日」！

$(30 − 20) ＋ 31 ＋ 31 ＋ 30 ＋ 5 ＝ 107 日$ ●（6/20 〜 10/5，片落とし）

① $¥4,500,000 × \dfrac{¥98.00}{¥100} ＝ ¥4,410,000$
（　額面金額　×　$\dfrac{市場価格}{¥100}$　＝　売買価額　）

② $¥4,500,000 × 0.04 × \dfrac{107 日}{365 日} ＝ ¥52,767$（¥52,767.123…）
（　額面金額　×　年利率　×　$\dfrac{経過日数}{365}$　＝　経過利息　）

③ $¥4,410,000 ＋ ¥52,767 ＝ ¥4,462,767$
（　売買価額　＋　経過利息　＝　支払代金　）

【電卓】ラウンドセレクターをCUT（S型は↓），小数点セレクターを0に設定
4500000 M+ × .98 = MR × .04 × 107 ÷ 365 = GT
①　　　　　②　　　　③

答　　¥*4,462,767*

例2 **1−② 債券の利回りの計算（単利最終利回り）**

/0 年後に償還される 3% 利付社債の買入価格が ¥97.35 のとき，単利最終利回りは何パーセントか。（パーセントの小数第 3 位未満切り捨て）

【解式】 $\dfrac{¥100 \times 0.03 + (¥100 - ¥97.35) \div 10}{¥97.35} = 0.0335387776$ （3.353%）

【電卓】 100 ⨯ . 03 M+ 100 − 97.35 ÷ 10 M+ MR ÷ 97.35 %
（Point で別解）

答 ____3.353%____

Point

「100×年利率」の計算結果は，問題文の〇%の数字部分と同じになるよ！例 2 の計算式では「100×0.03＋…」となっているけれど，「100×0.03」の計算結果は問題文の「3%利付社債」の数字部分，つまり「3」になるので，はじめから「3」として計算式をたてた方が簡単だね！そうすると，電卓の操作は
100 − 97.35 ÷ 10 ＋ 3 ÷ 97.35 % となり，M+ MR を使わなくてすむよ！

Dentakun

≪ **練 習 問 題** ≫

(/) 3.0％の利付社債，額面 ¥7,500,000 を 6 月 /8 日に市場価格 ¥98.65 で買い入れると，支払代金はいくらになるか。ただし，利払日は 2 月 25 日と 8 月 25 日である。（経過日数は片落とし，経過利息は円未満切り捨て）

答 _____

(2) 4.3％の利付社債，額面 ¥2,600,000 を // 月 /6 日に市場価格 ¥99.70 で買い入れると，支払代金はいくらになるか。ただし，利払日は 8 月 20 日と 2 月 20 日である。（経過日数は片落とし，経過利息は円未満切り捨て）

答 _____

(3) 6.2％の利付社債，額面 ¥8,700,000 を /2 月 /3 日に市場価格 ¥99.05 で買い入れると，経過利息も含めた支払代金はいくらになるか。ただし，利払日は 3 月 /5 日と 9 月 /5 日である。（経過日数は片落とし，経過利息は円未満切り捨て）

答 _____

(4) 5 年後に償還される 5.7％利付社債の買入価格が ¥98.35 のとき，単利最終利回りは何パーセントか。（パーセントの小数第 3 位未満切り捨て）

答 _____

(5) 8 年後に償還される 6.5％利付社債の買入価格が ¥100.50 のとき，単利最終利回りは何パーセントか。（パーセントの小数第 3 位未満切り捨て）

答 _____

(6) /0 年後に償還される 2.6％利付社債の買入価格が ¥96.60 のとき，単利最終利回りは何パーセントか。（パーセントの小数第 3 位未満切り捨て）

答 _____

（解答→別冊 p /0、例題・練習問題復習テスト→ p //4 ）

② 株式の計算

株式は，株式会社が事業運営に必要な資金を集めるために発行する有価証券である。株式会社に出資している人のことを**株主**という。

【 ① 株式の売買 】

株式の売買は一般に，証券会社を通じておこなわれる。証券市場で成立する株式の取引価格を**株価**といい，／株あたりの時価で示される。また，株式の売買が成立したときの価額を**約定代金**という。

株式を売買するときには，証券会社に委託手数料を支払う。

◆ 購入

◆ 売却

	約定代金	＝	時価 × 株数
（購入）	支払総額	＝	約定代金 ＋ 委託手数料
（売却）	手取金	＝	約定代金 － 委託手数料

【 ② 株式の評価（利回り・指値） 】

株式に投資した金額に対する予想配当金の割合を**利回り**という。利回りの計算では，投資（購入金額）に対する場合と時価に対する場合がある。また，希望する利回りになるような株価で購入するためにあらかじめ指示する値段を株式の**指値**という。

$$利回り ＝ \frac{1年間の配当金}{購入金額（時価）}$$

$$指値 ＝ \frac{1年間の配当金}{希望利回り}$$

② 株式の計算

例3　②-① 株式の売買

株式を次のとおり買い入れた。支払総額はいくらか。（手数料の円未満切り捨て）

銘柄	約定値段	株数	手数料
A	1株につき¥360	7,000株	約定代金の0.864％＋¥2,800
B	1株につき¥1,820	6,000株	約定代金の0.326％＋¥16,270

【解式】銘柄A　¥360 × 7,000株＝¥2,520,000…約定代金

　　　　　　　¥2,520,000 × 0.00864 ＋ ¥2,800 ＝ ¥24,572.8（¥24,572）…手数料

　　　　銘柄B　¥1,820 × 6,000株＝¥10,920,000…約定代金

　　　　　　　¥10,920,000 × 0.00326 ＋ ¥16,270 ＝ ¥51,869.2（¥51,869）…手数料

　　→　¥2,520,000 ＋ ¥24,572 ＋ ¥10,920,000 ＋ ¥51,869 ＝ ¥13,516,441

【電卓】ラウンドセレクターをCUT（S型は↓），小数点セレクターを0に設定

　　　360 ☒ 7000 M+ ☒ .00864 ⊞ 2800 M+ 1820 ☒ 6000 M+ ☒ .00326 ⊞ 16270 M+ MR

答　　　¥13,516,441

例4　2－① 株式の売買

株式を次のとおり売却した。手取金の総額はいくらか。（手数料の円未満切り捨て）

銘柄	約定値段	株数	手数料
A	1株につき ¥1,260	7,000 株	約定代金の 0.5616％＋ ¥6,329
B	1株につき ¥2,950	8,000 株	約定代金の 0.2592％＋ ¥15,999

【解式】　銘柄A　¥1,260 × 7,000 株＝ ¥8,820,000 … 約定代金

　　　　　　　 ¥8,820,000 × 0.005616 ＋ ¥6,329 ＝ ¥55,862.12（¥55,862）… 手数料

　　　　　銘柄B　¥2,950 × 8,000 株＝ ¥23,600,000 … 約定代金

　　　　　　　 ¥23,600,000 × 0.002592 ＋ ¥15,999 ＝ ¥77,170.2（¥77,170）… 手数料

　　　→　 ¥8,820,000 － ¥55,862 ＋ ¥23,600,000 － ¥77,170 ＝ ¥32,286,968

【電卓】　ラウンドセレクターを CUT（S型は↓），小数点セレクターを0に設定

　　　1260 ⊠ 7000 M＋ ⊠ . 005616 ＋ 6329 M－

　　　2950 ⊠ 8000 M＋ ⊠ . 002592 ＋ 15999 M－ MR　　　　　答　　¥32,286,968

≪　練習問題　≫

(1) 株式を次のとおり買い入れた。支払総額はいくらか。（手数料の円未満切り捨て）

銘柄	約定値段	株数	手数料
A	1株につき ¥160	3,000 株	約定代金の 0.2237％＋ ¥1,800
B	1株につき ¥2,820	8,000 株	約定代金の 0.1359％＋ ¥13,260

答　＿＿＿＿＿＿＿

(2) 株式を次のとおり買い入れた。支払総額はいくらか。（手数料の円未満切り捨て）

銘柄	約定値段	株数	手数料
A	1株につき ¥380	2,000 株	約定代金の 0.4357％＋ ¥2,570
B	1株につき ¥4,950	5,000 株	約定代金の 0.2969％＋ ¥35,460

答　＿＿＿＿＿＿＿

(3) 株式を次のとおり買い入れた。支払総額はいくらか。（手数料の円未満切り捨て）

銘柄	約定値段	株数	手数料
A	1株につき ¥250	7,000 株	約定代金の 0.9170％＋ ¥2,585
B	1株につき ¥3,720	4,000 株	約定代金の 0.4265％＋ ¥46,910

答　＿＿＿＿＿＿＿

(4) 株式を次のとおり売却した。手取金の総額はいくらか。（手数料の円未満切り捨て）

銘柄	約定値段	株数	手数料
A	1株につき ¥960	5,000 株	約定代金の 0.650％＋ ¥7,200
B	1株につき ¥1,870	6,000 株	約定代金の 0.545％＋ ¥13,480

答　＿＿＿＿＿＿＿

(5) 株式を次のとおり売却した。手取金の総額はいくらか。（手数料の円未満切り捨て）

銘柄	約定値段	株数	手数料
A	1株につき ¥480	4,000 株	約定代金の 0.760％＋ ¥6,800
B	1株につき ¥2,670	2,000 株	約定代金の 0.396％＋ ¥25,730

答　＿＿＿＿＿＿＿

(6) 株式を次のとおり売却した。手取金の総額はいくらか。（手数料の円未満切り捨て）

銘柄	約定値段	株数	手数料
A	1株につき ¥690	5,000 株	約定代金の 0.560％＋ ¥8,300
B	1株につき ¥4,760	7,000 株	約定代金の 0.273％＋ ¥42,180

答　＿＿＿＿＿＿＿

（解答→別冊 p 10、例題・練習問題復習テスト→ p 115）

9．証券投資の計算②

例5　② - ② 株式の評価（利回り）

次の株式の利回りはそれぞれ何パーセントか。

（パーセントの小数第 *1* 位未満4捨5入）

銘柄	配当金	時価	利回り
D	1 株につき年 ¥3.50	¥342	
E	1 株につき年 ¥6.40	¥570	
F	1 株につき年 ¥36.60	¥2,150	

【解式】　銘柄 D　¥3.50 ÷ ¥342 = 0.010233…　　　　　　　答　　　　*1.0%*

　　　　　銘柄 E　¥6.40 ÷ ¥570 = 0.011228…　　　　　　　答　　　　*1.1%*

　　　　　銘柄 F　¥36.60 ÷ ¥2,150 = 0.01702…　　　　　　答　　　　*1.7%*

【電卓】　D：3.5 ÷ 342 %　　　E：6.4 ÷ 570 %　　　F：36.6 ÷ 2150 %

例6　② - ② 株式の評価（指値）

次の株式の指値はそれぞれいくらか。（円未満切り捨て）

銘柄	配当金	希望利回り	指値
D	1 株につき年 ¥2.70	1.4%	
E	1 株につき年 ¥5.50	2.3%	
F	1 株につき年 ¥42.00	1.7%	

【解式】　銘柄 D　¥2.70 ÷ 0.014 = ¥192.857…　　　　　　答　　　　*¥192*

　　　　　銘柄 E　¥5.50 ÷ 0.023 = ¥239.130…　　　　　　答　　　　*¥239*

　　　　　銘柄 F　¥42.00 ÷ 0.017 = ¥2,470.588…　　　　　答　　　　*¥2,470*

【電卓】　D：2.7 ÷ .014 =　　　E：5.5 ÷ .023 =　　　F：42 ÷ .017 =

MEMO

≪ 練習問題 ≫

(1) 次の株式の利回りはそれぞれ何パーセントか。
(パーセントの小数第 1 位未満4捨5入)

銘柄	配当金	時価	利回り
D	1株につき年¥3.20	¥188	
E	1株につき年¥6.50	¥269	
F	1株につき年¥47.00	¥3,206	

(2) 次の株式の利回りはそれぞれ何パーセントか。
(パーセントの小数第 1 位未満4捨5入)

銘柄	配当金	時価	利回り
D	1株につき年¥2.70	¥245	
E	1株につき年¥8.90	¥670	
F	1株につき年¥53.00	¥4,320	

(3) 次の株式の利回りはそれぞれ何パーセントか。
(パーセントの小数第 1 位未満4捨5入)

銘柄	配当金	時価	利回り
D	1株につき年¥4.20	¥372	
E	1株につき年¥6.70	¥490	
F	1株につき年¥32.00	¥2,150	

(4) 次の株式の指値はそれぞれいくらか。(円未満切り捨て)

銘柄	配当金	希望利回り	指値
D	1株につき年¥5.30	0.7%	
E	1株につき年¥7.50	1.6%	
F	1株につき年¥62.00	2.5%	

(5) 次の株式の指値はそれぞれいくらか。(円未満切り捨て)

銘柄	配当金	希望利回り	指値
D	1株につき年¥6.30	1.6%	
E	1株につき年¥8.70	1.3%	
F	1株につき年¥42.00	2.7%	

(6) 次の株式の指値はそれぞれいくらか。(円未満切り捨て)

銘柄	配当金	希望利回り	指値
D	1株につき年¥3.40	2.3%	
E	1株につき年¥5.50	2.7%	
F	1株につき年¥73.00	1.5%	

(解答→別冊 p 10、例題・練習問題復習テスト→ p 116)

例題・練習問題の復習①

<u>1．単利の計算（p.6 〜）</u>

【p.7　例題】

例1　¥53,000,000 を年利率 0.262％の単利で 1 年 5 か月間借り入れた。期日に支払う利息はいくらか。（円未満切り捨て）

答 _____

【p.7　練習問題】

(1)　¥53,000,000 を年利率 2.5％の単利で 1 年 5 か月間貸し付けると，期日に受け取る利息はいくらか。（円未満切り捨て）

答 _____

(2)　¥460,000 を年利率 3％の単利で 120 日間借り入れた。期日に支払う利息はいくらか。（円未満切り捨て）

答 _____

(3)　¥59,500,000 を年利率 0.493％の単利で 8 か月間借り入れた。期日に支払う利息はいくらか。（円未満切り捨て）

答 _____

(4)　元金 ¥23,800,000 を年利率 0.374％の単利で 6 月 2 日から 10 月 10 日まで借り入れた。期日に支払う利息はいくらか。（片落とし，円未満切り捨て）

答 _____

【p.8　例題】

例2　ある金額を年利率 0.426％で，5 月 19 日から 10 月 12 日まで貸し付けたところ，利息が ¥95,424 になった。元金はいくらか。（片落とし）

答 _____

例3　¥54,300,000 を単利で 2 月 10 日から 4 月 23 日まで借り入れ，元利合計 ¥54,326,607 を支払った。利率は年何パーセントであったか。パーセントの小数第 3 位まで求めよ。（うるう年，片落とし）

答 _____

例4　¥29,800,000 を年利率 4.8％の単利で貸し付け，期日に元利合計 ¥31,707,200 を受け取った。貸付期間は何年何か月間であったか。

答 _____

(1) ある金額を年利率 0.352% で，4月 10日から 9月 3日まで貸し付けたところ，利息が ¥33,792 になった。元金はいくらか。（片落とし）

答　＿＿＿＿＿＿＿＿＿＿

(2) 年利率 3.2% で，8月 15日から 10月 27日まで借り入れ利息 ¥416,000 を支払った。借入金はいくらか。（片落とし）

答　＿＿＿＿＿＿＿＿＿＿

(3) 元金 ¥51,600,000 を単利で 11か月間貸し付け，期日に元利合計 ¥51,832,716 を受け取った。利率は年何パーセントであったか。パーセントの小数第3位まで求めよ。

答　＿＿＿＿＿＿＿＿＿＿

(4) ¥12,300,000 を単利で 11月 15日から翌年 1月 27日まで貸し付け，利息 ¥8,487 を受け取った。利率は年何パーセントであったか。パーセントの小数第3位まで求めよ。（片落とし）

答　＿＿＿＿＿＿＿＿＿＿

(5) ¥64,300,000 を単利で 4月 8日から 6月 20日まで借り入れ，元利合計 ¥64,362,371 を支払った。利率は年何パーセントか。パーセントの小数第3位まで求めよ。（片落とし）

答　＿＿＿＿＿＿＿＿＿＿

(6) 元金 ¥84,200,000 を年利率 0.9% の単利で借り入れたところ，元利合計が ¥84,768,350 となった。借入期間は何か月間であったか。

答　＿＿＿＿＿＿＿＿＿＿

(7) ¥14,160,000 を年利率 0.595% の単利で借り入れ，期日に元利合計 ¥14,251,273 を支払った。借入期間は何年何か月間であったか。

答　＿＿＿＿＿＿＿＿＿＿

(8) ¥708,000 を年利率 5.9% の単利で借り入れ，期日に利息 ¥45,253 を支払った。借入期間は何年何か月間であったか。

答　＿＿＿＿＿＿＿＿＿＿

（解答→ 別冊 p.10）

第　学年　　組　　番
名前

	例1	例2−4	合計
例	／1	／3	
練	／4	／8	／16

例題・練習問題の復習②

【p.10　例題】

例5　元金 ¥62,000,000 を年利率 0.392%の単利で 1 月 6 日から 4 月 12 日まで貸し付けると，期日に受け取る元利合計はいくらか。（うるう年，片落とし，円未満切り捨て）

答 _____

例6　年利率 0.573%の単利で 1 年 2 か月間貸し付け，期日に元利合計 ¥61,609,122 を受け取った。元金はいくらであったか。

答 _____

例7　年利率 0.573%の単利で 1 年 2 か月間貸し付け，期日に元利合計 ¥61,609,122 を受け取った。利息はいくらであったか。

答 _____

【p.11　練習問題】

(1) 元金 ¥22,000,000 を年利率 0.373%の単利で 7 月 15 日から 9 月 17 日まで借り入れると，期日に支払う元利合計はいくらか。（片落とし，円未満切り捨て）

答 _____

(2) ¥23,000,000 を年利率 0.172%の単利で 1 年 4 か月間借り入れると，期日に支払う元利合計はいくらか。（円未満切り捨て）

答 _____

(3) 元金 ¥12,400,000 を年利率 2.7%で 3 年間貸し付けると，元利合計はいくらか。

答 _____

(4) 年利率 1.8%の単利で 11 か月間貸し付け，期日に元利ともに ¥65,564,250 を受け取った。元金はいくらであったか。

答 _____

(5) 年利率 0.635%の単利で 3 月 27 日から 8 月 20 日まで貸し付け，期日に元利合計 ¥58,047,066 を受け取った。元金はいくらであったか。（片落とし）

答 _____

(6) 年利率 3.2%の単利で 8 月 30 日から 11 月 11 日まで貸し付け，期日に元利合計 ¥96,413,120 を受け取った。利息はいくらであったか。（片落とし）

答 _____

例8　次の3口の貸付金の利息を積数法によって計算すると，利息合計はいくらになるか。
　　ただし，いずれも期日は11月25日，利率は年2.93%とする。（片落とし，円未満
　　切り捨て）

```
        貸付金額           貸付日
   ¥47,000,000     9月17日
   ¥26,000,000    10月 3日
   ¥15,000,000    10月24日
```
答 _____

例9　次の3口の借入金の利息を積数法によって計算すると，元利合計はいくらか。ただし，
　　いずれも利率は年6.14%とする。（利息の円未満切り捨て）

```
        借入金額        借入期間
   ¥90,000,000     11か月
   ¥26,000,000      8か月
   ¥73,000,000      7か月
```
答 _____

(1)　次の3口の貸付金の利息を積数法によって計算すると，利息合計はいくらになるか。
　　ただし，いずれも期日は5月25日，利率は年1.97%とする。（平年，片落とし，円
　　未満切り捨て）

```
        貸付金額           貸付日
   ¥19,000,000     2月17日
   ¥28,000,000     3月 3日
   ¥55,000,000     4月24日
```
答 _____

(2)　次の3口の借入金の利息を積数法によって計算すると，元利合計はいくらになるか。
　　ただし，いずれも期日は5月15日，利率は年3.92%とする。（うるう年，片落とし，
　　円未満切り捨て）

```
        借入金額           借入日
   ¥37,000,000     1月17日
   ¥19,000,000     2月 3日
   ¥16,000,000     4月24日
```
答 _____

(3)　次の3口の借入金の利息を積数法によって計算すると，元利合計はいくらか。ただし，
　　いずれも利率は年6.18%とする。（利息の円未満切り捨て）

```
        借入金額        借入期間
   ¥12,000,000      9か月
   ¥28,000,000     10か月
   ¥93,000,000      3か月
```
答 _____

(解答→ 別冊 p.10)

	例5－7	例8－9	合計
例	／3	／2	
練	／6	／3	／14

第　学年　　組　　番
名前

例題・練習問題の復習③

2. 手形割引 (p.14～)

【p.14 例題】

例1 6月11日満期，額面¥86,500,000の手形を4月18日に割引率年2.52％で割り引くと，割引料はいくらか。（両端入れ，円未満切り捨て）

答 _____

例2 額面¥38,000,000の手形を2月10日に割引率年2.75％で割り引くと，手取金はいくらか。ただし，満期は4月2日とする。
（平年，両端入れ，割引料の円未満切り捨て）

答 _____

例3 12月12日満期，額面¥9,862,360の手形を割引率年3.25％で10月25日に割り引くと，手取金はいくらか。ただし，手形金額の¥100未満には割引料を計算しないものとする。（両端入れ，割引料の円未満切り捨て）

答 _____

【p.15 練習問題】

(1) 5月11日満期，額面¥28,000,000の約束手形を3月4日に割引率年2.35％で割り引くと，割引料はいくらか。（両端入れ，円未満切り捨て）

答 _____

(2) 額面¥52,000,000の手形を割引率年3.5％で8月13日に割り引くと，割引料はいくらか。ただし，満期は10月5日とする。（両端入れ，円未満切り捨て）

答 _____

(3) 練習問題(1)の場合の手取金はいくらか。

答 _____

(4) 練習問題(2)の場合の手取金はいくらか。

答 _____

(5) 額面¥53,200,000の約束手形を割引率年3.05％で10月4日に割り引くと，手取金はいくらか。ただし，満期は12月25日とする。（両端入れ，割引料の円未満切り捨て）

答 _____

(6) 10月25日満期，額面¥5,914,380の手形を8月5日に割引率年5.35％で割り引くと，手取金はいくらか。ただし，手形金額の¥100未満には割引料を計算しないものとする。（両端入れ，割引料の円未満切り捨て）

答 _____

(7) 翌年1月27日満期，額面¥8,473,260の手形を割引率年3.25％で12月10日に割り引くと，手取金はいくらか。ただし，手形金額の¥100未満には割引料を計算しないものとする。（両端入れ，割引料の円未満切り捨て）

答 _____

(8) 3月10日満期，額面¥965,740の手形を割引率年2.75%で12月15日に割り引くと，手取金はいくらか。ただし，手形金額の¥100未満には割引料を計算しないものとする。（平年，両端入れ，割引料の円未満切り捨て）

答 _____

3. 複利終価（p.16〜）

【p.17 例題】

例1 ¥35,600,000を年利率4%，1年1期の複利で12年間借り入れると，複利終価はいくらか。（円未満4捨5入）

答 _____

例2 ¥36,300,000を年利率2.5%，1年1期の複利で10年間貸すと，複利利息はいくらか。（円未満4捨5入）

答 _____

【p.17 練習問題】

(1) ¥39,400,000を年利率3%，1年1期の複利で12年間借り入れると，複利終価はいくらか。（円未満4捨5入）

答 _____

(2) ¥68,700,000を年利率5%，1年1期の複利で8年間貸すと，期日に受け取る元利合計はいくらか。（円未満4捨5入）

答 _____

(3) ¥43,500,000を年利率4.5%，1年1期の複利で10年間貸し付けると，複利利息はいくらか。（円未満4捨5入）

答 _____

(4) ¥56,600,000を年利率7%，1年1期の複利で15年間貸すと，複利利息はいくらか。（円未満4捨5入）

答 _____

(5) ¥47,500,000を年利率3.5%，1年1期の複利で9年間借り入れると，複利利息はいくらか。（円未満4捨5入）

答 _____

（解答→ 別冊 p.10）

		例1−3	例1−2	合計
第　学年　　組　　番	例	／3	／2	／18
名前	練	／8	／5	

例題・練習問題の復習④

【 p.18　例題】

例3　¥43,200,000 を年利率 7%，半年 1 期の複利で 5 年間貸し付けると，期日に受け取る元利合計はいくらになるか。（円未満 4 捨 5 入）

答　＿＿＿＿＿＿＿＿

例4　¥88,700,000 を年利率 5%，半年 1 期の複利で 4 年 6 か月間借り入れると，複利終価はいくらか。（円未満 4 捨 5 入）

答　＿＿＿＿＿＿＿＿

【 p.19　練習問題】

(1)　¥43,200,000 を年利率 6%，半年 1 期の複利で 5 年間貸し付けると，期日に受け取る元利合計はいくらになるか。（円未満 4 捨 5 入）

答　＿＿＿＿＿＿＿＿

(2)　¥35,600,000 を年利率 4%，半年 1 期の複利で 4 年間貸すと，複利終価はいくらか。（円未満 4 捨 5 入）

答　＿＿＿＿＿＿＿＿

(3)　¥69,800,000 を年利率 5%，半年 1 期の複利で 4 年間貸すと，複利利息はいくらか。（円未満 4 捨 5 入）

答　＿＿＿＿＿＿＿＿

(4)　元金 ¥35,240,000 を年利率 6%，半年 1 期の複利で 5 年 6 か月間貸し付けると，複利終価はいくらか。（円未満 4 捨 5 入）

答　＿＿＿＿＿＿＿＿

(5)　¥85,360,000 を年利率 6%，半年 1 期の複利で 3 年 6 か月間借り入れると，期日に支払う元利合計はいくらになるか。（円未満 4 捨 5 入）

答　＿＿＿＿＿＿＿＿

(6)　¥39,720,000 を年利率 7%，半年 1 期の複利で 6 年 6 か月間貸し付けると，期日に受け取る複利利息はいくらか。（円未満 4 捨 5 入）

答　＿＿＿＿＿＿＿＿

【p.20 例題】

例5 ¥89,750,000 を年利率3%, 1年1期の複利で10年6か月間借り入れると, 期日に支払う元利合計はいくらか。ただし, 端数期間は単利法による。(計算の最終で円未満4捨5入)

答 _____

例6 ¥58,390,000 を年利率4%, 半年1期の複利で5年9か月間借り入れると, 期日に支払う元利合計はいくらになるか。ただし, 端数期間は単利法による。(計算の最終で円未満4捨5入)

答 _____

【p.21 練習問題】

(1) ¥75,240,000 を年利率6%, 1年1期の複利で12年6か月間借り入れると, 期日に支払う元利合計はいくらになるか。ただし, 端数期間は単利法による。(計算の最終で円未満4捨5入)

答 _____

(2) ¥85,130,000 を年利率5.5%, 1年1期の複利で12年6か月間借り入れると, 期日に支払う複利利息はいくらか。ただし, 端数期間は単利法による。(計算の最終で円未満4捨5入)

答 _____

(3) 元金¥78,950,000 を年利率3%, 1年1期の複利で10年6か月間貸し付けると, 期日に受け取る元利合計はいくらになるか。ただし, 端数期間は単利法による。(計算の最終で円未満4捨5入)

答 _____

(4) ¥82,500,000 を年利率7%, 半年1期の複利で4年9か月間貸し付けると, 期日に受け取る元利合計はいくらになるか。ただし, 端数期間は単利法による。(計算の最終で円未満4捨5入)

答 _____

(5) ¥52,780,000 を年利率6%, 半年1期の複利で5年8か月間借り入れると, 期日に支払う元利合計はいくらになるか。ただし, 端数期間は単利法による。(計算の最終で円未満4捨5入)

答 _____

(6) ¥56,810,000 を年利率5%, 半年1期の複利で6年3か月間借り入れると, 期日に支払う複利利息はいくらか。ただし, 端数期間は単利法による。(計算の最終で円未満4捨5入)

答 _____

(解答→ 別冊 p.10)

	例3－4	例5－6	合計
例	/2	/2	
練	/6	/6	/16

第　学年　　組　　番
名前

87

例題・練習問題の復習⑤

4. 複利現価 (p.22～)

【p.22　例題】

例1　/3年後に支払う負債 ¥82,600,000 の複利現価はいくらか。ただし、年利率4.5%,
　　/年/期の複利とする。（円未満4捨5入）

答 _____

例2　6年6か月後に支払う負債 ¥42,300,000 を年利率4%, 半年/期の複利で割り
　　引いて、いま支払うとすればその金額はいくらか。（¥/00 未満切り上げ）

答 _____

【p.23　練習問題】

(/) 9年後に支払う負債 ¥93,620,000 の複利現価はいくらか。ただし、年利率2.5%,
　　/年/期の複利とする。（円未満4捨5入）

答 _____

(2) /4年後に支払う負債 ¥81,630,000 をいま支払うとすればその金額はいくらか。
　　ただし、年利率3.5%, /年/期の複利とする。（¥/00 未満切り上げ）

答 _____

(3) 7年後に支払う負債 ¥45,/70,000 を年利率5.5%, /年/期の複利で割り引いて、
　　いま支払うとすればその金額はいくらか。（¥/00 未満切り上げ）

答 _____

(4) 3年6か月後に支払う負債 ¥64,400,000 を年利率5%, 半年/期の複利で割り引
　　いて、いま支払うとすればその金額はいくらか。（¥/00 未満切り上げ）

答 _____

(5) 5年6か月後に支払う負債 ¥23,/90,000 の複利現価はいくらか。ただし、年利率
　　6%, 半年/期の複利とする。（円未満4捨5入）

答 _____

(6) 4年6か月後に支払う負債 ¥89,640,000 を年利率7%, 半年/期の複利で割り引
　　いて、いま支払うとすればその金額はいくらか。（¥/00 未満切り上げ）

答 _____

例3　8年2か月後に支払う負債¥82,360,000を年利率4.5％，1年1期の複利で割り引いて，いま支払うとすればその金額はいくらか。ただし，端数期間は真割引による。（計算の最終で¥100未満切り上げ）

答　_____

例4　5年3か月後に支払う負債¥69,250,000を年利率4％，半年1期の複利で割り引いて，いま支払うとすればその金額はいくらか。ただし，端数期間は真割引による。（計算の最終で¥100未満切り上げ）

答　_____

(1)　7年9か月後に支払う負債¥97,180,000を年利率5％，1年1期の複利で割り引いて，いま支払うとすればその金額はいくらか。ただし端数期間は真割引による。（計算の最終で¥100未満切り上げ）

答　_____

(2)　8年8か月後に支払う負債¥32,750,000を年利率4.5％，1年1期の複利で割り引いて，いま支払うとすればその金額はいくらか。ただし，端数期間は真割引による。（計算の最終で¥100未満切り上げ）

答　_____

(3)　5年4か月後に支払う負債¥96,420,000を年利率6％，半年1期の複利で割り引いて，いま支払うとすればその金額はいくらか。ただし，端数期間は真割引による。（計算の最終で¥100未満切り上げ）

答　_____

(4)　3年3か月後に支払う負債¥89,260,000を年利率5％，半年1期の複利で割り引いて，いま支払うとすればその金額はいくらか。ただし，端数期間は真割引による。（計算の最終で¥100未満切り上げ）

答　_____

(5)　4年9か月後に支払う負債¥76,140,000を年利率4％，半年1期の複利で割り引いて，いま支払うとすればその金額はいくらか。ただし，端数期間は真割引による。（計算の最終で¥100未満切り上げ）

答　_____

（解答→ 別冊 p.11）

| 第　学年　　組　　番 | | | 名前 | |

	例1－2	例3－4	合計
例	／2	／2	
練	／6	／5	／15

例題・練習問題の復習⑥

5. 減価償却 (p.30〜)

【p.31 例題】

例1 取得価額 ¥28,320,000 耐用年数30年の固定資産を定額法で減価償却すれば,
第13期末減価償却累計額はいくらになるか。ただし,決算は年1回,残存簿価¥1
とする。

答 _____

例2 取得価額 ¥83,850,000 耐用年数25年の固定資産を定額法で減価償却すれば,
第7期首帳簿価額はいくらになるか。ただし,決算は年1回,残存簿価¥1とする。

答 _____

【p.31 練習問題】

(1) 取得価額 ¥36,250,000 耐用年数38年の固定資産を定額法で減価償却すれば,
第12期末減価償却累計額はいくらになるか。ただし,決算は年1回,残存簿価¥1
とする。

答 _____

(2) 取得価額 ¥58,630,000 耐用年数22年の固定資産を定額法で減価償却すれば,
第14期末減価償却累計額はいくらになるか。ただし,決算は年1回,残存簿価¥1
とする。

答 _____

(3) 取得価額 ¥69,320,000 耐用年数14年の固定資産を定額法で減価償却すれば,
第9期首帳簿価額はいくらになるか。ただし,決算は年1回,残存簿価¥1とする。

答 _____

(4) 取得価額 ¥37,960,000 耐用年数25年の固定資産を定額法で減価償却すれば,
第11期首帳簿価額はいくらになるか。ただし,決算は年1回,残存簿価¥1とする。

答 _____

【p.32 例題】

例3 取得価額 ¥8,850,000 耐用年数15年の固定資産を定額法で減価償却するとき,
次の減価償却計算表の第4期末まで記入せよ。ただし,決算は年1回,残存簿価¥1
とする。

期数	期首帳簿価額	償却限度額	減価償却累計額
1			
2			
3			
4			

【p.33　練習問題】

(1) 取得価額¥9,650,000　耐用年数20年の固定資産を定額法で減価償却するとき，次の減価償却計算表の第4期末まで記入せよ。ただし，決算は年1回，残存簿価¥1とする。

期数	期首帳簿価額	償却限度額	減価償却累計額
1			
2			
3			
4			

(2) 取得価額¥7,500,000　耐用年数22年の固定資産を定額法で減価償却するとき，次の減価償却計算表の第4期末まで記入せよ。ただし，決算は年1回，残存簿価¥1とする。

期数	期首帳簿価額	償却限度額	減価償却累計額
1			
2			
3			
4			

(3) 取得価額¥8,520,000　耐用年数35年の固定資産を定額法で減価償却するとき，次の減価償却計算表の第4期末まで記入せよ。ただし，決算は年1回，残存簿価¥1とする。

期数	期首帳簿価額	償却限度額	減価償却累計額
1			
2			
3			
4			

（解答→ 別冊 p.11）

第　学年　　組　　番
名前

	例1－2	例3	合計
例	／2	／1	／
練	／4	／3	／10

例題・練習問題の復習⑦

【 p.34　例題】

例4　取得価額 ¥76,830,000　耐用年数 28 年の固定資産を定率法で減価償却すれば，第4期首帳簿価額はいくらになるか。ただし，決算は年1回，残存簿価 ¥1 とする。（毎期償却限度額の円未満切り捨て）

答 _____

例5　取得価額 ¥26,480,000　耐用年数 15 年の固定資産を定率法で減価償却すれば，第3期末償却限度額はいくらになるか。ただし，決算は年1回，残存簿価 ¥1 とする。（毎期償却限度額の円未満切り捨て）

答 _____

例6　取得価額 ¥32,730,000　耐用年数 30 年の固定資産を定率法で減価償却すれば，第3期末減価償却累計額はいくらになるか。ただし，決算は年1回，残存簿価 ¥1 とする。（毎期償却限度額の円未満切り捨て）

答 _____

【 p.35　練習問題】

(1) 取得価額 ¥45,260,000　耐用年数 20 年の固定資産を定率法で減価償却すれば，第4期首帳簿価額はいくらになるか。ただし，決算は年1回，残存簿価 ¥1 とする。（毎期償却限度額の円未満切り捨て）

答 _____

(2) 取得価額 ¥99,180,000　耐用年数 35 年の固定資産を定率法で減価償却すれば，第4期首帳簿価額はいくらになるか。ただし，決算は年1回，残存簿価 ¥1 とする。（毎期償却限度額の円未満切り捨て）

答 _____

(3) 取得価額 ¥74,230,000　耐用年数 15 年の固定資産を定率法で減価償却すれば，第3期末償却限度額はいくらになるか。ただし，決算は年1回，残存簿価 ¥1 とする。（毎期償却限度額の円未満切り捨て）

答 _____

(4) 取得価額 ¥85,790,000　耐用年数 22 年の固定資産を定率法で減価償却すれば，第3期末償却限度額はいくらになるか。ただし，決算は年1回，残存簿価 ¥1 とする。（毎期償却限度額の円未満切り捨て）

答 _____

(5) 取得価額 ¥52,360,000　耐用年数 28 年の固定資産を定率法で減価償却すれば，第4期末減価償却累計額はいくらになるか。ただし，決算は年1回，残存簿価 ¥1 とする。（毎期償却限度額の円未満切り捨て）

答 _____

(6) 取得価額 ¥35,420,000　耐用年数 26 年の固定資産を定率法で減価償却すれば，第4期末減価償却累計額はいくらになるか。ただし，決算は年1回，残存簿価 ¥1 とする。（毎期償却限度額の円未満切り捨て）

答 _____

【p.36　例題】

例7 取得価額 ¥8,300,000　耐用年数22年の固定資産を定率法で減価償却するとき,
次の減価償却計算表の第4期末まで記入せよ。ただし,決算は年1回,残存簿価 ¥1
とする。(毎期償却限度額の円未満切り捨て)

期数	期首帳簿価額	償却限度額	減価償却累計額
1			
2			
3			
4			

【p.37　練習問題】

(1) 取得価額 ¥9,600,000　耐用年数28年の固定資産を定率法で減価償却するとき,次
の減価償却計算表の第4期末まで記入せよ。ただし,決算は年1回,残存簿価 ¥1 と
する。(毎期償却限度額の円未満切り捨て)

期数	期首帳簿価額	償却限度額	減価償却累計額
1			
2			
3			
4			

(2) 取得価額 ¥8,900,000　耐用年数30年の固定資産を定率法で減価償却するとき,次
の減価償却計算表の第4期末まで記入せよ。ただし,決算は年1回,残存簿価 ¥1 と
する。(毎期償却限度額の円未満切り捨て)

期数	期首帳簿価額	償却限度額	減価償却累計額
1			
2			
3			
4			

(解答→ 別冊 p.11)

第　学年　　組　　番
名前

	例4－6	例7	合計
例	／3	／1	
練	／6	／2	／23

例題・練習問題の復習⑧

6. 仲立人 (p.38〜)

【p.38　例題】

例1 仲立人が売り主から 3.26％，買い主から 3.15％の手数料を受け取る約束で商品の売買を仲介したところ，売り主の手取金が ¥91,806,260 であった。買い主の支払総額はいくらであったか。

答 _____

例2 仲立人が売り主から 3.51％，買い主から 3.42％の手数料を受け取る約束で商品の売買を仲介したところ，買い主の支払総額が ¥52,537,360 であった。仲立人の受け取った手数料の合計額はいくらであったか。

答 _____

例3 仲立人が売り主から 2.15％，買い主から 1.93％の手数料を受け取る約束で商品の売買を仲介したところ，仲立人の受け取った手数料の合計額が ¥3,684,240 であった。売り主の手取金はいくらであったか。

答 _____

【p.39　練習問題】

(1) 仲立人が売り主から 1.45％，買い主から 1.24％の手数料を受け取る約束で商品の売買を仲介したところ，売り主の手取金が ¥29,170,800 であった。買い主の支払総額はいくらか。

答 _____

(2) 仲立人が売り主から 2.32％，買い主から 2.18％の手数料を受け取る約束で商品の売買を仲介したところ，売り主の手取金が ¥46,691,040 となった。仲立人の受け取った手数料の合計はいくらであったか。

答 _____

(3) 仲立人が売り主から 2.53％，買い主から 2.48％の手数料を受け取る約束で商品の売買を仲介したところ，買い主の支払総額が ¥72,350,880 となった。仲立人の受け取った手数料の合計額はいくらか。

答 _____

(4) 仲立人がある商品の売買を仲介したところ，売り主の手取金が売買価額の 3.57％の手数料を差し引いて ¥66,536,700 であった。買い主の支払った手数料が ¥2,270,100 であれば，買い主の支払った手数料は売買価額の何パーセントであったか。パーセントの小数第1位まで求めよ。

答 _____

(5) 仲立人が売り主から2.82%，買い主から2.46%の手数料を受け取る約束で商品の売買を仲介したところ，仲立人の受け取った手数料の合計額が¥3,590,400となった。買い主の支払総額はいくらであったか。

答 _____

(6) 仲立人が売り主から2.63%，買い主から2.58%の手数料を受け取る約束で商品の売買を仲介したところ，仲立人の手数料合計が¥4,063,800となった。売り主の手取金はいくらか。

答 _____

7. 売買計算（p.40〜）

【p.41 例題】

例1 60lbにつき£89.50の商品を50kg建にすると円でいくらか。ただし，1lb = 0.4536kg　£1 = ¥115.7とする。（計算の最終で¥10未満切り上げ）

答 _____

例2 ある商品を10米トン仕入れ，代金として¥5,349,660を支払った。この商品の仕入価格は15kgにつき何ドル何セントであったか。ただし，1米トン = 907.2kg $1 = ¥97.80とする。（セント未満4捨5入）

答 _____

【p.41 練習問題】

(1) 100ydにつき$52.20の商品を50m建にすると円でいくらになるか。ただし，1yd = 0.9144m　$1 = ¥119.50とする。（計算の最終で円未満4捨5入）

答 _____

(2) 10英ガロンにつき£42.60の商品を20L建にすると，円でいくらになるか。ただし，1英ガロン = 4.546L　£1 = ¥185.20とする。（計算の最終で円未満4捨5入）

答 _____

(3) ある商品を10米トン仕入れ，代金¥536,075円を支払った。この商品の仕入価格は30kgにつき何ドル何セントであったか。ただし，1米トン =907.2kg $1=¥102.50とする。（セント未満4捨5入）

答 _____

(4) ある商品を20米トン仕入れ，代金¥622,115を支払った。この商品の仕入価格は60kgにつき何ドル何セントであったか。ただし，1米トン = 907.2kg, $1=¥110.50とする。（セント未満4捨5入）

答 _____

（解答→ 別冊 p.12）

第　学年　　組　　番
名前

	例1−3	例1−2	合計
例	／3	／2	
練	／6	／4	／15

例題・練習問題の復習⑨

【p.43　例題】

例3　予定売価（定価）¥19,680,000 の商品を値引きして販売したところ，原価の1.6%にあたる¥272,000 の損失となった。値引額は予定売価（定価）の何パーセントであったか。

答 _____

【p.43　練習問題】

(1)　予定売価（定価）¥19,580,000 の商品を値引きして販売したところ，原価の2.1%にあたる¥344,400 の損失となった。値引額は予定売価（定価）の何パーセントであったか。

答 _____

(2)　予定売価（定価）¥14,745,000 の商品を値引きして販売したところ，原価の1.7%にあたる¥191,250 の損失となった。値引額は予定売価（定価）の何パーセントであったか。

答 _____

(3)　予定売価（定価）¥15,195,000 の商品を値引きして販売したところ，原価の1.3%にあたる¥63,800 の利益となった。値引額は予定売価（定価）の何パーセントであったか。

答 _____

【p.44　例題】

例4　ある商品を予定売価（定価）から値引きして¥7,182,000 で販売したところ，原価の28.25%の利益となった。原価の35%の利益を見込んで予定売価（定価）をつけたとすれば，値引額は予定売価（定価）の何パーセントであったか。

答 _____

例5　原価の32%の利益をみて予定売価（定価）をつけた商品を予定売価（定価）から¥8,125,000 値引きして販売したところ，原価の19.5%の利益があった。原価はいくらか。

答 _____

例6　ある商品に原価の32%の利益を見込んで予定売価（定価）をつけたが，予定売価（定価）から¥495,000 値引きして販売したところ，¥95,000 の損失となった。損失額は原価の何パーセントであったか。パーセントの小数第1位まで求めよ。

答 _____

例7　ある商品に原価の2割5分の利益を見込んで予定売価（定価）をつけたが，予定売価（定価）から¥1,831,620 値引きして販売したところ，実売価が¥6,743,380 となった。損失額は原価の何分何厘か。

答 _____

(1) ある商品を予定売価（定価）から値引きして¥6,699,000で販売したところ，原価の15.5%の利益となった。原価の25%の利益を見込んで予定売価（定価）をつけたとすれば，値引額は予定売価（定価）の何パーセントであったか。パーセントの小数第1位まで求めよ。

答 ＿＿＿＿＿＿＿＿＿＿＿

(2) ある商品を予定売価（定価）から値引きして¥5,953,500で販売したところ，原価の21.5%の利益となった。予定売価（定価）が原価の35%増しだとすれば，値引額は予定売価（定価）の何パーセントであったか。

答 ＿＿＿＿＿＿＿＿＿＿＿

(3) 原価の25%の利益をみて予定売価（定価）をつけた商品を，予定売価（定価）から¥934,500値引きして販売したところ，原価の14.5%の利益があった。実売価はいくらであったか。

答 ＿＿＿＿＿＿＿＿＿＿＿

(4) 原価に¥1,520,000利益をみて予定売価（定価）をつけた商品を，予定売価（定価）の14%値引きして販売したところ，¥243,200の利益があった。原価はいくらか。

答 ＿＿＿＿＿＿＿＿＿＿＿

(5) 原価1割5分の利益を見込んで予定売価（定価）をつけ，予定売価（定価）から¥326,800値引きして販売したところ，¥98,800の損失となった。損失額は原価の何パーセントであったか。パーセントの小数第1位まで求めよ。

答 ＿＿＿＿＿＿＿＿＿＿＿

(6) ある商品に原価の35%の利益をみて予定売価（定価）をつけ，予定売価（定価）から¥7,425,000値引きして販売したところ，利益額が¥11,825,000になった。値引額は定価の何パーセントか。

答 ＿＿＿＿＿＿＿＿＿＿＿

(7) ある商品に原価の2割4分の利益を見込んで予定売価（定価）をつけたが，予定売価（定価）から¥1,636,250値引きして販売したところ，実売価が¥5,741,750となった。損失額は原価の何分何厘か。

答 ＿＿＿＿＿＿＿＿＿＿＿

(8) ある商品に原価の4割2分の利益を見込んで予定売価（定価）をつけたが，予定売価（定価）から¥3,617,600値引きして販売したところ，実売価が¥7,174,400となった。損失額は原価の何パーセントか。パーセントの小数第1位まで求めよ。

答 ＿＿＿＿＿＿＿＿＿＿＿

（解答→ 別冊 p.12）

第　学年　　組　　番
名前

	例3	例4－7	合計
例	／1	／4	／
練	／3	／8	／16

例題・練習問題の復習⑩

【p.46　例題】

例 8　ある商品を予定売価（定価）から ¥331,500 値引きして販売したところ，原価の 18％にあたる ¥351,000 の利益となった。予定売価（定価）は原価の何パーセント 増しであったか。

答 _____

例 9　ある商品を予定売価（定価）から ¥696,000 の値引きをして販売したところ，原 価の 5 分の損失となった。値引額が定価の 2 割 4 分にあたるとすれば，損失額はいく らであったか。

答 _____

例10　ある商品を予定売価（定価）の 3 割 5 分引きで販売したところ，原価の 2 割 1 分 の利益を得た。値引額が ¥423,500 だとすれば，原価はいくらであったか。

答 _____

例11　商品を ¥5,540,000 で仕入れ，諸掛りとして ¥430,000 を支払った。この商品 に原価の 24％ の利益をみて予定売価（定価）をつけたが，値引きをして ¥7,032,660 で販売した。値引額は予定売価（定価）の何パーセントか。

答 _____

【p.47　練習問題】

（1）ある商品を予定売価（定価）から ¥6,072,000 値引きして販売したところ，原価の 5％ にあたる ¥1,380,000 の利益となった。予定売価（定価）は原価の何パーセント増 しであったか。

答 _____

（2）ある商品を予定売価（定価）から ¥3,696,000 値引きして販売したところ，原価の 8.5％ にあたる ¥2,992,000 の利益となった。予定売価（定価）は原価の何パーセン ト増しであったか。

答 _____

（3）ある商品を予定売価（定価）から¥10,920,000 値引きして販売したところ，原価の2％の損失となった。値引額が予定売価（定価）の19.5％にあたるとすれば，原価はいくらであったか。

答 _____

（4）ある商品を予定売価（定価）から¥570,000 の値引きをして販売したところ，原価の15.5％の利益となった。値引額が予定売価（定価）の7.6％にあたるとすれば，利益額はいくらであるか。

答 _____

（5）ある商品を予定売価（定価）の2割5分引きで販売したところ，原価の1割7分の利益を得た。値引額が¥7,312,500 だとすれば，原価はいくらであったか。

答 _____

（6）ある商品を予定売価（定価）の32％引きで販売したところ，原価の9％の損失となった。値引額が¥29,120,000 だとすれば，原価はいくらであったか。

答 _____

（7）ある商品を¥4,250,000 で仕入れ，諸掛り¥250,000 を支払った。この商品に諸掛込原価の32％の利益をみて予定売価（定価）をつけたが，市価下落のため値引きして¥4,514,400 で販売した。値引額は予定売価（定価）の何パーセントか。

答 _____

（8）原価¥4,432,000 の商品を仕入れ，諸掛り¥160,000 を支払った。この商品に諸掛込原価の25％の利益を見込んで予定売価（定価）をつけたが，値引きして¥5,395,600 で販売した。値引額は予定売価（定価）の何パーセントであったか。

答 _____

（解答→ 別冊 p.12）

第　学年　　組　　番
名前

	例8−11	合計
例	／4	
練	／8	／12

例題・練習問題の復習⑪

【 p.49　例題】

例12　原価￥980,000 の商品に原価の2割5分の利益をみて予定売価（定価）をつけ，全体の $\frac{4}{5}$ は定価の1割引きで販売し残り全部は予定売価（定価）の7掛半で販売した。利益の総額はいくらか。

答 _____

【 p.49　練習問題】

(1)　原価￥10,800,000 の商品に原価の3割5分の利益をみて予定売価（定価）をつけ，全体の半分は予定売価（定価）の9分引きで販売し，残り全部は予定売価（定価）の7掛半で販売した。利益の総額はいくらか。

答 _____

(2)　原価￥14,550,000 の商品に￥4,650,000 の利益をみて予定売価（定価）をつけ，全体の $\frac{2}{3}$ は予定売価（定価）どおりで販売し，残り全部は予定売価（定価）の2割5分引きで販売した。利益の総額はいくらか。

答 _____

(3)　原価￥12,400,000 の商品に仕入諸掛￥600,000 を支払った。この商品に諸掛込原価の2割6分の利益をみて予定売価（定価）をつけ，全体の $\frac{2}{3}$ は予定売価（定価）の9掛で販売し，残り全部は予定売価（定価）の8掛半で販売した。実売価の総額はいくらであるか。

答 _____

(4)　原価￥2,250,000 の商品に仕入諸掛￥144,000 を支払った。この商品に諸掛込原価の3割5分の利益をみて予定売価（定価）をつけ，全体の $\frac{2}{3}$ は定価の9掛半で販売し，残り全部は予定売価（定価）の7掛半で販売した。実売価の総額はいくらであるか。

答 _____

【 p.50　例題】

例13　ある商品に原価の3割5分の利益を見込んで予定売価（定価）をつけたが，全体の $\frac{3}{4}$ は予定売価（定価）の1割引きで販売し，残り全部は予定売価（定価）の8掛で販売した。この商品全体の利益額が￥141,375 であったとすると原価はいくらか。

答 _____

例14　原価￥2,100,000 の商品に仕入諸掛￥140,000 を支払った。この商品に諸掛込原価の2割9分の利益を見込んで予定売価（定価）をつけ，全体の $\frac{1}{3}$ は予定売価（定価）の1割5分引きで販売し残り全部は予定売価（定価）から￥385,280 値引きして販売した。利益の総額はいくらか。

答 _____

(1)　ある商品に原価の2割4分の利益をみて予定売価（定価）をつけたが，全体の $\frac{3}{4}$ は予定売価（定価）の1割引きで販売し，残り全部は予定売価（定価）の8掛で販売した。この商品全体の利益額が¥8,160,000であったとすれば原価はいくらか。

答 _____

(2)　ある商品に原価の2割8分の利益を見込んで予定売価（定価）をつけたが，全体の $\frac{3}{4}$ は予定売価（定価）どおりで販売し，残り全部は予定売価（定価）の8掛で販売した。この商品全体の利益額が¥4,428,000であったとすれば予定売価（定価）はいくらか。

答 _____

(3)　ある商品に原価の2割5分の利益を見込んで予定売価（定価）をつけたが，全体の $\frac{3}{5}$ は予定売価（定価）の8掛半で販売し，残り全部は予定売価（定価）の2割引きして販売した。この商品全体の利益額が¥2,580,000であったとすれば予定売価（定価）はいくらか。

答 _____

(4)　原価¥32,000,000の商品に仕入諸掛¥1,600,000を支払った。この商品に諸掛込原価の2割9分の利益を見込んで予定売価（定価）をつけ，全体の $\frac{1}{3}$ は予定売価（定価）の1割5分引きで販売し，残り全部は予定売価（定価）から¥5,779,200値引きして販売した。利益の総額はいくらか。

答 _____

(5)　原価¥8,000,000の商品に原価の26％の利益をみて予定売価（定価）をつけ，全体の半分は予定売価（定価）の20％引きで販売し，残り全部は予定売価（定価）から¥284,000値引きして販売した。この商品の利益額は原価の何パーセントか。パーセントの小数第2位まで求めよ。

答 _____

(6)　原価¥3,200,000の商品に原価の25％の利益をみて予定売価（定価）をつけ，全体の半分は予定売価（定価）の20％引きで販売し，残り全部は予定売価（定価）から¥688,000値引きして販売した。この商品の損失額は原価の何パーセントか。

答 _____

(7)　1本につき¥5,400の商品を60ダース仕入れ，諸掛り¥120,000を支払った。この商品に諸掛込原価の35％の利益を見込んで予定売価（定価）をつけたが，全体の半分は予定売価（定価）の15％引きで販売し，残り全部は予定売価（定価）から¥135,990値引きして販売した。利益の総額はいくらか。

答 _____

（解答→ 別冊 p.12）

第　学年　　組　　番
名前

	例12	例13－14	合計
例	／1	／2	
練	／4	／7	／14

例題・練習問題の復習⑫

【p.52　例題】

例15　3kgにつき $¥47,400$ の商品を 250kg仕入れ，諸掛り $¥152,400$ を支払った。この商品に諸掛込原価の 2 割 5 分の利益を見込んで予定売価（定価）をつけ，全体の $\frac{3}{5}$ は予定売価（定価）の 8 掛半で販売し，残り全部は予定売価（定価）の 7 掛半で販売した。利益の総額はいくらか。

答　＿＿＿＿＿＿＿＿＿＿＿＿＿

例16　ある商品 60 ダースを 1 個につき $¥8,600$ で仕入れ，原価の 2 割 5 分の利益を見込んで予定売価（定価）をつけた。このうち 500 個は予定売価（定価）どおりで販売し，残り全部は予定売価（定価）から 1 個につき $¥800$ 値引きして販売した。実売価の総額はいくらか。

答　＿＿＿＿＿＿＿＿＿＿＿＿＿

【p.53　練習問題】

(1)　5 本につき $¥24,000$ の商品を 500 ダース仕入れ，諸掛り $¥350,000$ を支払った。この商品に諸掛込原価の 24％の利益を見込んで予定売価（定価）をつけ，全体の $\frac{2}{5}$ は予定売価（定価）の 7 掛半で販売し，残り全部は予定売価（定価）から $¥1,725,000$ 値引きして販売した。利益の総額はいくらか。

答　＿＿＿＿＿＿＿＿＿＿＿＿＿

(2)　3kgにつき $¥42,000$ の商品を $2,600$kg仕入れ，諸掛り $¥1,200,000$ を支払った。この商品に諸掛込原価の 3 割 2 分の利益を見込んで予定売価（定価）をつけ，全体の $\frac{3}{5}$ は予定売価（定価）どおりで販売し，残り全部は予定売価（定価）の 7 掛半で販売した。利益の総額はいくらか。

答　＿＿＿＿＿＿＿＿＿＿＿＿＿

(3)　4kgにつき $¥4,800$ の商品を $3,200$kg 仕入れ，諸掛り $¥320,000$ を支払った。この商品には諸掛込原価の 2 割 5 分の利益を見込んで予定売価（定価）をつけたが，全体の $\frac{3}{4}$ は予定売価（定価）から 1 割 8 分引きで販売し，残り全部は定価から 1kgにつき $¥525$ 値引きして販売した。実売価の総額はいくらになるか。

答　＿＿＿＿＿＿＿＿＿＿＿＿＿

(4) /台につき¥180,000の商品を50台仕入れ，諸掛り¥250,000を支払った。この商品に諸掛込原価の2割8分の利益を見込んで予定売価（定価）をつけたが，31台は予定売価（定価）の/割引きで販売し，残り全部は予定売価（定価）から/台につき¥56,000値引きして販売した。実売価の総額はいくらか。

答 _____

(5) /本につき¥190,000の商品を60本仕入れ，諸掛り¥144,000を支払った。この商品に諸掛込原価の2割5分の利益を見込んで予定売価（定価）をつけたが，40本は予定売価（定価）の/割5分引きで販売し，残り全部は予定売価（定価）から/本につき¥62,500値引きして販売した。利益の総額はいくらか。

答 _____

(6) ある商品60ダースを/個につき¥48,000で仕入れ，諸掛り¥360,000を支払った。この商品に諸掛込原価の2割6分の利益を見込んで予定売価（定価）をつけたが，600個は予定売価（定価）どおりで販売し，残り全部は予定売価（定価）から/個につき¥7,500値引きして販売した。実売価の総額はいくらか。

答 _____

（解答→ 別冊 p.12）

第 学年 組 番
名前

	例 15 － 16	合計
例	／2	／8
練	／6	

例題・練習問題の復習⑬

8. 複利年金の計算（p.54〜）

【p.54 例題】

例1 毎年末に¥50,000ずつ4年間支払う年金の終価はいくらになるか。ただし，年利率5%，1年1期の複利とする。（円未満4捨5入）

答 _____

【p.55 練習問題】

(1) 毎年末に¥135,000ずつ10年間支払う年金の終価はいくらになるか。ただし，年利率3%，1年1期の複利とする。（円未満4捨5入）

答 _____

(2) 毎年末に¥70,000ずつ8年間支払う年金の終価はいくらになるか。ただし，年利率6%，1年1期の複利とする。（円未満4捨5入）

答 _____

(3) 毎半年末に¥245,000ずつ7年間支払う年金の終価はいくらになるか。ただし，年利率5%，半年1期の複利とする。（円未満4捨5入）

答 _____

(4) 毎半年末に¥195,000ずつ5年間支払う年金の終価はいくらになるか。ただし，年利率7%，半年1期の複利とする。（円未満4捨5入）

答 _____

【p.56 例題】

例2 毎年初めに¥50,000ずつ4年間支払う年金の終価はいくらになるか。ただし，年利率5%，1年1期の複利とする。（円未満4捨5入）

答 _____

【p.57 練習問題】

(1) 毎年初めに¥120,000ずつ6年間支払う年金の終価はいくらになるか。ただし，年利率5%，1年1期の複利とする。（円未満4捨5入）

答 _____

(2) 毎年初めに¥160,000ずつ5年間支払う年金の終価はいくらになるか。ただし，年利率5%，1年1期の複利とする。（円未満4捨5入）

答 _____

(3) 毎半年初めに¥825,000ずつ5年間支払う年金の終価はいくらになるか。ただし，年利率6%，半年1期の複利とする。（円未満4捨5入）

答 _____

(4) 毎半年初めに¥675,000ずつ7年間支払う年金の終価はいくらになるか。ただし，年利率4%，半年1期の複利とする。（円未満4捨5入）

答 _____

例3　毎年末に¥50,000 ずつ4年間支払う年金の現価はいくらになるか。ただし，年利率5％，1年1期の複利とする。（円未満4捨5入）

答 _____

(1) 毎年末に¥246,000 ずつ11年間支払う負債を，いま一時に支払えば，その金額はいくらか。ただし，年利率3％，1年1期の複利とする。（円未満4捨5入）

答 _____

(2) 毎年末に¥410,000 ずつ12年間支払う年金の現価はいくらになるか。ただし，年利率4％，1年1期の複利とする。（円未満4捨5入）

答 _____

(3) 毎半年末に¥375,000 ずつ4年6か月間支払う年金の現価はいくらになるか。ただし，年利率4％，半年1期の複利とする。（円未満4捨5入）

答 _____

(4) 毎半年末に¥160,000 ずつ4年間支払う負債を，いま一時に支払えば，その金額はいくらか。ただし，年利率6％，半年1期の複利とする。（円未満4捨5入）

答 _____

例4　毎年初めに¥50,000 ずつ4年間支払う年金の現価はいくらになるか。ただし，年利率5％，1年1期の複利とする。（円未満4捨5入）

答 _____

(1) 毎年初めに¥80,000 ずつ10年間支払う負債を，いま一時に支払えば，その金額はいくらか。ただし，年利率4.5％，1年1期の複利とする。（円未満4捨5入）

答 _____

(2) 毎半年初めに¥310,000 ずつ4年間支払う年金の現価はいくらになるか。ただし，年利率6％，半年1期の複利とする。（円未満4捨5入）

答 _____

(3) 毎半年初めに¥625,000 ずつ6年間支払う年金の現価はいくらになるか。ただし，年利率7％，半年1期の複利とする。（円未満4捨5入）

答 _____

(4) 毎半年初めに¥270,000 ずつ5年間支払う負債を，いま一時に支払えば，その金額はいくらか。ただし，年利率5％，半年1期の複利とする。（円未満4捨5入）

答 _____

(解答→ 別冊 p.12)

第　学年　　組　　番
名前

	例1	例2	例3	例4	合計
例	／1	／1	／1	／1	／
練	／4	／4	／4	／4	／20

例題・練習問題の復習⑭

【p.62 例題】

例5 元金 ¥1,350,000 を年利率6%，1年1期の複利で借り入れた。これを毎年末に等額ずつ支払って10年間で完済するとき，毎期の賦金はいくらか。（円未満4捨5入）

答 _____

【p.63 練習問題】

(1) 元金 ¥5,430,000 を年利率4%，1年1期の複利で借り入れた。これを毎年末に等額ずつ支払って6年間で完済するとき，毎期の年賦金はいくらか。（円未満4捨5入）

答 _____

(2) 元金 ¥7,480,000 を年利率7%，半年1期の複利で借り入れた。これを毎半年末に等額ずつ支払って4年間で完済するとき，毎期の賦金はいくらか。（円未満4捨5入）

答 _____

(3) ¥6,600,000 を年利率6%，半年1期の複利で借り入れた。これを毎半年末に等額ずつ支払って3年6か月で完済するとき，毎期の年賦金はいくらか。（円未満4捨5入）

答 _____

(4) 元金 ¥1,560,000 を年利率4%，1年1期の複利で借り入れた。これを毎年末に等額ずつ支払って3年間で完済するとき，毎期の賦金はいくらか。（円未満4捨5入）

答 _____

【p.64 例題】

例6 ¥6,800,000 を年利率5%，1年1期の複利で借り入れ，毎年末に等額ずつ支払って4年間で完済するとき，年賦償還表を作成せよ。（年賦金および毎期支払利息の円未満4捨5入，過不足は最終期末の利息で調整）

年賦償還表

期数	期首未済元金	年賦金	支払利息	元金償還高
1				
2				
3				
4				
計	—			

【 p.65　練習問題】

(1) ¥7,600,000 を年利率5%，/年/期の複利で借り入れ，毎年末に等額ずつ支払っ
　　て4年間で完済するとき，次の年賦償還表を作成せよ。（年賦金および毎期支払利息の
　　円未満4捨5入，過不足は最終期末の利息で調整）

年賦償還表

期数	期首未済元金	年賦金	支払利息	元金償還高
/				
2				
3				
4				
計	—			

(2) ¥4,900,000 を年利率4.5%，/年/期の複利で借り入れ，毎年末に等額ずつ支払っ
　　て4年間で完済するとき，次の年賦償還表を作成せよ。（年賦金および毎期支払利息の
　　円未満4捨5入，過不足は最終期末の利息で調整）

年賦償還表

期数	期首未済元金	年賦金	支払利息	元金償還高
/				
2				
3				
4				
計	—			

(3) ¥5,800,000 を年利率6%，/年/期の複利で借り入れ，毎年末に等額ずつ支払っ
　　て4年間で完済するとき，次の年賦償還表を作成せよ。（年賦金および毎期支払利息の
　　円未満4捨5入，過不足は最終期末の利息で調整）

年賦償還表

期数	期首未済元金	年賦金	支払利息	元金償還高
/				
2				
3				
4				
計	—			

（解答→ 別冊 p.13）

第　学年　　組　　番
名前

	例5	例6	合計
例	/1	/1	
練	/4	/3	/9

例題・練習問題の復習⑮

【p.66 例題】

例7 元金 ¥4,200,000 を年利率 7%，1年1期の複利で借り入れ，毎年末に等額ずつ支払って5年間で完済するとき，次の年賦償還表の第4期末まで記入せよ。(年賦金および毎期支払利息の円未満4捨5入)

年賦償還表

期数	期首未済元金	年賦金	支払利息	元金償還高
1				
2				
3				
4				

【p.67 練習問題】

(1) 元金 ¥3,600,000 を年利率 7%，1年1期の複利で借り入れ，毎年末に等額ずつ支払って5年間で完済するとき，次の年賦償還表の第4期末まで記入せよ。(年賦金および毎期支払利息の円未満4捨5入)

年賦償還表

期数	期首未済元金	年賦金	支払利息	元金償還高
1				
2				
3				
4				

(2) 元金 ¥2,700,000 を年利率 6%，半年1期の複利で借り入れ，毎半年末に等額ずつ支払って4年間で完済するとき，次の年賦償還表を作成せよ。(年賦金および毎期支払利息の円未満4捨5入)

年賦償還表

期数	期首未済元金	年賦金	支払利息	元金償還高
1				
2				
3				
4				

（3）元金 ¥6,900,000 を年利率 6％，半年 1 期の複利で借り入れ，毎半年末に等額ずつ
支払って，3 年間で完済するとき，次の年賦償還表の第 5 期末まで記入せよ。（年賦金
および毎期支払利息の円未満 4 捨 5 入）

期数	期首未済元金	年賦金	支払利息	元金償還高
1				
2				
3				
4				
5				

（解答→ 別冊 p.13）

第　学年　　組　　番
名前	

	例7	合計
例	1	
練	3	4

例題・練習問題の復習⑯

【p.68　例題】

例8　毎年末に等額ずつ積み立てて，8年後に¥1,000,000 を得たい。年利率5.5%，1年1期の複利とすれば，毎期の積立金をいくらにすればよいか。（円未満4捨5入）

答　_____

【p.69　練習問題】

(1)　毎年末に等額ずつ積み立てて，7年後に¥9,500,000 を得たい。年利率6%，1年1期の複利とすれば，毎期の積立金をいくらにすればよいか。（円未満4捨5入）

答　_____

(2)　毎年末に等額ずつ積み立てて，8年後に¥6,900,000 を得たい。年利率5.5%，1年1期の複利とすれば，毎期の積立金をいくらにすればよいか。（円未満4捨5入）

答　_____

(3)　毎半年末に等額ずつ積み立てて，4年後に¥15,000,000 を得たい。年利率7%，半年1期の複利とすれば，毎期の積立金をいくらにすればよいか。（円未満4捨5入）

答　_____

(4)　毎半年末に等額ずつ積み立てて，3年6か月後に¥8,400,000 を得たい。年利率6%，半年1期の複利とすれば，毎期の積立金をいくらにすればよいか。（円未満4捨5入）

答　_____

【p.70　例題】

例9　毎年末に等額ずつ積み立てて，4年後に¥6,500,000 を得たい。年利率3%，1年1期の複利として，積立金表を作成せよ。（積立金および毎期積立金利息の円未満4捨5入，過不足は最終期末の利息で調整）

積立金表

期数	積立金	積立金利息	積立金増加高	積立金合計高
1				
2				
3				
4				
計				—

110

(1)　毎年末に等額ずつ積み立てて，4年後に¥7,600,000 を得たい。年利率3.5%，1
　　年1期の複利として，次の積立金表を作成せよ。（積立金および毎期積立金利息の円未
　　満4捨5入，過不足は最終期末の利息で調整）

積立金表

期数	積立金	積立金利息	積立金増加高	積立金合計高
1				
2				
3				
4				
計				—

(2)　毎年末に等額ずつ積み立てて，4年後に¥4,800,000 を得たい。年利率3%，1年
　　1期の複利として，次の積立金表を作成せよ。（積立金および毎期積立金利息の円未満
　　4捨5入，過不足は最終期末の利息で調整）

積立金表

期数	積立金	積立金利息	積立金増加高	積立金合計高
1				
2				
3				
4				
計				—

(3)　毎年末に等額ずつ積み立てて，4年後に¥2,900,000 を得たい。年利率4%，1年
　　1期の複利として，次の積立金表を作成せよ。（積立金および毎期積立金利息の円未満
　　4捨5入，過不足は最終期末の利息で調整）

積立金表

期数	積立金	積立金利息	積立金増加高	積立金合計高
1				
2				
3				
4				
計				—

(解答→ 別冊 p.14)

第　学年　　組　　番
名前

	例8	例9	合計
例	/1	/1	
練	/4	/3	/9

例題・練習問題の復習⑰

【 p.72　例題】

例10 毎年末に等額ずつ積み立てて6年後に¥7,800,000を得たい。年利率4%，1年1期の複利として，次の積立金表の第4期末まで記入せよ。（積立金および毎期積立金利息の円未満を捨5入）

積立金表

期数	積立金	積立金利息	積立金増加高	積立金合計高
1				
2				
3				
4				

【 p.73　練習問題】

(1) 毎年末に等額ずつ積み立てて7年後に¥6,900,000を得たい。年利率4.5%，1年1期の複利として，次の積立金表の第4期末まで記入せよ。（積立金および毎期積立金利息の円未満を捨5入）

積立金表

期数	積立金	積立金利息	積立金増加高	積立金合計高
1				
2				
3				
4				

(2) 毎半年末に等額ずつ積み立てて4年後に¥2,300,000を得たい。年利率5%，半年1期の複利として，次の積立金表の第4期末まで記入せよ。（積立金および毎期積立金利息の円未満を捨5入）

積立金表

期数	積立金	積立金利息	積立金増加高	積立金合計高
1				
2				
3				
4				

(3) 毎半年末に等額ずつ積み立てて，5年後に¥8,700,000 を得たい。年利率8%，半
年1期の複利として，次の積立金表の第6期末まで記入せよ。（積立金および毎期積立
金利息の円未満4捨5入）

積立金表

期数	積立金	積立金利息	積立金増加額	積立金合計額
1				
2				
3				
4				
5				
6				

（解答→ 別冊 p.14）

第　学年　　組　　番
名前

	例10	合計
例	／1	
練	／3	／4

例題・練習問題の復習⑱

9. 証券投資の計算（p.74〜）

【p.74　例題】

例1 4.0％の利付社債，額面¥4,500,000を10月5日に市場価格¥98.00で買い入れると，支払代金はいくらになるか。ただし，利払日は6月20日と12月20日である。（経過日数は片落とし，経過利息は円未満切り捨て）

答 _____

例2 10年後に償還される3％利付社債の買入価格が¥97.35のとき，単利最終利回りは何パーセントか。（パーセントの小数第3位未満切り捨て）

答 _____

【p.75　練習問題】

(1) 3.0％の利付社債，額面¥7,500,000を6月18日に市場価格¥98.65で買い入れると，支払代金はいくらになるか。ただし，利払日は2月25日と8月25日である。（経過日数は片落とし，経過利息は円未満切り捨て）

答 _____

(2) 4.3％の利付社債，額面¥2,600,000を11月16日に市場価格¥99.70で買い入れると，支払代金はいくらになるか。ただし，利払日は8月20日と2月20日である。（経過日数は片落とし，経過利息は円未満切り捨て）

答 _____

(3) 6.2％の利付社債，額面¥8,700,000を12月13日に市場価格¥99.05で買い入れると，経過利息も含めた支払代金はいくらになるか。ただし，利払日は3月15日と9月15日である。（経過日数は片落とし，経過利息は円未満切り捨て）

答 _____

(4) 5年後に償還される5.7％利付社債の買入価格が¥98.35のとき，単利最終利回りは何パーセントか。（パーセントの小数第3位未満切り捨て）

答 _____

(5) 8年後に償還される6.5％利付社債の買入価格が¥100.50のとき，単利最終利回りは何パーセントか。（パーセントの小数第3位未満切り捨て）

答 _____

(6) 10年後に償還される2.6％利付社債の買入価格が¥96.60のとき，単利最終利回りは何パーセントか。（パーセントの小数第3位未満切り捨て）

答 _____

例3 株式を次のとおり買い入れた。支払総額はいくらか。（手数料の円未満切り捨て）

銘柄	約定値段	株数	手数料
A	1株につき¥360	7,000株	約定代金の0.864%＋¥2,800
B	1株につき¥1,820	6,000株	約定代金の0.326%＋¥16,270

答 _____

例4 株式を次のとおり売却した。手取金の総額はいくらか。（手数料の円未満切り捨て）

銘柄	約定値段	株数	手数料
A	1株につき¥1,260	7,000株	約定代金の0.5616%＋¥6,329
B	1株につき¥2,950	8,000株	約定代金の0.2592%＋¥15,999

答 _____

(1) 株式を次のとおり買い入れた。支払総額はいくらか。（手数料の円未満切り捨て）

銘柄	約定値段	株数	手数料
A	1株につき¥160	3,000株	約定代金の0.2237%＋¥1,800
B	1株につき¥2,820	8,000株	約定代金の0.1359%＋¥13,260

答 _____

(2) 株式を次のとおり買い入れた。支払総額はいくらか。（手数料の円未満切り捨て）

銘柄	約定値段	株数	手数料
A	1株につき¥380	2,000株	約定代金の0.4357%＋¥2,570
B	1株につき¥4,950	5,000株	約定代金の0.2969%＋¥35,460

答 _____

(3) 株式を次のとおり買い入れた。支払総額はいくらか。（手数料の円未満切り捨て）

銘柄	約定値段	株数	手数料
A	1株につき¥250	7,000株	約定代金の0.9170%＋¥2,585
B	1株につき¥3,720	4,000株	約定代金の0.4265%＋¥46,910

答 _____

(4) 株式を次のとおり売却した。手取金の総額はいくらか。（手数料の円未満切り捨て）

銘柄	約定値段	株数	手数料
A	1株につき¥960	5,000株	約定代金の0.650%＋¥7,200
B	1株につき¥1,870	6,000株	約定代金の0.545%＋¥13,480

答 _____

(5) 株式を次のとおり売却した。手取金の総額はいくらか。（手数料の円未満切り捨て）

銘柄	約定値段	株数	手数料
A	1株につき¥480	4,000株	約定代金の0.760%＋¥6,800
B	1株につき¥2,670	2,000株	約定代金の0.396%＋¥25,730

答 _____

(6) 株式を次のとおり売却した。手取金の総額はいくらか。（手数料の円未満切り捨て）

銘柄	約定値段	株数	手数料
A	1株につき¥690	5,000株	約定代金の0.560%＋¥8,300
B	1株につき¥4,760	7,000株	約定代金の0.273%＋¥42,180

答 _____

（解答→ 別冊 p.15）

第　学年　　組　　番
名前

	例1－2	例3－4	合計
例	／2	／2	
練	／6	／6	／16

例題・練習問題の復習⑲

【p.78 例題】

例5 次の株式の利回りはそれぞれ何パーセントか。
（パーセントの小数第 1 位未満 4 捨 5 入）

銘柄	配当金	時価	利回り
D	1 株につき年 ¥3.50	¥342	
E	1 株につき年 ¥6.40	¥570	
F	1 株につき年 ¥36.60	¥2,150	

例6 次の株式の指値はそれぞれいくらか。（円未満切り捨て）

銘柄	配当金	希望利回り	指値
D	1 株につき年 ¥2.70	1.4%	
E	1 株につき年 ¥5.50	2.3%	
F	1 株につき年 ¥42.00	1.7%	

【p.79 練習問題】

（1） 次の株式の利回りはそれぞれ何パーセントか。
（パーセントの小数第 1 位未満 4 捨 5 入）

銘柄	配当金	時価	利回り
D	1 株につき年 ¥3.20	¥188	
E	1 株につき年 ¥6.50	¥269	
F	1 株につき年 ¥47.00	¥3,206	

（2） 次の株式の利回りはそれぞれ何パーセントか。
（パーセントの小数第 1 位未満 4 捨 5 入）

銘柄	配当金	時価	利回り
D	1 株につき年 ¥2.70	¥245	
E	1 株につき年 ¥8.90	¥670	
F	1 株につき年 ¥53.00	¥4,320	

（3） 次の株式の利回りはそれぞれ何パーセントか。
（パーセントの小数第 1 位未満 4 捨 5 入）

銘柄	配当金	時価	利回り
D	1 株につき年 ¥4.20	¥372	
E	1 株につき年 ¥6.70	¥490	
F	1 株につき年 ¥32.00	¥2,150	

(4) 次の株式の指値はそれぞれいくらか。（円未満切り捨て）

銘柄	配当金	希望利回り	指値
D	1株につき年￥5.30	0.7%	
E	1株につき年￥7.50	1.6%	
F	1株につき年￥62.00	2.5%	

(5) 次の株式の指値はそれぞれいくらか。（円未満切り捨て）

銘柄	配当金	希望利回り	指値
D	1株につき年￥6.30	1.6%	
E	1株につき年￥8.70	1.3%	
F	1株につき年￥42.00	2.7%	

(6) 次の株式の指値はそれぞれいくらか。（円未満切り捨て）

銘柄	配当金	希望利回り	指値
D	1株につき年￥3.40	2.3%	
E	1株につき年￥5.50	2.7%	
F	1株につき年￥73.00	1.5%	

（解答→ 別冊 p.15）

第　学年　　組　　番
名前

	例5-6	合計
例	／2	／8
練	／6	

ビジネス計算実務検定試験　第1級の注意事項

ここから先では，実際の試験と同じ形式の模擬試験問題や，最新の過去問題に挑戦してみよう！
その前に，いったん，試験を受けるうえでの注意事項や，気をつけたいポイントについて確認しておこう！

【試験を受けるうえでの基本的な注意事項】

1．計算用具はそろばん・電卓どちらを使用してもかまいません。ただし，計算用具などの物品の貸し借りはできないため，必要なものは忘れないように持っていきましょう。

2．普通計算部門では，そろばんの受験者は問題中の □□□□□ で示した部分のみ解答します。電卓の受験者はすべてに解答しましょう。

3．問題用紙の表紙と問題用紙の指定欄に試験場校名・受験番号を記入し，普通計算部門では，受験する計算用具に○印を記入しましょう。

4．試験委員の指示があるまでは，問題用紙を開かないようにしましょう。

5．試験は「始め」の合図で開始し，「止め」の合図があったら解答の記入を中止し，ただちに問題用紙を閉じましょう。

6．問題用紙等の回収については試験委員の指示にしたがいましょう。

【解答を記入するさいの注意事項】

1．答えに「¥, $, €, £」のような名数記号や，「％」などの記号がないものは誤答となります。
　　ただし，減価償却計算表・年賦償還表・積立金表は「¥」の記号を必要としません（あってもよい）。

2．答えの整数部分には3桁ごとの「,」がついていなければ誤答となります（300000→誤答　300,000→正答）。

3．1つの問題で2つ以上の答えを求めるものは，その全部が正答でなければ誤答となるので，注意しましょう。

4．答えが「$23.60」（€23.60　£23.60）のような場合，末尾の「0」がないものは誤答となるので注意しましょう。
　　ただし，「$24.00」（€24.00　£24.00）のような場合は「$24」（€24　£24）でも正答となります。
　　構成比率が「52.50％」のような場合，「52.5％」でも正答となります。また，「43.00％」のような場合，「43％」でも正答となります。

5．「パーセント」で表わす答えを「割・分・厘」や「小数」で表わした場合は誤答となります。

6．答えの訂正には消しゴムを使用することができます。消しゴムを使用しない場合は，記号と全数字を横線で消し，書きなおしていなければ誤答となります。また，この場合の1字訂正は認められないので注意しましょう。

7．数字や記号，コンマ，ポイントは，判読できるように記入しましょう。また，コンマとポイントの位置は，数字から極端に離れないように記入しましょう。

正　答	誤　答
¥52　（52円も可）	52¥, 円52, ¥52.0
$8.30	$8.3
€4.00　（€4）	€4.0
円未満4捨5入，切り捨ての場合 ¥16,305	¥16,305.~~2~~ （2を消しゴムで消した場合は正答）
%の小数第1位までを求めるとき 82.0%	82.00%

═══ 【問題を解くうえでの注意事項】 ═══

1．普通計算部門では，計算を 1 つでも間違えると構成比率がすべてズレてしまいかねないので，注意して計算しましょう。特に，見取算では，電卓操作などのさいに問題から目を離し，次に計算する行を間違えてしまう可能性もあるので，計算している行を指さしするなど，行を間違えないように工夫しましょう。
2．ビジネス計算部門では，「両端入れ」「片落とし」「円未満切り捨て」「4 捨 5 入」など，問題文中の（　）の指示をよく確認しましょう。

MEMO

第1回 ビジネス計算実務検定模擬試験 （制限時間 A・B・C 合わせて 30 分）

第 1 級 普 通 計 算 部 門

（A）乗 算 問 題

（注意）円未満 4 捨 5 入、構成比率はパーセントの小数第 2 位未満 4 捨 5 入

1	¥ 3,195 × 81,292 =
2	¥ 67,213 × 5,821 =
3	¥ 379,420 × 90.37 =
4	¥ 61,873 × 10,392 =
5	¥ 9,868 × 0.658492 =

答えの小計・合計		合計 A に対する構成比率	
小計(1)~(3)	(1)	(1)~(3)	
	(2)		
	(3)		
小計(4)~(5)	(4)	(4)~(5)	
	(5)		
合計 A (1)~(5)			

（注意）セント未満 4 捨 5 入、構成比率はパーセントの小数第 2 位未満 4 捨 5 入

6	€ 138.32 × 8.27271 =
7	€ 421.84 × 2,769.25 =
8	€ 4,219.01 × 2,337 =
9	€ 44.61 × 7,395.28 =
10	€ 3,029.57 × 4,922 =

答えの小計・合計		合計 B に対する構成比率	
小計(6)~(8)	(6)	(6)~(8)	
	(7)		
	(8)		
小計(9)~(10)	(9)	(9)~(10)	
	(10)		
合計 B (6)~(10)			

第 学年	組	番
名前		

120

（B）除 算 問 題

（注意）円未満４捨５入，構成比率はパーセントの小数第２位未満４捨５入

1	¥ 219,446,790 ÷ 29,143 =
2	¥ 7,872,114 ÷ 932.38 =
3	¥ 69,287,699 ÷ 7,397 =
4	¥ 32,104,254 ÷ 4,523 =
5	¥ 6,504,978 ÷ 2,134.5 =

答えの小計・合計	合計Ｃに対する構成比率	
小計(1)〜(3)	(1)	(1)〜(3)
	(2)	
	(3)	
小計(4)〜(5)	(4)	(4)〜(5)
	(5)	
合計Ｃ (1)〜(5)		

（注意）セント未満４捨５入，構成比率はパーセントの小数第２位未満４捨５入

6	$ 3,598.82 ÷ 2,181.29 =
7	$ 1,032,740.25 ÷ 2,603 =
8	$ 286,634.1 ÷ 67,285 =
9	$ 204.34 ÷ 0.0817 =
10	$ 14,807.46 ÷ 235.6 =

答えの小計・合計	合計Ｄに対する構成比率	
小計(6)〜(8)	(6)	(6)〜(8)
	(7)	
	(8)	
小計(9)〜(10)	(9)	(9)〜(10)
	(10)	
合計Ｄ (6)〜(10)		

（解答→別冊 p.16）

		A 乗算		B 除算		C 見取算		普通計算 合計点
		正答数	得点	正答数	得点	正答数	得点	
珠算	(1)〜(10)		×10点		×10点		×10点	
電卓	(1)〜(10)		×5点		×5点		×5点	
	小計・合計・ 構成比率		×5点		×5点		×5点	

そろばん	
電 卓	

第　　学年　　組　　　番

名前

121

第1回 ビジネス計算実務検定模擬試験

第 1 級　普 通 計 算 部 門　(制限時間 A・B・C 合わせて 30 分)

（C）見 取 算 問 題

(注意) 構成比率はパーセントの小数第 2 位未満 4 捨 5 入

No.	1	2	3	4	5
1	13,850,290	79,818	350,804	2,503,723,795	4,690,325
2	2,465,317	86,457	839,616	685,174,023	9,467,101
3	84,075,793	94,124	7,260,138	94,523,146	546,879
4	1,769,528	−57,090	632,499	−891,682,769	4,272,379
5	46,845,018	−27,821	874,151	−457,809,345	105,246
6	20,913,740	91,254	7,905,710	492,046,109	764,591
7	6,283,953	87,096	840,379	−845,679,230	3,267,371
8	31,583,216	61,413	6,711,495	−1,653,019,487	7,052,601
9	9,342,569	52,703	963,431	−3,160,847	47,829
10	2,107,375	816,540	142,326	45,867,356	205,190
11	39,864,241	−28,372	8,206,831		8,065,689
12	1,106,827	−39,749	8,075,124		71,279
13		42,485	710,749		1,498,435
14		90,626	4,657,873		5,086,037
15		219,207	920,356		218,596
16		35,967	6,140,284		
17		−10,349			
18		42,803			
19		67,503			
20		93,617			
計					

答えの	小計	小計(1)～(3)			小計(4)～(5)	
	合計	合計 E (1)～(5)				

合計 E に		(1)	(2)	(3)	(4)	(5)
対する	構成比率	(1)～(3)			(4)～(5)	

122

(注意) 構成比率はパーセントの小数第2位未満4捨5入

No.	6 £	7 £	8 £	9 £	10 £
1	4,601,928.67	136,204.84	95,881.93	874,736.62	8,231.69
2	51,306.09	81,621.93	4,683.26	604,903.19	73,685.04
3	3,783,158.14	654.01	42,395.48	2,473,980.57	67,081.23
4	615,209.90	829,317.30	-958,670.85	1,392,417.82	532,114.85
5	4,347,916.83	9,604.76	29,327.34	610,946.57	-9,027.38
6	212,872.09	816,250.39	380,168.12	5,341,578.90	-724.67
7	9,845,027.63	4,979.68	23,606.97	941,025.93	10,348.09
8	505,246.73	79,578.23	58,719.01	15,365.48	958.07
9	7,023,951.98	207.45	7,524.16	32,874.03	9,156.94
10	2,469,643.25	41,806.27	-1,790.29	2,352,817.86	-674.05
11		19,607.19	-31,045.76	655,409.21	20,602.36
12		361.74	992,064.08	86,852.94	517.63
13		841.83	24,973.48		1,803.42
14					-926.51
15		49,325.40			351.49
計					

答えの 小計 合計	小計(6)〜(8)			小計(9)〜(10)	
	合計 F (6)〜(10)				

合計 F に 対する 構成比率	(6)	(7)	(8)	(9)	(10)
	(6)〜(8)			(9)〜(10)	

第 学年 組 番		そろばん	卓
名前		電	

(C) 見取算得点		総 得 点

第 1 級　ビジネス計算部門 (制限時間30分)

(注意) I. 減価償却費・複利・複利年金の計算については，別紙の数表を用いること。
　　　　II. 答えに端数が生じた場合は（ ）内の条件によって処理すること。

(1) ￥52,360,000 を年利率 0.262％の単利で 1 年 5 か月間貸し付けた。元利合計は
いくらか。（円未満切り捨て）

答 _____

(2) 額面 ￥71,450,000 の約束手形を割引率年 1.75％で 8 月 18 日に割り引くと，割
引料はいくらか。ただし，満期日は 10 月 10 日とする。（両端入れ，円未満切り捨て）

答 _____

(3) 100 米トンにつき $19,700 の商品を 60kg建にすると円でいくらか。ただし，1 米
トン = 907.2kg，$1 = ￥109.50 とする。（計算の最終で円未満 4 捨 5 入）

答 _____

(4) 取得価額 ￥86,350,000　耐用年数 15 年の固定資産を定率法で減価償却すれば，
第 3 期首帳簿価額はいくらになるか。ただし，決算は年 1 回，残存価額 ￥1 とする。
（毎期償却限度額の円未満切り捨て）

答 _____

(5) ある商品を定価から値引きして ￥78,948,000 で販売したところ，原価の 16.1％
の利益となった。原価の 35％の利益を見込んで予定売価（定価）をつけていたとすれば，
値引額は予定売価（定価）の何パーセントであったか。

答 _____

(6) 毎年末に ￥480,000 ずつ 12 年間支払う年金の終価はいくらか。ただし，年利率
3.5％，1 年 1 期の複利とする。（円未満 4 捨 5 入）

答 _____

(7) 次の株式の利回りは，それぞれ何パーセントか。（パーセントの小数第 1 位未満 4 捨
5 入）

銘柄	配　当　金	時　価	利　回　り
A	1 株につき　　￥2.50	￥146	
B	1 株につき　　￥6.40	￥237	
C	1 株につき年 ￥53.00	￥6,320	

(8) 株式を次のとおり買い入れた。支払総額はいくらか。（それぞれの手数料円未満切り捨て）

銘柄	約定値段	株数	手数料
D	1株につき ¥763	4,000株	約定代金の0.8212% + ¥2,450
E	1株につき ¥2,935	2,000株	約定代金の0.6825% + ¥15,910

答 _____

(9) 6年後に支払う負債 ¥87,500,000 を年利率4.5%，1年1期の複利で割り引いて，いま支払うとすればその金額はいくらか。（¥100未満切り上げ）

答 _____

(10) 毎半年初めに ¥250,000 ずつ6年間支払う負債を，いま一時に支払えば，その金額はいくらか。ただし，年利率4%，半年1期の複利とする。（円未満4捨5入）

答 _____

(11) 仲立人が売り主から3.15%，買い主から2.93%の手数料を受け取る約束で商品の売買を仲介したところ，仲立人の手数料合計が ¥5,569,280 となった。売り主の手取金はいくらか。

答 _____

(12) 取得価額 ¥28,650,000 耐用年数35年の固定資産を定額法で減価償却すれば，第6期末減価償却累計額はいくらになるか。ただし，決算は年1回，残存簿価¥1とする。

答 _____

(13) 8年後に償還される1.6%利付社債の買入価格が ¥98.75 のとき，単利最終利回りは何パーセントか。（パーセントの小数第3位未満切り捨て）

答 _____

(14) ある商品を ¥3,760,000 で仕入れ，諸掛り ¥180,000 を支払った。この商品に諸掛込原価の25%の利益をみて予定売価（定価）をつけたが，値引きして ¥4,580,250 で販売した。値引額は予定売価（定価）の何パーセントか。

答 _____

(15) ¥1,400,000 を年利率3.5%，1年1期の複利で借り入れた。これを毎年末に等額ずつ支払って5年間で完済するとき，毎期の年賦金はいくらになるか。
（円未満4捨5入）

答 _____

126

(16) 翌年 1 月 27 日満期, 額面 ¥73,852,690 の手形を 11 月 15 日に割引率 2.75%
で割り引くと, 手取金はいくらか。ただし, 手形金額の ¥100 未満には割引料を計算
しないものとする。(両端入れ, 割引料の円未満切り捨て)

答 _____

(17) 5kg につき ¥5,800 の商品を 4,400kg 仕入れ, 諸掛り ¥354,000 を支払った。こ
の商品に諸掛込原価の 2 割 5 分の利益を見込んで予定売価(定価)をつけたが, 全体
の $\frac{2}{5}$ は予定売価(定価)から 1 割 5 分引きで販売し, 残り全部は予定売価(定価)か
ら ¥193,500 値引きして販売した。実売価の総額はいくらか。

答 _____

(18) ¥6,430,000 を年利率 6%, 半年 1 期の複利で 5 年 3 か月間貸し付けると, 期日
に受け取る元利合計はいくらになるか。ただし, 端数期間は単利法による。
(計算の最終で円未満 4 捨 5 入)

答 _____

(19) 次の 3 口の借入金の利息合計を積数法によって求めなさい。ただし, いずれも期日
は 12 月 25 日, 利率は 2.45% とする。
(片落とし, 円未満切り捨て)

借入金額	借入日
¥17,350,000	8 月 3 日
¥60,830,000	8 月 27 日
¥59,240,000	9 月 8 日

答 _____

(20) 毎年末に等額ずつ積み立てて, 4 年後に ¥9,500,000 を得たい。年利率 3.5%,
1 年 1 期の複利として, 次の積立金表を作成せよ。(積立金および毎期積立金利息の円
未満 4 捨 5 入, 過不足は最終期末の利息で調整)

期数	積 立 金	積立金利息	積立金増加高	積立金合計高
1				
2				
3				
4				
計				——

第　学年　　組　　番		正答数	総得点
名前		×5点	

公益財団法人　全国商業高等学校協会主催

文　部　科　学　省　後　援

第2回　ビジネス計算実務検定模擬試験

第 1 級　普通計算部門　（制限時間 A・B・C 合わせて 30 分）

（A）乗算問題

(注意) 円未満 4 捨 5 入、構成比率はパーセントの小数第 2 位未満 4 捨 5 入

		答えの小計・合計	合計 A に対する構成比率
1	¥ 4,537 × 68,756 =	(1)	(1)～(3)
2	¥ 64,855 × 1,894 =	(2)	
3	¥ 645,958 × 38.14 =	(3)	
4	¥ 38,410 × 15,872 =	(4)	(4)～(5)
5	¥ 94,216 × 0.080714 =	(5)	
		小計(1)～(3)	
		小計(4)～(5)	
		合計 A (1)～(5)	

(注意) ペンス未満 4 捨 5 入、構成比率はパーセントの小数第 2 位未満 4 捨 5 入

		答えの小計・合計	合計 B に対する構成比率
6	£ 64.79 × 30,549 =	(6)	(6)～(8)
7	£ 26,594.84 × 64.25 =	(7)	
8	£ 97,684.17 × 2.314 =	(8)	
9	£ 528.53 × 8,482 =	(9)	(9)～(10)
10	£ 74.21 × 4,576.91 =	(10)	
		小計(6)～(8)	
		小計(9)～(10)	
		合計 B (6)～(10)	

第　　学年　　　組　　　番

名前

128

（B）除算問題

(注意) 円未満4捨5入、構成比率はパーセントの小数第2位未満4捨5入

1	¥ 543,716,525 ÷ 824.5 =
2	¥ 57,045,204 ÷ 564,804 =
3	¥ 3,439 ÷ 0.00361 =
4	¥ 58,059,7444 ÷ 87.02 =
5	¥ 97,388,629 ÷ 5,194 =

答えの小計・合計	合計Cに対する構成比率	
小計(1)～(3)	(1)	(1)～(3)
	(2)	
	(3)	
小計(4)～(5)	(4)	(4)～(5)
	(5)	
合計C (1)～(5)		

(注意) セント未満4捨5入、構成比率はパーセントの小数第2位未満4捨5入

6	$ 41,059.2 ÷ 315,840 =
7	$ 126.8 ÷ 0.142 =
8	$ 54,368.73 ÷ 20.15 =
9	$ 3,208.34 ÷ 51.24 =
10	$ 9,016,256.70 ÷ 28,167 =

答えの小計・合計	合計Dに対する構成比率	
小計(6)～(8)	(6)	(6)～(8)
	(7)	
	(8)	
小計(9)～(10)	(9)	(9)～(10)
	(10)	
合計D (6)～(10)		

(解答→別冊 p.20)

	A 乗算		B 除算		C 見取算		普通計算
	正答数	得点	正答数	得点	正答数	得点	合計点
珠算 (1)～(10)	×10点		×10点		×10点		
電卓 (1)～(10)	×5点		×5点		×5点		
小計・合計・構成比率	×5点		×5点		×5点		

そろばん	
電卓	

第 　 学年 　 組 　 番

名前

第2回 ビジネス計算実務検定模擬試験

第 1 級　普通計算部門　（制限時間 A・B・C 合わせて 30 分）

（C）見取算問題

（注意）構成比率はパーセントの小数第 2 位未満 4 捨 5 入

No.	1	2	3	4	5
1	¥ 480,935	¥ 145,637,192	¥ 8,424,380	¥ 76,143	¥ 15,703,629
2	347,120	24,678,348	43,591,273	−56,983	8,345,766
3	1,597,364	230,875,914	−15,082	50,957	7,168,490
4	315,740	13,289,073	−647,815	−49,180	913,192,087
5	621,902	40,286,301	9,751,704	−23,472	53,268,189
6	1,390,278	1,276,491,547	38,925	143,786	4,235,208
7	584,507	302,484,369	21,050	76,215	804,676,398
8	108,612	2,176,286,530	−753,496	25,137	7,569,027
9	36,579	289,529,735	−39,625	−79,884	87,591,416
10	372,601	46,950,217	56,197	−23,957	6,745,431
11	2,193,469		87,413	−1,754,256	96,015,097
12	409,138		−2,075,499	69,828	49,238,467
13	67,269		−14,892,587	−345,751	7,180,513
14	645,987		72,069	−86,409	
15	198,851		58,602	−495,436	
16			309,318	−282,039	
17			286,246	30,695	
18				418,760	
19				32,746	
20				21,390	
計					

答えの 小計 合計	小計(1)～(3)			小計(4)～(5)	
	合計 E(1)～(5)				

合計 E に 対する 構成比率	(1)	(2)	(3)	(4)	(5)
	(1)～(3)			(4)～(5)	

（注意）構成比率はパーセントの小数第 2 位未満 4 捨 5 入

No.	6 €	7 €	8 €	9 €	10 €
1	7,630.26	21,673,958.54	1,846,504.38	67,389.27	98,062.51
2	370,641.03	41,605,782.89	4,683.26	25,468.01	73,685.04
3	58,427.45	-25,723,468.48	13,241,672.58	792.84	5,024.86
4	4,695,172.78	38,450,418.27	510,847.75	-237.25	949.18
5	650,986.79	19,793,035.12	291,037.29	-985.68	267,451.83
6	1,356,124.57	28,935,147.06	2,319,593.81	-105.83	90,124.68
7	43,605.08	-56,409,824.53	749,109.65	80,642.57	561,860.37
8	8,278.19	-9,534,609.81	2,058,730.16	9,387.61	927,058.21
9	20,149.20	17,615,843.78	7,524.16	41,861.36	9,156.94
10	8,196,573.94	1,568,783.13	1,790.29	6,320.51	674.05
11	15,396.31		3,262,481.04	-2,747.48	20,602.36
12	70,828.85			-260.19	1,695.71
13				1,296.89	1,803.42
14				85,021.26	226.51
15				4,754.95	
計					

答えの 小計 合計	小計(6)～(8)	(6)	(7)	(8)	小計(9)～(10)	(9)	(10)
	合計 F (6)～(10)						

| 合計 F に 対する 構成比率 | (6)～(8) | (6) | (7) | (8) | (9)～(10) | (9) | (10) |

（第 2 回模擬試験）

第 学年	組	番
名前		

そろばん	
電 卓	

（C） 見取算得点	

総 得 点	

第 1 級　ビジネス計算部門 <small>(制限時間 30 分)</small>

(注意) Ⅰ. 減価償却費・複利・複利年金の計算については, 別紙の数表を用いること。
　　　 Ⅱ. 答えに端数が生じた場合は (　) 内の条件によって処理すること。

(1) 10 月 15 日満期, 額面 ¥96,420,000 の手形を割引率年 3.45％で 7 月 4 日に割り引くと, 割引料はいくらか。(両端入れ, 円未満切り捨て)

答 ＿＿＿＿＿＿＿＿＿＿＿＿

(2) ¥45,300,000 を単利で 1 年 3 か月間借り入れたところ, 期日に元利合計 ¥45,372,480 を支払った。利率は年何パーセントであったか。パーセントの小数第 3 位まで求めよ。

答 ＿＿＿＿＿＿＿＿＿＿＿＿

(3) 取得価額 ¥86,450,000　耐用年数 20 年の固定資産を定額法で減価償却すれば, 第 10 期首帳簿価額はいくらになるか。ただし, 決算は年 1 回, 残存簿価 ¥1 とする。

答 ＿＿＿＿＿＿＿＿＿＿＿＿

(4) 10 米ガロンにつき $576.30 の商品を 50L 建にすると円でいくらか。ただし, 1 米ガロン = 3.785L, $1 = ¥107.50 とする。(計算の最終で円未満 4 捨 5 入)

答 ＿＿＿＿＿＿＿＿＿＿＿＿

(5) 次の株式の指値はそれぞれいくらか。(銘柄 A・B は円未満切り捨て, C は ¥5 未満は切り捨て・¥5 以上 ¥10 未満は ¥5 とする)

銘柄	配　　当　　金	希望利回り	指　値
A	1 株につき年　　　¥3.30	0.7%	
B	1 株につき年　　　¥9.70	1.6%	
C	1 株につき年　　　¥86.00	2.4%	

(6) 毎年末に ¥880,000 ずつ 8 年間支払う負債を, いま一時に支払えば, その金額はいくらか。ただし, 年利率 3％, 1 年 1 期の複利とする。(円未満 4 捨 5 入)

答 ＿＿＿＿＿＿＿＿＿＿＿＿

(7) ある商品に原価の 2 割 2 分の利益を見込んで予定売価 (定価) をつけたが, 予定売価 (定価) から ¥1,377,100 値引きして販売したところ, 実売価が ¥5,772,100 となった。損失額は原価の何分何厘か。

答 ＿＿＿＿＿＿＿＿＿＿＿＿

（8）1.7％利付社債，額面 ¥9,500,000 を 10 月 10 日に市場価格 ¥98.65 で買い入れ
　　ると，支払代金はいくらか。ただし，利払日は 6 月 20 日と 12 月 20 日である。
　　（経過日数は片落とし，経過利子の円未満切り捨て）

答 _____

（9）¥67,890,000 を年利率 2.5％，1 年 1 期の複利で 13 年間貸し付けると，期日に
　　受け取る元利合計はいくらになるか。（円未満 4 捨 5 入）

答 _____

（10）毎半年初めに ¥270,000 ずつ 4 年 6 か月間支払う年金の終価はいくらか。ただし，
　　年利率 4％，半年 1 期の複利とする。（円未満 4 捨 5 入）

答 _____

（11）仲立人が売り主から 2.42％，買い主から 2.37％の手数料を受け取る約束で商品の
　　売買を仲介したところ，買い主の支払総額が ¥81,077,040 となった。仲立人の受け
　　取った手数料の合計額はいくらか。

答 _____

（12）取得価額 ¥63,260,000 耐用年数 16 年の固定資産を定率法で減価償却すれば，第
　　3 末償却限度額はいくらになるか。ただし，決算は年 1 回，残存簿価 ¥1 とする。（毎
　　期償却限度額の円未満切り捨て）

答 _____

（13）株式を次のとおり買い入れた。支払総額はいくらか。（それぞれの手数料の円未満切
　　り捨て）

銘柄	約 定 値 段	株 数	手 数 料
D	1 株につき　　　　¥593	8,000 株	約定代金の 0.7620％＋¥4,279
E	1 株につき　　　¥6,308	2,000 株	約定代金の 0.5720％＋¥25,618

答 _____

（14）ある商品を予定売価（定価）から ¥758,000 値引きして販売したところ，原価の
　　15％にあたる ¥1,137,000 の利益となった。予定売価（定価）は原価の何パーセン
　　ト増しであったか。

答 _____

（15）毎年末に等額ずつ積み立てて，8 年後に ¥9,300,000 を得たい。年利率 3.5％，
　　1 年 1 期の複利とすれば，毎期の積立金はいくらになるか。（円未満 4 捨 5 入）

答 _____

（第 2 回模擬試験）

(16) 次の3口の借入金の利息を積数法によって計算すると元利合計はいくらになるか。
　　ただし，いずれも期日は10月25日，利率は2.14%とする。（片落とし，円未満切り捨て）

　　　　借入金額　　　　　　借入日
　　¥35,260,000　　　　7月11日
　　¥47,310,000　　　　8月23日
　　¥12,450,000　　　　9月 7日

答 _____

(17) 1本につき¥3,000の商品を850ダース仕入れ，諸掛り¥5,650,000を支払った。この商品に諸掛込原価の32%の利益を見込んで予定売価（定価）をつけたが，全体の$\frac{2}{5}$は予定売価（定価）の18%引きで販売し，残り全部は予定売価（定価）から¥1,747,500値引きして販売した。この商品全体の利益額はいくらか。

答 _____

(18) 5年9か月後に支払う負債¥17,640,000を年利率5%，半年1期の複利で割り引いて，いま支払うとすればその金額はいくらか。ただし，端数割引は真割引による。（計算の最終で¥100未満切り上げ）

答 _____

(19) 額面¥24,000,000の約束手形を割引率年2.14%で11月9日に割り引くと，手取金はいくらか。ただし，満期は2月16日とする。（両端入れ，割引料の円未満切り捨て）

答 _____

(20) ¥6,500,000を年利率4%，1年1期の複利で借り入れ，毎年末に等額ずつ支払って8年間で完済するとき，次の年賦償還表の第4期末まで記入せよ。（年賦金および毎期支払利息の円未満4捨5入）

期数	期首未済元金	年　賦　金	支　払　利　息	元金償還高
1				
2				
3				
4				

公益財団法人　全国商業高等学校協会主催

文　部　科　学　省　後　援

第3回　ビジネス計算実務検定模擬試験

第1級　普通計算部門 （制限時間 A・B・C 合わせて 30 分）

（A）乗算問題

(注意) 円未満 4 捨 5 入，構成比率はパーセントの小数第 2 位未満 4 捨 5 入

1	￥ 7,325 × 37,462 =	
2	￥ 8,072 × 14,583 =	
3	￥ 803,121 × 42.82 =	
4	￥ 10,837 × 23,408 =	
5	￥ 691,738 × 0.00235 =	

答えの小計・合計	合計 A に対する構成比率	
小計(1)〜(3)	(1)	(1)〜(3)
	(2)	
	(3)	
小計(4)〜(5)	(4)	(4)〜(5)
	(5)	
合計 A (1)〜(5)		

(注意) ペンス未満 4 捨 5 入，構成比率はパーセントの小数第 2 位未満 4 捨 5 入

6	£ 72.83 × 19,671 =	
7	£ 5,307.68 × 952.25 =	
8	£ 85.43 × 15,378.26 =	
9	£ 9,875.12 × 0.03501 =	
10	£ 1,335.24 × 15,947 =	

答えの小計・合計	合計 B に対する構成比率	
小計(6)〜(8)	(6)	(6)〜(8)
	(7)	
	(8)	
小計(9)〜(10)	(9)	(9)〜(10)
	(10)	
合計 B (6)〜(10)		

第 学年	組	番
名前		

（B）除算問題

（注意）円未満4捨5入、構成比率はパーセントの小数第2位未満4捨5入

1	¥	50,564,472 ÷ 6,132 =
2	¥	2,440,697 ÷ 651.23 =
3	¥	371,221,233 ÷ 5,793 =
4	¥	21,497,735 ÷ 4,549.60 =
5	¥	6,301,350 ÷ 38,190 =

答えの小計・合計	合計Cに対する構成比率	
小計(1)～(3)	(1)	(1)～(3)
	(2)	
	(3)	
小計(4)～(5)	(4)	(4)～(5)
	(5)	
合計C (1)～(5)		

（注意）セント未満4捨5入、構成比率はパーセントの小数第2位未満4捨5入

6	€	477,667.02 ÷ 825.2 =
7	€	19,842.43 ÷ 120,384 =
8	€	978,181.65 ÷ 2,655 =
9	€	444,286.32 ÷ 403.52 =
10	€	139.58 ÷ 0.3926 =

答えの小計・合計	合計Dに対する構成比率	
小計(6)～(8)	(6)	(6)～(8)
	(7)	
	(8)	
小計(9)～(10)	(9)	(9)～(10)
	(10)	
合計D (6)～(10)		

（解答→別冊 p.24）

	A 乗算		B 除算		C 見取算		普通計算
	正答数	得点	正答数	得点	正答数	得点	合計点
珠算	(1)～(10)	×10点	(1)～(10)	×10点	(1)～(10)	×10点	
電卓	(1)～(10)	×5点		×5点		×5点	
	小計・合計・構成比率	×5点		×5点		×5点	

そろばん	
電卓	

第　　学年　　組　　番

名前

第3回 ビジネス計算実務検定模擬試験

第 1 級　普 通 計 算 部 門　(制限時間 A・B・C 合わせて 30分)

(C) 見 取 算 問 題

(注意) 構成比率はパーセントの小数第 2 位未満 4 捨 5 入

No.	1	2	3	4	5
1	¥ 5,192,684	¥ 236,079,806	¥ 387,920	¥ 37,901	¥ 3,284,967
2	81,239,437	2,952,798,014	5,691,412	57,648	620,709
3	4,768,318	−917,945,305	23,984	45,780	85,690,618
4	1,495,127	89,423,574	601,782	−963,150	124,893,280
5	71,045,260	2,361,849,158	29,040	−76,197	5,204,354
6	89,376,083	1,269,901,627	45,139	23,541	378,981
7	7,309,279	−83,548,793	158,764	43,950	215,062,094
8	61,452,895	−5,438,615,912	43,806	−72,819	7,548,752
9	48,796,147	17,680,726	356,738	−289,257	4,319,143
10	3,168,021	50,123,064	7,923,946	21,976	974,185
11	4,651,463		496,817	15,148	20,460,573
12	25,838,079		23,659	243,128	6,573,016
13			2,718,019	23,643	23,969,471
14			5,603,107	−69,084	825,390
15			12,259	−198,740	17,319,286
16			8,045,085	−81,603	
17			17,564	20,525	
18				112,702	
19				40,690	
20				35,384	
計					

答えの	小計(1)〜(3)			小計(4)〜(5)	
小計 合計	合計 E (1)〜(5)				

	(1)	(2)	(3)	(4)	(5)
合計 E に 対する 構成比率	(1)〜(3)			(4)〜(5)	

(注意) 構成比率はパーセントの小数第2位未満4捨5入

No.	6	7	8	9	10
	$		$	$	$
1	6,941,754.79	159,257.83	58,404.23	30,754,689.72	94,176.25
2	9,372,637.20	690,365.82	4,683.26	1,281.64	73,685.04
3	5,411,083.48	4,631,727.05	-1,681.28	391,934.78	5,192.74
4	6,526,980.26	2,507,509.37	-290.98	4,786,073.61	40,024.59
5	2,773,419.53	986,048.12	-3,053.71	526.49	76,820.81
6	3,042,091.09	259,357.14	770.84	201,457.11	-69,120.58
7	7,695,841.36	47,812,684.92	9,214.83	16,524.31	-4,819.11
8	4,164,792.65	1,098,174.23	-6,793.52	29,315.29	857,501.23
9	8,090,371.47	371,030.49	7,524.16	294.08	9,156.94
10	3,508,260.82	679,346.27	-1,790.29	18,724.25	-674.05
11		126,370.59	7,167.46	1,879.53	20,602.36
12			96,302.37	28,506.94	254.09
13			184.72	1,061.27	183.42
14			6,293.12	783.17	-926.51
15			9,450.65		
計					

答えの小計合計	小計(6)～(8)		小計(9)～(10)
	合計 F (6)～(10)		

合計Fに対する構成比率	(6)	(7)	(8)	(9)	(10)
	(6)～(8)			(9)～(10)	

そろばん	
電 卓	

(C) 見取算得点	

第 学年	組	番
名前		

総 得 点	

第 1 級　ビジネス計算部門 <small>（制限時間 30 分）</small>

（注意）Ⅰ．減価償却費・複利・複利年金の計算については，別紙の数表を用いること。
　　　　Ⅱ．答えに端数が生じた場合は（　）内の条件によって処理すること。

(1) 元金 ¥21,900,000 を年利率 0.375% の単利で貸し付けたところ，元利合計
¥21,919,350 を受け取った。貸付期間は何日間であったか。

答 _____

(2) 50lb につき £42.60 の商品を 60kg 建にすると円でいくらになるか。ただし，1lb
= 0.4536kg，£1 = ¥123.70 とする。（計算の最終で円未満4捨5入）

答 _____

(3) 9 月 15 日満期，額面 ¥64,530,000 の手形を割引率年 3.75% で 7 月 14 日に割
り引くと，割引料はいくらか。（両端入れ，円未満切り捨て）

答 _____

(4) 取得原価 ¥53,750,000 耐用年数 15 年の固定資産を定率法で減価償却すれば，第
3 期末償却限度額はいくらになるか。ただし，決算は年 1 回，残存簿価 ¥1 とする。
（毎期償却限度額の円未満切り捨て）

答 _____

(5) ある商品を予定売価（定価）から ¥2,380,000 値引きして販売したところ，原価の
12% の利益となった。値引額が予定売価（定価）の 4% にあたるとすれば，利益額は
いくらであったか。

答 _____

(6) 毎半年末に ¥310,000 ずつ 3 年 6 か月間支払う年金の終価はいくらか。ただし，年
利率 4%，半年 1 期の複利とする。（円未満4捨5入）

答 _____

(7) 次の株式の利回りは，それぞれ何パーセントか。（パーセントの小数第 1 位未満4捨
5 入）

銘柄	配　　当　　金	時　　価	利　回　り
A	1 株につき　　¥3.70	¥175	
B	1 株につき　　¥5.10	¥326	
C	1 株につき年 ¥72.00	¥5,290	

(8) 株式を次のとおり売却した。手取金の総額はいくらか。（それぞれの手数料円未満切り捨て）

銘柄	約 定 値 段	株 数	手 数 料
D	１株につき　　　￥165	4,000株	約定代金の 0.9140% ＋ ￥2,585
E	１株につき　￥4,720	3,000株	約定代金の 0.6825% ＋ ￥54,910

答 _____

(9) ４年６か月後に支払う負債 ￥56,380,000 を年利率 4%，半年 １ 期の複利で割り引いて，いま支払うとすればその金額はいくらか。（￥100 未満切り上げ）

答 _____

(10) 毎年初めに ￥170,000 ずつ 11 年間支払う負債を，いま一時に支払えば，その金額はいくらか。ただし，年利率 5%，１年 １ 期の複利とする。（円未満 4 捨 5 入）

答 _____

(11) ８年後に償還される 1.7% 利付社債の買入価格が ￥98.55 のとき，単利最終利回りは何パーセントか。（パーセントの小数第 3 位円未満切り捨て）

答 _____

(12) 取得価額 ￥38,470,000 耐用年数 28 年の固定資産を定額法で減価償却すれば，第 10 期首帳簿価額はいくらになるか。ただし，決算は年 1 回，残存簿価 ￥1 とする。

答 _____

(13) 仲立人がある商品の売買を仲介したところ，売り主の手取金が売買価額の 3.82% の手数料を差し引いて ￥88,004,700 であった。買い主の支払った手数料が ￥3,294,000 であれば，買い主の支払った手数料は売買価額の何パーセントであったか。パーセントの小数第 1 位まで求めよ。

答 _____

(14) ある商品を予定売価（定価）から ￥494,000 の値引きをして販売したところ，原価の 5 分の損失となった。値引額が予定売価（定価）の 2 割 6 分にあたるとすれば，損失額はいくらであったか。

答 _____

(15) ￥7,500,000 を年利率 5%，１年 １ 期の複利で借り入れた。これを毎年末に等額ずつ支払って ８ 年間で完済するとき，毎期の年賦金はいくらになるか。（円未満 4 捨 5 入）

答 _____

（第 3 回模擬試験）

(16) 翌年1月27日満期，額面¥46,832,420の約束手形を12月9日に割引率年1.35%で割り引くと，手取金はいくらか。ただし，手形金額の¥100未満には割引料を計算しないものとする。（両端入れ，割引料の円未満切り捨て）

答 _____

(17) ある商品に原価の2割6分の利益を見込んで予定売価（定価）をつけたが，全体の $\frac{2}{3}$ は予定売価（定価）どおりで販売し，残り全部は予定売価（定価）の8掛で販売した。この商品全体の利益額が¥6,776,000であったとすれば，予定売価（定価）はいくらか。

答 _____

(18) ¥48,000,000を年利率6%，半年1期の複利で3年9か月間借り入れると，期日に支払う元利合計はいくらになるか。ただし，端数期間は単利法による。（計算の最終で円未満4捨5入）

答 _____

(19) 次の3口の貸付金の利息を積数法によって計算すると，利息合計はいくらになるか。ただし，いずれも期日は8月28日，利率は2.63%とする。（片落とし，円未満切り捨て）

貸付金額	貸付日
¥24,310,000	5月20日
¥35,460,000	6月14日
¥42,650,000	7月5日

答 _____

(20) 毎年末に等額ずつ積み立てて，6年後に¥9,000,000を得たい。年利率3.5%，1年1期の複利として，次の積立金表の第4期末まで記入せよ。（積立金および毎期積立金利息の円未満4捨5入）

期数	積　立　金	積立金利息	積立金増加高	積立金合計高
1				
2				
3				
4				

公益財団法人 全国商業高等学校協会主催

文 部 科 学 省 後 援

第4回 ビジネス計算実務検定模擬試験

第1級 普通計算部門 （制限時間 A・B・C 合わせて 30分）

（A）乗算問題

（注意）円未満 4 捨 5 入、構成比率はパーセントの小数第 2 位未満 4 捨 5 入

1	¥	444,651 × 6,325 =
2	¥	13,566 × 16,853 =
3	¥	593,131 × 26.420 =
4	¥	7,458 × 3.9867 =
5	¥	25,916 × 2,916 =

答えの小計・合計	合計 A に対する構成比率	
(1)	(1)	(1)～(3)
(2)	(2)	
(3)	(3)	
小計(1)～(3)		
(4)	(4)	(4)～(5)
(5)	(5)	
小計(4)～(5)		
合計 A (1)～(5)		

（注意）セント未満 4 捨 5 入、構成比率はパーセントの小数第 2 位未満 4 捨 5 入

6	$	8,513.67 × 741.4 =
7	$	116.49 × 51,934 =
8	$	77.24 × 70,524.75 =
9	$	209.34 × 354,974 =
10	$	97,684.68 × 3.892 =

答えの小計・合計	合計 B に対する構成比率	
(6)	(6)	(6)～(8)
(7)	(7)	
(8)	(8)	
小計(6)～(8)		
(9)	(9)	(9)～(10)
(10)	(10)	
小計(9)～(10)		
合計 B (6)～(10)		

第 学年 組 番	
名前	

144

（B）除算問題

（注意）円未満４捨５入、構成比率はパーセントの小数第２位未満４捨５入

1	¥	84,374,200 ÷ 60,920 =
2	¥	281,433,225 ÷ 457,615 =
3	¥	8,692,751 ÷ 384.28 =
4	¥	19,395,954 ÷ 6,351 =
5	¥	50,284,652 ÷ 846.65 =

（注意）セント未満４捨５入、構成比率はパーセントの小数第２位未満４捨５入

6	€	314,848.8 ÷ 1,967,805 =
7	€	80,735.97 ÷ 24.65 =
8	€	9,831.47 ÷ 32.15 =
9	€	979,669.8 ÷ 5,932 =
10	€	711,529.61 ÷ 860.5 =

答えの小計・合計	合計Cに対する構成比率	
小計(1)～(3)	(1)	(1)～(3)
	(2)	
	(3)	
小計(4)～(5)	(4)	(4)～(5)
	(5)	
合計C (1)～(5)		

答えの小計・合計	合計Dに対する構成比率	
小計(6)～(8)	(6)	(6)～(8)
	(7)	
	(8)	
小計(9)～(10)	(9)	(9)～(10)
	(10)	
合計D (6)～(10)		

	そろばん	
	電	卓

第　　学年　　組　　番

名前

	A 乗算		B 除算		C 見取算		普通計算 合計点
	正答数	得点	正答数	得点	正答数	得点	
珠算 (1)～(10)	×10点		×10点		×10点		
電卓 (1)～(10)	×5点		×5点		×5点		
小計・合計・構成比率	×5点		×5点		×5点		

（解答→別冊 p.28）

（第４回模擬試験）

145

第4回 ビジネス計算実務検定模擬試験

第 1 級　普 通 計 算 部 門 （制限時間 A・B・C 合わせて30分）

（C）見 取 算 問 題

(注意) 構成比率はパーセントの小数第 2 位未満 4 捨 5 入

No.	1	2	3	4	5
1	2,519,954	326,078,906	38,249,678	397,031	879,320
2	7,239,473	3,172,598,041	709,601	69,748	8,714,621
3	4,578,139	-791,753,405	68,950,186	58,047	23,984
4	1,459,721	48,923,574	2,398,902	-26,253	670,827
5	67,104,260	3,893,614,558	5,402,354	-367,971	90,402
6	89,075,684	3,128,014,827	378,981	46,352	54,139
7	7,903,927	-285,738,493	162,094	84,590	757,864
8	2,654,895	-9,874,695,129	7,985,527	153,864	43,806
9	29,657,148	16,870,826	4,391,146	-72,918	365,783
10	1,836,021	250,132,046	947,158	-246,257	9,237,946
11	15,161,345		10,604,573	81,769	486,917
12	23,856,178		6,537,026	74,851	36,295
13			868,471	73,128	7,810,219
14			285,930	32,643	6,935,107
15			18,293,127	-129,084	13,258
16				-95,470	8,550,865
17				-81,630	75,164
18				291,072	
19				61,954	
20				53,984	
計					

| 答えの | 小計(1)~(3) | | | 小計(4)~(5) | |
| 小計
合計 | 合計E(1)~(5) | | | | |

	(1)	(2)	(3)	(4)	(5)
合計Eに 対する 構成比率	(1)~(3)			(4)~(5)	

146

(注意) 構成比率はパーセントの小数第 2 位未満 4 捨 5 入

No.	6	7	8	9	10
	£	£	£	£	£
1	6,941,754.97	159,527.38	4,804.23	703,489.72	91,476.25
2	9,236,730.27	53,960,365.28	4,683.26	1,826.14	73,685.04
3	5,141,804.38	4,367,121.05	−1,681.28	913,937.48	61,579.74
4	1,256,298.06	270,503.97	−539.81	476.31	164.95
5	2,773,415.93	664,048.11	7,310.71	5,264.49	348,620.86
6	3,504,205.91	532,857.24	6,908.45	204,251.72	−29,504.81
7	7,695,818.36	712,684.91	9,129.43	678,095.85	−27,189.12
8	4,164,796.26	371,034.09	−46,595.25	7,243.56	568,501.32
9	8,037,094.17	96,457.12	7,524.16	312,694.82	9,156.94
10	3,508,262.08	7,182,765.96	−8,790.29	29,315.29	−7774.05
11		458,904.54	18,167.48	58,169.53	20,602.36
12			8,692.37	28,516.94	54,265.09
13			794.72	151.27	1,803.42
14			2,696.13	853.81	−926.51
15			740.67		
計					

答えの 小計 合計	小計(6)~(8)			小計(9)~(10)	
	合計 F (6)~(10)				

合計 F に 対する 構成比率	(6)	(7)	(8)	(9)	(10)
	(6)~(8)			(9)~(10)	

	そろばん		(C) 見取算得点		総 得 点
	電卓				

第 学年	組	番
名前		

第 1 級　ビジネス計算部門 <small>(制限時間 30 分)</small>

(注意) Ⅰ. 減価償却費・複利・複利年金の計算については，別紙の数表を用いること。
　　　 Ⅱ. 答えに端数が生じた場合は ( ) 内の条件によって処理すること。

(1) 9月25日満期，額面¥68,720,000 の約束手形を7月14日に割引率年2.54%
で割り引くと，割引料はいくらか。(両端入れ，円未満切り捨て)

答 _____

(2) 年利率0.325％の単利で1年6か月間借り入れたところ，期日に元利合計
¥57,076,900 を支払った。元金はいくらであったか。

答 _____

(3) 100米トンにつき$25,600 の商品を60kg建にすると円でいくらになるか。ただし，
1米トン = 907.2kg，$1 = ¥109.60 とする。(計算の最終で円未満4捨5入)

答 _____

(4) 取得価額¥46,500,000 耐用年数40年の固定資産を定額法で減価償却すれば，第
12期末減価償却累計額はいくらになるか。ただし，決算は年1回，残存簿価¥1とす
る。

答 _____

(5) 2.8％利付社債，額面¥6,800,000 を8月6日に市場価格¥98.95 で買い入れると，
支払代金はいくらか。ただし，利払日は4月10日と10月10日である。(経過日数
は片落とし，経過利子の円未満切り捨て)

答 _____

(6) 毎年初めに¥480,000 ずつ12年間支払う年金の終価はいくらか。ただし，年利率
4.5％，1年1期の複利とする。(円未満4捨5入)

答 _____

(7) 株式を次のとおり売却した。手取金の総額はいくらか。(それぞれの手数料円未満切
り捨て)

銘柄	約 定 値 段	株 数	手 数 料
A	1株につき　¥659	3,000 株	約定代金の0.7156% + ¥3,559
B	1株につき　¥4,120	7,000 株	約定代金の0.6516% + ¥41,115

答 _____

(8) ある商品に原価の2割4分の利益を見込んで予定売価（定価）をつけたが，予定売価（定価）から¥7,897,500値引きして販売したところ，¥8,302,500の利益となった。利益額は原価の何パーセントであったか。パーセントの小数第1位まで求めよ。

答 _____

(9) 毎半年末に¥150,000ずつ4年間支払う負債を，いま一時に支払えば，その金額はいくらか。ただし，年利率4%，半年1期の複利とする。（円未満4捨5入）

答 _____

(10) ¥28,350,000を年利率5%，半年1期の複利で6年間貸し付けると，期日に受け取る元利合計はいくらになるか。（円未満4捨5入）

答 _____

(11) 仲立人が売り主から3.75%，買い主から3.4%の手数料を受け取る約束で商品の売買を仲介したところ，売り主の手取金が¥45,430,000となった。買い主の支払総額はいくらであったか。

答 _____

(12) 取得価額¥19,480,000耐用年数15年の固定資産を定率法で減価償却すれば，第3期末減価償却累計額はいくらになるか。ただし，決算は年1回，残存簿価¥1とする。（毎期償却限度額の円未満切り捨て）

答 _____

(13) 毎年末に等額ずつ積み立てて，8年後に¥5,400,000を得たい。年利率3.5%，1年1期の複利とすれば，毎期の積立金はいくらになるか。（円未満4捨5入）

答 _____

(14) ある商品に原価の25%の利益を見込んで予定売価（定価）をつけたが，予定売価（定価）から¥2,355,000値引きして販売したところ，¥480,000の損失となった。損失額は原価の何パーセントであったか。パーセントの小数第1位まで求めよ。

答 _____

(15) 次の株式の指値はそれぞれいくらか。（銘柄C・Dは円未満切り捨て，Eは¥5未満は切り捨て・¥5以上¥10未満は¥5とする）

銘柄	配　　当　　金	希望利回り	指　値
C	1株につき年　　¥4.20	0.9%	
D	1株につき年　　¥7.30	1.8%	
E	1株につき年　　¥61.00	2.2%	

（第4回模擬試験）

(16) 額面¥58,420,000の約束手形を割引率年2.01%で10月10日に割り引くと，手取金はいくらか。ただし，満期は12月26日とする。
  （両端入れ，割引料の円未満切り捨て）

答 _____

(17) 次の3口の借入金の利息を積数法によって計算すると，元利合計はいくらになるか。ただし，いずれも期日は4月25日，利率は2.57%とする。（平年，片落とし，円未満切り捨て）

借入金額	貸入日
¥17,360,000	1月 3日
¥60,820,000	2月27日
¥59,240,000	3月 8日

答 _____

(18) 6年9か月後に支払う負債¥52,350,000を年利率5%，半年1期の複利で割り引いて，いま支払うとすればその金額はいくらか。ただし，端数期間は真割引による。
  （計算の最終で¥100未満切り上げ）

答 _____

(19) 1台につき¥185,000の商品を50台仕入れ，諸掛り¥530,000を支払った。この商品に諸掛込原価の2割5分の利益を見込んで予定売価（定価）をつけたが，31台は予定売価（定価）の1割引きで販売し，残り全部は予定売価（定価）から1台につき¥34,500値引きして販売した。実売価の総額はいくらか。

答 _____

(20) ¥7,500,000を年利率4.5%，1年1期の複利で借り入れ，毎年末に等額ずつ支払って4年間で完済するとき，次の年賦償還表を作成せよ。（年賦金および毎期支払利息の円未満4捨5入，過不足は最終期末の利息で調整）

期数	期首未済元金	年 賦 金	支 払 利 息	元金償還高
1				
2				
3				
4				
計	——			

第 学年 組 番		正答数	総得点
名前		×5点	

公益財団法人　全国商業高等学校協会主催
文　部　科　学　省　後　援

第 5 回　ビジネス計算実務検定模擬試験

第 1 級　普通計算部門 （制限時間 A・B・C 合わせて 30分）

（A）乗算問題

(注意) 円未満 4 捨 5 入、構成比率はパーセントの小数第 2 位未満 4 捨 5 入

1	¥	9,448 × 17,693 =
2	¥	84,095 × 5,141 =
3	¥	32,124 × 2.799 =
4	¥	232,186 × 28,918 =
5	¥	2,606 × 4,931.978 =

答えの小計・合計		合計 A に対する構成比率	
小計(1)～(3)	(1)	(1)～(3)	
	(2)		
	(3)		
小計(4)～(5)	(4)	(4)～(5)	
	(5)		
合計 A (1)～(5)			

(注意) セント未満 4 捨 5 入、構成比率はパーセントの小数第 2 位未満 4 捨 5 入

6	$	46.52 × 82,473 =
7	$	654.36 × 8,743.9 =
8	$	35.54 × 142,073 =
9	$	9,676.1 × 876.5 =
10	$	7,312.79 × 0.08567 =

答えの小計・合計		合計 B に対する構成比率	
小計(6)～(8)	(6)	(6)～(8)	
	(7)		
	(8)		
小計(9)～(10)	(9)	(9)～(10)	
	(10)		
合計 B (6)～(10)			

第　学年　　組　　番

名前

（B）除算問題

（注意）円未満4捨5入、構成比率はパーセントの小数第2位未満4捨5入

1	¥	322,186,788 ÷ 38,743 =
2	¥	432,127 ÷ 861.56 =
3	¥	3,740,928 ÷ 14,613 =
4	¥	8,215,173 ÷ 875.4 =
5	¥	58,059,7444 ÷ 8,702 =

答えの小計・合計	合計Cに対する構成比率	
小計(1)~(3)	(1)	(1)~(3)
	(2)	
	(3)	
小計(4)~(5)	(4)	(4)~(5)
	(5)	
合計C(1)~(5)		

（注意）ペンス未満4捨5入、構成比率はパーセントの小数第2位未満4捨5入

6	£	6,907,921.92 ÷ 750.6 =
7	£	98,168.38 ÷ 674.21 =
8	£	89,497.2 ÷ 312 =
9	£	205,014.87 ÷ 732.4 =
10	£	6,243,994.89 ÷ 651 =

答えの小計・合計	合計Dに対する構成比率	
小計(6)~(8)	(6)	(6)~(8)
	(7)	
	(8)	
小計(9)~(10)	(9)	(9)~(10)
	(10)	
合計D(6)~(10)		

（解答→別冊 p.32）

		A 乗算		B 除算		C 見取算		普通計算
		正答数	得点	正答数	得点	正答数	得点	合計点
珠算	(1)~(10)	×10点		×10点		×10点		
電卓	(1)~(10)	×5点		×5点		×5点		
	小計・合計・構成比率	×5点		×5点		×5点		

そろばん	
電卓	

第　　学年　　組　　　番
名前

（第5回模擬試験）

第5回 ビジネス計算実務検定模擬試験

第1級　普通計算部門 　門　(制限時間 A・B・C 合わせて30分)

(C) 見取算問題

(注意) 構成比率はパーセントの小数第2位未満4捨5入

No.	1	2	3	4	5
1	1,328,695	15,895,027	705,618	680,967,351	25,498
2	896,457	56,398,175	95,205	8,540,684	171,847
3	71,239	80,354,265	-60,145	2,498,611	-27,896
4	463,587	940,187,630	-98,651	1,894,025,085	945,512
5	19,624	284,036,580	-754,502	249,375,284	31,978
6	156,523	86,208,175	65,345	8,249,301	846,893
7	268,924	3,294,543,098	79,865	509,420	-178,590
8	1,678,962	365,863,350	-930,647	385,621,907	29,134
9	896,327	54,789,314	75,382	1,584,623,251	813,495
10	562,743	469,353,283	-896,952	95,459,871	-928,798
11	701,569	265,253,697	54,063	747,113,715	-25,729
12	16,957		924,903	588,954,615	-826,489
13	984,357		-72,910	956,982,541	52,987
14	6,301,846		-55,648		98,485
15	380,674		-259,598		195,463
16	2,568,591		27,904		-23,205
17			-8774,652		11,652
18					24,562
19					28,495
20					24,234
計					

答えの小計	小計(1)~(3)			小計(4)~(5)	
合計	合計 E (1)~(5)				

	(1)	(2)	(3)	(4)	(5)
合計Eに対する構成比率	(1)~(3)			(4)~(5)	

(注意) 構成比率はパーセントの小数第2位未満4捨5入

No.	6	7	8	9	10
	€	€	€	€	€
1	596,258.79	1,625,157.32	96,849.37	504,065.78	45,216.04
2	861,483.69	8,365,897.24	4,683.26	281.41	73,685.03
3	568,4447.85	-1,782,089.63	5,652.93	896,985.46	751,092.71
4	1,105,895.08	456,215.74	60,524.59	48,329.62	879.58
5	654,359.23	5,854,310.79	3,854.27	-62,406.52	13,073,845.09
6	304,356.04	5,969,264.51	24,021.09	-25,716.87	7,215.37
7	506,389.37	-1,065,714.95	16,758.34	692,087.13	156,058.18
8	2,108,469.35	-4,216,084.68	43,578.15	-6,798.84	750.46
9	654,389.27	4,602,560.444	7,524.16	-386,604.19	9,156.94
10	987,523.01	975,653.67	390.29	20,728.34	674.05
11	125,964.35		2,970.64	860,240.39	20,602.36
12			320,805.14	546,957.21	196,413.89
13			5,013.54		981,803.42
14			790.84		
15			2,132.69		
計					

答えの	小計(6)～(8)		(6)	(7)	(8)
小計 合計	合計 F (6)～(10)				

合計Fに 対する 構成比率	(6)		(6)～(8)	

	小計(9)～(10)
	(9)
	(9)～(10)

	(10)

そろばん	
電 卓	

(C) 見取算得点	

第 学年 組 番	
名前	

総 得 点	

第 1 級　ビジネス計算部門 (制限時間 30 分)

(注意) Ⅰ．減価償却費・複利・複利年金の計算については，別紙の数表を用いること。
Ⅱ．答えに端数が生じた場合は（　）内の条件によって処理すること。

(1) 5月25日満期，額面￥88,650,000 の手形を割引率年 1.55％で4月4日に割り
引くと，割引料はいくらか。（両端入れ，円未満切り捨て）

答　_____

(2) ￥36,520,000 を年利率0.279％の単利で 10月15日から 11月26日まで借り
入れた。期日に支払う利息はいくらか。（片落とし，円未満切り捨て）

答　_____

(3) 取得価額￥65,840,000　耐用年数15年の固定資産を定率法で減価償却すれば，
第4期首帳簿価額はいくらになるか。ただし，決算は年1回，残存簿価￥1 とする。
（毎期償却限度額の円未満切り捨て）

答　_____

(4) 10英ガロンにつき£45.70 の商品を 30L 建にすると円でいくらになるか。ただし，
1英ガロン = 4.546L，£1 = ￥183.20 とする。（計算の最終で円未満4捨5入）

答　_____

(5) 1.8％利付社債，額面 4,800,000 を7月16日に市場価格￥98.95で買い入れると，
支払代金はいくらか。ただし，利払日は3月25日と9月25日である。（経過日数は
片落とし，経過利子の円未満切り捨て）

答　_____

(6) 毎半年末に￥430,000 ずつ3年6か月間支払う年金の終価はいくらか。ただし，年
利率6％，半年1期の複利とする。（円未満4捨5入）

答　_____

(7) 原価￥46,200,000 の商品を仕入れ，諸掛り￥1,800,000 を支払った。この商品
に諸掛込原価の18％の利益を見込んで予定売価（定価）をつけたが，値引きして
￥50,409,600 で販売した。値引額は予定売価（定価）の何パーセントであったか。

答　_____

(8) 株式を次のとおり売却した。手取金の総額はいくらか。（それぞれの手数料円未満切り捨て）

銘柄	約　定　値　段	株　数	手　　数　　料
A	／株につき　　￥42／	8,000 株	約定代金の 0.7950% ＋ ￥4,260
B	／株につき　￥6,145	7,000 株	約定代金の 0.1825% ＋ ￥154,65／

答 ＿＿＿＿＿＿＿＿＿＿

(9) 毎年初めに￥580,000 ずつ ／5 年間支払う負債を，いま一時に支払えば，その金額はいくらか。ただし，年利率 4%，／年／期の複利とする。（円未満 4 捨 5 入）

答 ＿＿＿＿＿＿＿＿＿＿

(／0) 元金￥87,360,000 を年利率 4.5%，／年／期の複利で 7 年間貸すと，元利合計はいくらか。（円未満 4 捨 5 入）

答 ＿＿＿＿＿＿＿＿＿＿

(／／) 仲立人が売り主から 2.85%，買い主から 2.68% の手数料を受け取る約束で商品の売買を仲介したところ，仲立人の受け取った手数料の合計額が￥31,465,700 となった。買い主の支払総額はいくらであったか。

答 ＿＿＿＿＿＿＿＿＿＿

(／2) ￥8,200,000 を年利率 3.5%，／年／期の複利で借り入れた。これを毎年末に等額ずつ支払って ／0 年間で完済するとき，毎期の年賦金はいくらになるか。（円未満 4 捨 5 入）

答 ＿＿＿＿＿＿＿＿＿＿

(／3) 8 年後に償還される ／.8% 利付社債の買入価格が￥99.25 のとき，単利最終利回りは何パーセントか。（パーセントの小数第 3 位未満切り捨て）

答 ＿＿＿＿＿＿＿＿＿＿

(／4) ある商品に原価の 3 割 5 分の利益を見込んで予定売価（定価）をつけたが，予定売価（定価）から￥1,022,720 値引きして販売したところ，実売価が￥2,649,280 となった。損失額は原価の何分何厘か。

答 ＿＿＿＿＿＿＿＿＿＿

(／5) 次の株式の利回りは，それぞれ何パーセントか。（パーセントの小数第／位未満 4 捨 5 入）

銘柄	配　当　金	時　価	利　回　り
C	／株につき　　￥2.50	￥2／8	
D	／株につき　　￥6.30	￥345	
E	／株につき年　￥62.00	￥4,270	

158

(16) 4月27日満期，額面￥76,825,680の手形を1月26日に割引率年4.25%で割り引くと，手取金はいくらか。ただし，手形金額の￥100未満には割引料を計算しないものとする。（平年，両端入れ，割引料の円未満切り捨て）

答 _____

(17) 3kgにつき￥40,800の商品を3,500kg仕入れ，諸掛り￥1,400,000を支払った。この商品に諸掛込原価の2割8分の利益を見込んで予定売価（定価）をつけ，全体の $\frac{3}{5}$ は予定売価（定価）の8掛半で販売し，残り全部は予定売価（定価）の7掛半で販売した。実売価の総額はいくらであったか。

答 _____

(18) 4年9か月後に支払う負債￥87,630,000を年利率5%，半年1期の複利で割り引いて，いま支払うとすればその金額はいくらか。ただし，端数期間は真割引による。（計算の最終で￥100未満切り上げ）

答 _____

(19) 次の3口の貸付金の利息を積数法によって計算すると，元利合計はいくらになるか。ただし，いずれも年利率は3.15%とする。（円未満切り捨て）

借付金額	貸付期間
￥57,420,000	71日
￥34,560,000	48日
￥16,710,000	41日

答 _____

(20) 取得価額￥7,760,000　耐用年数26年の固定資産を定額法で減価償却するとき，次の減価償却計算表の第4期末まで記入せよ。ただし，決算は年1回，残存簿価￥1とする。

期数	期首帳簿価額	償却限度額	減価償却累計額
1			
2			
3			
4			

第　学年　　組　　番		正答数	総得点
名前		×5点	

（第5回模擬試験）

159

公益財団法人　全国商業高等学校協会主催

文　部　科　学　省　後　援

第6回　ビジネス計算実務検定模擬試験

第 1 級　普 通 計 算 部 門 （制限時間 A・B・C 合わせて 30 分）

（A）乗 算 問 題

(注意) 円未満 4 捨 5 入、構成比率はパーセントの小数第 2 位未満 4 捨 5 入

1	¥	17,865 × 87.54 =	
2	¥	35,217 × 1,658 =	
3	¥	3,654 × 36,907 =	
4	¥	60,137 × 2,287 =	
5	¥	28,653 × 9,453.18 =	

答えの小計・合計		合計 A に対する構成比率	
小計(1)〜(3)	(1)	(1)〜(3)	
	(2)		
	(3)		
小計(4)〜(5)	(4)	(4)〜(5)	
	(5)		
合計 A (1)〜(5)			

(注意) セント未満 4 捨 5 入、構成比率はパーセントの小数第 2 位未満 4 捨 5 入

6	€	65.74 × 80,551.5 =	
7	€	18.69 × 651,135 =	
8	€	539.18 × 8,108.98 =	
9	€	4,607.06 × 9,881 =	
10	€	68,597.31 × 20.65 =	

答えの小計・合計		合計 B に対する構成比率	
小計(6)〜(8)	(6)	(6)〜(8)	
	(7)		
	(8)		
小計(9)〜(10)	(9)	(9)〜(10)	
	(10)		
合計 B (6)〜(10)			

第　学年	組	番
名前		

（B）除 算 問 題

（注意）円未満4捨5入、構成比率はパーセントの小数第2位未満4捨5入

		答えの小計・合計	合計Cに対する構成比率
1	¥ 437,158,240 ÷ 51,796 =	(1)	(1)～(3)
2	¥ 49,310 ÷ 0.381 =	(2)	
3	¥ 3,650,207,745 ÷ 642,077 =	(3)	
		小計(1)～(3)	
4	¥ 25,879,811 ÷ 981 =	(4)	(4)～(5)
5	¥ 19,594,225 ÷ 6,212.5 =	(5)	
		小計(4)～(5)	
		合計C(1)～(5)	

（注意）ペンス未満4捨5入、構成比率はパーセントの小数第2位未満4捨5入

		答えの小計・合計	合計Dに対する構成比率
6	£ 70,735.95 ÷ 679.5 =	(6)	(6)～(8)
7	£ 852,498 ÷ 43,643 =	(7)	
8	£ 445,473.46 ÷ 2,147 =	(8)	
		小計(6)～(8)	
9	£ 261.37 ÷ 3.213 =	(9)	(9)～(10)
10	£ 841,399.2 ÷ 1,972.8 =	(10)	
		小計(9)～(10)	
		合計D(6)～(10)	

		そろばん	
第　　学年　　組　　番	名前	電　卓	

（解答→別冊 p.36）

	A乗算		B除算		C見取算		普通計算
	正答数	得点	正答数	得点	正答数	得点	合計点
珠算 (1)～(10)	×10点		×10点		×10点		
電卓 (1)～(10)	×5点		×5点		×5点		
小計・合計・構成比率	×5点		×5点		×5点		

第6回 ビジネス計算実務検定模擬試験

第 1 級　普　通　計　算　部　門 （制限時間 A・B・C 合わせて30分）

（C）見 取 算 問 題

（注意）構成比率はパーセントの小数第2位未満4捨5入

No.	1	2	3	4	5
1	¥ 514,022	¥ 14,279	¥ 1,238,649,329	¥ 13,501,667	¥ 386,745
2	750,683	235,426	4,790,195	376,574,802	12,139
3	341,046	50,919	-72,805,243	8,967,493	457,019
4	430,851	15,867,798	-7,168,704	612,746,324	75,306
5	1,952,479	2,479,153	2,843,160	45,329,581	918,903
6	721,546	6,106,823	285,802	78,035,795	-43,761
7	6,237,126	38,712	-908,075,814	945,624,138	-354,928
8	895,034	208,543,620	15,730,620	316,890,604	15,832
9	2,157,129	54,384	-259,617,419	53,282,659	714,680
10	982,641	702,415	-78,521,798	240,719,061	32,859
11	468,307	130,478,938	32,132,367	12,548,768	-99,472
12	680,789	21,087	-64,548,585		-836,245
13	336,582	18,936			-125,530
14	801,739	5,6444,926			24,135
15	25,694	56,184			49,627
16		25,678			10,736
17					762,813
18					64,841
19					18,978
20					75,036
計					

答えの小計合計	小計(1)～(3)			小計(4)～(5)	
	合計 E (1)～(5)				

合計Eに対する構成比率	(1)	(2)	(3)	(4)	(5)
	(1)～(3)			(4)～(5)	

162

(注意) 構成比率はパーセントの小数第2位未満4捨5入

No.	6	7	8	9	10
	$	$	$	$	$
1	68,462.98	1,262,138.01	2,981,930.45	870.53	8,078.39
2	181,084.02	-6,796,593.62	4,683.26	5,949,217.85	7,385.04
3	23,870.17	254,971.89	2,364,269.06	568,150.25	3,254.09
4	158,628.31	9,502,104.67	781,578.92	-7,842.96	62,970.72
5	12,461,624.71	168,075.84	248,614.63	-52,910.24	87,247.93
6	91,359.82	246,268.91	634,591.37	2,171,876.35	948.38
7	25,190,236.39	-2,153,820.42	906,207.17	837,064.28	729.41
8	4,034,693.76	5,854,850.73	5,162,591.24	-610.49	1,495.26
9	7,589.05	5,402,713.29	7,524.16	46,297.65	9,156.94
10	523,745.84	322,617.54	1,790.29	49,759.13	674.05
11	2,674,903.54		4,257,046.51	-35,085.39	20,602.36
12			3,512,697.19	-6,850.94	9,815.53
13				3,647.12	1,803.42
14					926.51
15					97,263.48
計					

答えの小計合計	小計(6)～(8)		小計(9)～(10)	
	合計 F (6)～(10)			

合計 F に対する構成比率	(6)	(7)	(8)	(9)	(10)
	(6)～(8)			(9)～(10)	

そろばん		電　卓

第　学年　　組　　番	
名前	

(C) 見取算得点	総　得　点

第 1 級　ビジネス計算部門 (制限時間 30 分)

(注意) Ⅰ. 減価償却費・複利・複利年金の計算については，別紙の数表を用いること。
　　　　Ⅱ. 答えに端数が生じた場合は (　) 内の条件によって処理すること。

(1) 年利率 0.265％の単利で 1 月 27 日から 9 月 2 日まで借り入れたところ，期日に元利合計 ¥45,872,822 を受け取った。元金はいくらであったか。(うるう年，片落とし)

答 _____

(2) 8 月 16 日満期，額面 ¥85,620,000 の手形を 5 月 16 日に割引率年 3.75％で割り引くと，割引料はいくらか。(両端入れ，円未満切り捨て)

答 _____

(3) 60lb につき $38.80 の商品を 60kg 建にすると円でいくらか。ただし，1lb = 0.4536 kg，$1 = ¥109.20 とする。(計算の最終で円未満 4 捨 5 入)

答 _____

(4) 取得価額 ¥76,450,000　耐用年数 17 年の固定資産を定額法で減価償却すれば，第 13 期末減価償却累計額はいくらになるか。ただし，決算は年 1 回，残存簿価 ¥1 とする。

答 _____

(5) 毎半年初めに ¥850,000 ずつ 5 年 6 か月支払う年金の終価はいくらか。ただし，年利率 4％，半年 1 期の複利とする。(円未満 4 捨 5 入)

答 _____

(6) 1.6％利付社債，額面 ¥8,500,000 を 8 月 4 日に市場価格 ¥99.15 で買い入れると，支払代金はいくらか。ただし，利払日は 5 月 25 日と 11 月 25 日である。
(経過日数は片落とし，経過利子の円未満切り捨て)

答 _____

(7) 原価の 2 割 8 分の利益を見込んで予定売価 (定価) をつけ，予定売価 (定価) から ¥9,353,000 値引きして販売したところ，原価の 1 割 1 分 8 厘の損失となった。実売価はいくらであったか。

答 _____

(8) 株式を次のとおり買い入れた。支払総額はいくらか。（それぞれの手数料の円未満切り捨て）

銘柄	約 定 値 段	株 数	手 数 料
A	１株につき　　¥851	6,000株	約定代金の0.875% + ¥3,950
B	１株につき　¥6,250	8,000株	約定代金の0.284% + ¥98,650

答_____

(9) 毎年末に¥580,000ずつ10年間支払う負債を，いま一時に支払えば，その金額はいくらか。ただし，年利率5%，１年１期の複利とする。（円未満４捨５入）

答_____

(10) 8年後に支払う負債¥97,580,000の複利現価はいくらか。ただし，年利率4.5%，１年１期の複利とする。（¥100未満切り上げ）

答_____

(11) 仲立人がある商品の売買を仲介したところ，買い主の支払総額が売買価額の3.12%の手数料を含めて¥55,169,200であった。売り主の支払った手数料が¥1,546,150であれば，売り主の支払った手数料は売買価額の何パーセントにあたるか。パーセントの小数第2位まで求めよ。

答_____

(12) 取得価額¥45,790,000耐用年数20年の固定資産を定率法で減価償却すれば，第4期首帳簿価額はいくらになるか。ただし，決算は年１回，残存簿価¥1とする。（毎期償却限度額の円未満切り捨て）

答_____

(13) 8年後に償還される1.9%利付社債の買入価格が¥97.95のとき，単利最終利回りは何パーセントか。（パーセントの小数第3位未満切り捨て）

答_____

(14) 予定売価（定価）¥9,730,000の商品を値引きして販売したところ，原価の2.7%にあたる¥202,500の損失となった。値引額は予定売価（定価）の何パーセントであったか。

答_____

(15) 毎年末に等額ずつ積み立てて，6年後に¥5,300,000を得たい。年利率3.5%，１年１期の複利とすれば，毎期の積立金はいくらになるか。（円未満４捨５入）

答_____

（第6回模擬試験）

(16) 額面 ¥89,250,000 の手形を割引率年 3.16％ で 11 月 27 日に割り引くと，手取金はいくらか。ただし，満期は翌年 2 月 10 日とする。

（両端入れ，割引料の円未満切り捨て）

答 _____

(17) 5 本につき ¥23,050 の商品を 50 ダース仕入れ，諸掛り ¥34,000 を支払った。この商品に諸掛込原価の 25％ の利益を見込んで予定売価（定価）をつけ，全体の $\frac{3}{4}$ は予定売価（定価）どおりで販売し，残り全部は予定売価（定価）の 35％ 引きで販売した。この商品全体の利益額はいくらか。

答 _____

(18) ¥95,160,000 を年利率 5％，半年 1 期の複利で 6 年 9 か月借り入れると，期日に支払う元利合計はいくらになるか。ただし，端数期間は単利法による。

（計算の最終で円未満 4 捨 5 入）

答 _____

(19) 次の 3 口の貸付金の利息を積数法によって計算すると，利息合計はいくらになるか。ただし，いずれも期日は 7 月 15 日，利率は年 4.83％ とする。

（片落とし，円未満切り捨て）

貸付金額	貸付日
¥52,150,000	3 月 5 日
¥44,360,000	4 月 16 日
¥23,270,000	5 月 6 日

答 _____

(20) 取得価額 ¥8,650,000 耐用年数 27 年の固定資産を定率法で減価償却するとき，次の減価償却計算表の第 4 期末まで記入せよ。ただし，決算は年 1 回，残存簿価 ¥1 とする。（毎期償却限度額の円未満切り捨て）

期数	期首帳簿価額	償却限度額	減価償却累計額
1			
2			
3			
4			

第　学年　　組　　番		正答数	総得点
名前		×5点	

（第 6 回模擬試験）

167

公益財団法人 全国商業高等学校協会主催

文 部 科 学 省 後 援

第7回 ビジネス計算実務検定模擬試験 （制限時間 A・B・C 合わせて 30 分）

第 1 級 普通計算部門

（A）乗算問題

（注意）円未満 4 捨 5 入、構成比率はパーセントの小数第 2 位未満 4 捨 5 入

1	¥ 16,897 × 8,962 =	
2	¥ 31,875 × 7,359 =	
3	¥ 686,609 × 749.3 =	
4	¥ 23,523 × 8,957 =	
5	¥ 98,352 × 121.45 =	

答えの小計・合計		合計 A に対する構成比率	
小計(1)～(3)	(1)	(1)～(3)	
	(2)		
	(3)		
小計(4)～(5)	(4)	(4)～(5)	
	(5)		
合計 A (1)～(5)			

（注意）セント未満 4 捨 5 入、構成比率はパーセントの小数第 2 位未満 4 捨 5 入

6	€ 734.82 × 962.31 =	
7	€ 25,392.5 × 3,863.5 =	
8	€ 37.62 × 435,608 =	
9	€ 68,306.79 × 0.0966 =	
10	€ 295.71 × 95,813 =	

答えの小計・合計		合計 B に対する構成比率	
小計(6)～(8)	(6)	(6)～(8)	
	(7)		
	(8)		
小計(9)～(10)	(9)	(9)～(10)	
	(10)		
合計 B (6)～(10)			

第 学年　組　番

名前

（B）除 算 問 題

(注意) 円未満４捨５入、構成比率はパーセントの小数第２位未満４捨５入

1	¥	39,160,048 ÷ 488 =
2	¥	21,962,450 ÷ 2,525 =
3	¥	8,624 ÷ 0.03575 =
4	¥	8,632,142 ÷ 748.32 =
5	¥	21,944,679 ÷ 29,143 =

(注意) セント未満４捨５入、構成比率はパーセントの小数第２位未満４捨５入

6	$	29,489.53 ÷ 125,432 =
7	$	663,154.2 ÷ 155.67 =
8	$	855,434.47 ÷ 93.25 =
9	$	2,622,139 ÷ 16.04 =
10	$	812,3447.37 ÷ 2,814 =

答えの小計・合計	合計Ｃに対する構成比率	
小計(1)~(3)	(1)	(1)~(3)
	(2)	
	(3)	
小計(4)~(5)	(4)	(4)~(5)
	(5)	
合計Ｃ (1)~(5)		

答えの小計・合計	合計Ｄに対する構成比率	
小計(6)~(8)	(6)	(6)~(8)
	(7)	
	(8)	
小計(9)~(10)	(9)	(9)~(10)
	(10)	
合計Ｄ (6)~(10)		

そろばん

	電	卓

第　学年　　組　　番

名前

		A 乗算		B 除算		C 見取算		普通計算 合計点
		正答数	得点	正答数	得点	正答数	得点	
珠算	(1)~(10)	×10点		×10点		×10点		
電卓	(1)~(10)	×5点		×5点		×5点		
	小計・合計・構成比率	×5点		×5点		×5点		

（解答→別冊 p.40）

（第７回模擬試験）

第7回 ビジネス計算実務検定模擬試験 (制限時間 A・B・C 合わせて 30 分)

第 1 級 普 通 計 算 部 門

(C) 見 取 算 問 題

(注意) 構成比率はパーセントの小数第 2 位未満 4 捨 5 入

No.	1	2	3	4	5
1	68,257	54,298	16,394,852	79,310	2,731,826,549
2	489,013	168,740	288,405,768	951,753	60,783,412
3	9,850,632	83,615	537,261,849	6,834,574	-416,089,521
4	413,945	27,034	-4,836,534	10,324,657	3,971,852
5	967,120	65,109	-86,526,016	4,791,630	894,120,568
6	87,513	38,420	19,714,851	501,326,874	7,069,037
7	9,560,746	93,257	97,027,674	892,604	-82,472,563
8	642,834	65,471	-87,954,107	2,151,348	-8,539,035
9	796,781	298,126	24,894,135	69,152	-4,129,363,170
10	8,503,167	83,709	5,478,365	726,541	24,628,568
11	28,402	24,163	5,254,987	53,410,876	492,815,469
12	7,160,689	187,690	635,987	80,295	91,374,031
13	573,912	65,704		114,648,523	
14	176,234	98,012		38,624,946	
15	95,574	96,035		28,609	
16		47,253		37,586	
17		24,918			
18		90,149			
19		128,157			
20		58,796			
計					

答えの小計合計	小計(1)~(3)			小計(4)~(5)	
	合計 E (1)~(5)				

合計 E に対する構成比率	(1)	(2)	(3)	(4)	(5)
	(1)~(3)			(4)~(5)	

170

(注意) 構成比率はパーセントの小数第 2 位未満 4 捨 5 入

No.	6	7	8	9	10
	£	£	£	£	£
1	28,107,492.35	9,082.53	71,310.95	37,829.16	769,327.08
2	36,791,805.64	237.95	4,683.26	50,467.51	73,685.04
3	9,435,782.13	1,160.47	80,573.64	762,584.32	219,658.72
4	89,519,306.86	974,143.82	14,569.72	−479,432.85	1,063,589.09
5	13,672,539.64	−658.41	62,980.23	19,708.12	42,084.37
6	75,021,640.92	−87,031.96	1,048.39	−681,321.98	345,316.95
7	17,653,218.79	5,896.13	4,256.05	96,470.53	93,687.14
8	62,845,677.38	437.28	57,384.91	751,435.27	804,679.01
9	41,920,396.01	−9,757.21	7,524.16	57,866.04	9,156.94
10	8,401,579.46	680.31	790.29	−2,813.71	774.05
11		4,248.57	128,652.17	26,450.41	20,602.36
12		−137,032.69	491.82	631,925.79	15,062.49
13		841.83	32,486.14	83,094.62	1,803.38
14		16,840.26	78,346.03		
15		493.85			
計					

答えの	小計(6)～(8)			小計(9)～(10)	
小計					
合計	合計 F (6)～(10)				

合計 F に	(6)	(7)	(8)	(9)	(10)
対する					
構成比率	(6)～(8)			(9)～(10)	

	そろばん		(C) 見取算得点		総 得 点
	電 卓				

第 学年	組	番		
名前				

第 1 級　ビジネス計算部門 (制限時間 30 分)

(注意) Ⅰ. 減価償却費・複利・複利年金の計算については，別紙の数表を用いること。
Ⅱ. 答えに端数が生じた場合は（　）内の条件によって処理すること。

(1) 11 月 25 日満期，額面 ¥88,650,000 の手形を割引率年 3.15％で 10 月 15 日に
割り引くと，割引料はいくらか。（両端入れ，円未満切り捨て）

答 _____

(2) 毎年末に ¥330,000 ずつ 15 年間支払う年金の終価はいくらか。ただし，年利率 4％，
1 年 1 期の複利とする。（円未満 4 捨 5 入）

答 _____

(3) 60yd につき £51.60 の商品を 50 m 建にすると円でいくらになるか。ただし，1yd
= 0.9144，£1 = ¥127.80 とする。
（計算の最終で円未満 4 捨 5 入）

答 _____

(4) 取得価額 ¥97,630,000 耐用年数 13 年の固定資産を定額法で減価償却すれば，第
8 期首帳簿価額はいくらになるか。ただし，決算は年 1 回，残存簿価 ¥1 とする。

答 _____

(5) ある商品を予定売価（定価）から ¥8,500,000 値引きして販売したところ，原価の
1 割 5 分の損失となった。値引額が予定売価（定価）の 2 割 5 分にあたるとすれば，
損失額はいくらであったか。

答 _____

(6) 元金 ¥36,000,000 を年利率 0.182％の単利で借り入れたところ，元利合計が
¥36,043,680 となった。借入期間は何か月間であったか。

答 _____

(7) 次の株式の指値はそれぞれいくらか。（銘柄C・Dは円未満切り捨て，Eは ¥5 未満
は切り捨て・¥5 以上 ¥10 未満は ¥5 とする）

銘柄	配　　当　　金	希望利回り	指　値
A	1 株につき年　　　　¥3.40	0.6％	
B	1 株につき年　　　　¥5.2	1.7％	
C	1 株につき年　　　　¥87.00	3.2％	

(8) ¥8,900,000 を年利率 6％，1 年 1 期の複利で借り入れた。これを毎年末に等額ずつ支払って 5 年間で完済するとき，毎期の年賦金はいくらになるか。
（円未満 4 捨 5 入）

答 _____

(9) ¥25,640,000 を年利率 5％，半年 1 期の複利で 3 年間貸し付けると，期日に受け取る元利合計はいくらか。（円未満 4 捨 5 入）

答 _____

(10) 仲立人が売り主から 2.15％，買い主から 1.83％の手数料を受け取る約束で商品の売買を仲介したところ，売り主の手取金が ¥30,724,900 となった。仲立人の受け取った手数料の合計額はいくらか。

答 _____

(11) 取得価額 ¥26,580,000 耐用年数 18 年の固定資産を定率法で減価償却すれば，第 3 期末償却限度額はいくらになるか。ただし，決算は年 1 回，残存簿価 ¥1 とする。（毎期償却限度額の円未満切り捨て）

答 _____

(12) 毎半年初めに ¥240,000 ずつ 5 年 6 か月支払う負債を，いま一時に支払えば，その金額はいくらか。ただし，年利率 6％，半年 1 期の複利とする。（円未満 4 捨 5 入）

答 _____

(13) 8 年後に償還される 2.5％利付社債の買入価格が ¥97.55 のとき，単利最終利回りは何パーセントか。（パーセントの小数第 3 位未満切り捨て）

答 _____

(14) ある商品に原価の 27％の利益を見込んで予定売価（定価）をつけたが，予定売価（定価）から ¥8,225,000 値引きして販売したところ，実売価が ¥36,225,000 となった。利益額は原価の何パーセントか。

答 _____

(15) 株式を次のとおり買い入れた。支払総額はいくらか。（それぞれの手数料円未満切り捨て）

銘柄	約 定 値 段	株 数	手 数 料
D	1 株につき　　¥426	4,000 株	約定代金の 0.85040％ ＋ ¥5,610
E	1 株につき　¥7,521	8,000 株	約定代金の 0.33400％ ＋ ¥105,375

答 _____

(16) 5月12日満期，額面￥82,653,860の手形を3月16日に割引率年3.25％で割り引くと，手取金はいくらか。ただし，手形金額の￥100未満には割引料を計算しないものとする。（両端入れ，割引料の円未満切り捨て）

答 _____

(17) 次の3口の借入金の利息を積数法によって計算すると，元利合計はいくらになるか。ただし，いずれも期日は10月25日，利率は年2.89％とする。
（片落とし，円未満切り捨て）

借入金額	借入日
￥42,150,000	6月11日
￥31,260,000	7月20日
￥21,370,000	8月15日

答 _____

(18) 原価￥4,200,000の商品を仕入れ，諸掛り￥250,000を支払った。この商品に諸掛込原価の3割5分の利益を見込んで予定売価（定価）をつけ，全体の$\frac{2}{3}$は定価の2割5分引きで販売し，残り全部は予定売価（定価）から￥32,150値引きして販売した。この商品全体の利益額はいくらか。

答 _____

(19) 7年6か月後に支払う負債￥89,750,000を年利率5.5％，1年1期の複利で割り引いて，いま支払うとすればその金額はいくらか。ただし，端数期間は真割引による。
（計算の最終に￥100未満切り上げ）

答 _____

(20) 毎年末に等額ずつ積み立てて，4年後に￥5,400,000を得たい。年利率5.5％，1年1期の複利として，次の積立金表を作成せよ。（積立金および毎期積立金利息の円未満4捨5入，過不足は最終期末の利息で調整）

期数	積　立　金	積 立 金 利 息	積立金増加高	積立金合計高
1				
2				
3				
4				
計				―

（第7回模擬試験）

第 8 回　ビジネス計算実務検定模擬試験

第 1 級　普通計算部門 （制限時間 A・B・C 合わせて 30 分）

（A）乗算問題

(注意) 円未満 4 捨 5 入、構成比率はパーセントの小数第 2 位未満 4 捨 5 入

1	¥ 58,709 × 3,685 =
2	¥ 25,063 × 8,065 =
3	¥ 318,065 × 0.0185 =
4	¥ 23,726 × 6,393 =
5	¥ 75,132 × 7,124.21 =

(注意) ペンス未満 4 捨 5 入、構成比率はパーセントの小数第 2 位未満 4 捨 5 入

6	£ 48.79 × 35,317 =
7	£ 962.86 × 194.26 =
8	£ 293.4 × 468.25 =
9	£ 236.84 × 1,943 =
10	£ 4,542.97 × 0.003453 =

答えの小計・合計	合計 A に対する構成比率	
小計(1)～(3)	(1)	(1)～(3)
	(2)	
	(3)	
小計(4)～(5)	(4)	(4)～(5)
	(5)	
合計 A (1)～(5)		

答えの小計・合計	合計 B に対する構成比率	
小計(6)～(8)	(6)	(6)～(8)
	(7)	
	(8)	
小計(9)～(10)	(9)	(9)～(10)
	(10)	
合計 B (6)～(10)		

第　学年　　組　　番

名前

176

（B）除 算 問 題

(注意) 円未満 4 捨 5 入、構成比率はパーセントの小数第 2 位未満 4 捨 5 入

1	¥ 2,199,521,509 ÷ 5,461 =
2	¥ 457,101,840 ÷ 19,897 =
3	¥ 1,185,958 ÷ 18.25 =
4	¥ 2,194,060,509 ÷ 5,461 =
5	¥ 27,976 ÷ 0.31058 =

答えの小計・合計	合計 C に対する構成比率	
小計(1)～(3)	(1)	(1)～(3)
	(2)	
	(3)	
小計(4)～(5)	(4)	(4)～(5)
	(5)	
合計 C (1)～(5)		

(注意) セント未満 4 捨 5 入、構成比率はパーセントの小数第 2 位未満 4 捨 5 入

6	$ 5,402,551.95 ÷ 32,713 =
7	$ 5,536,339.34 ÷ 6,202 =
8	$ 43,153.23 ÷ 53.28 =
9	$ 178,162.52 ÷ 1,852.6 =
10	$ 561,381.64 ÷ 7,083.68 =

答えの小計・合計	合計 D に対する構成比率	
小計(6)～(8)	(6)	(6)～(8)
	(7)	
	(8)	
小計(9)～(10)	(9)	(9)～(10)
	(10)	
合計 D (6)～(10)		

（解答→別冊 p.44）

		A 乗算		B 除算		C 見取算		普通計算 合計点
		正答数	得点	正答数	得点	正答数	得点	
珠算	(1)～(10)		×10点		×10点		×10点	
電卓	(1)～(10)		×5点		×5点		×5点	
	小計・合計・構成比率		×5点		×5点		×5点	

そろばん	
電 卓	

第　　学年　　組　　番

名前

第 8 回 ビジネス計算実務検定模擬試験

第 1 級 普通計算部門 （制限時間 A・B・C 合わせて 30 分）

（C）見取算問題

(注意) 構成比率はパーセントの小数第 2 位未満 4 捨 5 入

No.	1	2	3	4	5
1	¥ 632,786	¥ 92,857,024	¥ 480,163	¥ 650,896,142	¥ 74,696
2	852,642	1,245,689,187	595,290	85,710,864	18,479
3	1,347,032	321,064,652	-143,680	3,489,114	97,863
4	83,936	291,964,585	-83,717	796,520,475	16,524
5	263,407	2,684,027,585	983,504	82,937,269	-139,178
6	411,532	76,294,017	54,283	710,420,351	-45,237
7	52,492	3,176,134,097	76,935	6,850,902	82,341
8	3,695,648	394,582,103	-21,467	194,324,836	59,137
9	921,658	211,785,314	-374,286	2,315,764,957	62,791
10	416,912	3,593,819,363	915,213	489,007,268	-67,358
11	81,380		83,941	358,167,193	-947,682
12	930,780		79,130	9,274,583	-82,785
13	4,876,831		-781,324		132,917
14	910,375		-65,489		23,108
15	135,486		280,798		43,506
16			969,704		-828,657
17			352,613		-979,304
18			831,580		23,027
19					412,453
20					27,637
計					

答えの小計	小計(1)～(3)			小計(4)～(5)	
合計	合計 E (1)～(5)				

	(1)	(2)	(3)	(4)	(5)
合計 E に対する構成比率	(1)～(3)			(4)～(5)	

（注意）構成比率はパーセントの小数第 2 位未満 4 捨 5 入

No.	6 €	7 €	8 €	9 €	10 €
1	459,701.97	28,638,156.21	918,468.75	65,043.78	34,123.01
2	139,794.72	39,469,802.14	4,683.26	4,170,281.39	73,685.04
3	389,569.84	−49,132,705.93	2,239.71	94,685.47	64,186.67
4	1,063,572.09	32,484.78	75,401.59	3,183,529.62	4,795.28
5	569,846.23	28,604,310.49	3,683.97	−464,106.51	12,074,374.19
6	743,587.46	4,137,269.51	6,841.09	−68,412.75	8,325.48
7	261,408.41	−75,355,761.02	13,256.34	5,983,038.13	67,628.91
8	340,825.32	14,576,080.54	7,480.25	4,391,676.92	1,850.15
9	2,318,013.58	37,296,853.47	7,524.16	−57,898.84	9,156.94
10	615,079.16	−892,107.68	790.29	−164.29	674.05
11	879,312.59		1,980.63	26,828.34	20,602.36
12			38,695.27	907,316.57	1,385,034.65
13			813.14		1,803.42
14			2,370.48		
15			62,540.35		
計					

| 答えの
小計
合計 | 小計(6)～(8) | | | 小計(9)～(10) | |
| | 合計 F (6)～(10) | | | | |

| 合計 F に
対する
構成比率 | (6) | (7) | (8) | (9) | (10) |
| | (6)～(8) | | | (9)～(10) | |

| 第　学年　　組　　番 | | そろばん | |
| 名前 | | 電　卓 | |

| （C）　見取算得点 |
| |

| 総　得　点 |
| |

第 1 級　ビジネス計算部門 (制限時間 30 分)

(注意) Ⅰ. 減価償却費・複利・複利年金の計算については，別紙の数表を用いること。
Ⅱ. 答えに端数が生じた場合は（　）内の条件によって処理すること。

(1) 4月12日満期，額面￥75,820,000の手形を割引率年4.25%で2月15日に割り引くと，割引料はいくらか。（平年，両端入れ，円未満切り捨て）

答 _____

(2) ￥87,600,000を単利で4月12日から9月5日まで貸し付け，元利合計￥87,773,448を受け取った。利率は何パーセントであったか。パーセントの小数第3位まで求めよ。（片落とし）

答 _____

(3) 取得価額￥86,420,000耐用年数29年の固定資産を定率法で減価償却すれば，第4期首帳簿価額はいくらになるか。ただし，決算は年1回，残存簿価￥1とする。（毎期償却限度額の円未満切り捨て）

答 _____

(4) 100米トンにつき$65,800の商品を60kg建にすると円でいくらか。ただし，1米トン＝907.2kg，$1＝￥109.5とする。（計算の最終で円未満4捨5入）

答 _____

(5) 2.5%利付社債，額面￥9,500,000を11月15日に市場価格￥97.55で買い入れると，支払代金はいくらか。ただし，利払日は2月20日と8月20日である。（経過日数は片落とし，経過利子の円未満切り捨て）

答 _____

(6) 毎半年末に￥75,000,000ずつ5年6か月支払う負債を，いま一時に支払えば，その金額はいくらか。ただし，年利率4%，半年1期の複利とする。（円未満4捨5入）

答 _____

(7) ある商品を予定売価（定価）から値引きして￥96,542,700で販売したところ，原価の2.705%の利益となった。予定売価（定価）が原価の23%増しだとすれば，値引額は予定売価（定価）の何パーセントであったか。パーセントは小数第1位まで求めよ。

答 _____

(8) 次の株式の利回りはそれぞれ何パーセントか。(パーセントの小数第１位未満４捨５入)

銘柄	配　　　当　　　金	時　価	利　回　り
D	１株につき年　¥2.80	¥156	
E	１株につき年　¥8.90	¥436	
F	１株につき年　¥77.00	¥2,756	

(9) 仲立人が売り主から1.95%，買い主から1.87%の手数料を受け取る約束で商品の売買を仲介したところ，買い主の支払総額が¥46,860,200となった。売り主の手取金はいくらか。

答 _____

(10) 毎年初めに¥880,000ずつ14年間支払う年金の終価はいくらか。ただし，年利率3.5%，１年１期の複利とする。(円未満４捨５入)

答 _____

(11) 3年6か月後に支払う負債¥67,350,000を年利率5%，半年１期の複利で割り引いて，いま支払うとすればその金額はいくらか。(¥100未満切り上げ)

答 _____

(12) 取得価額¥49,630,000耐用年数39年の固定資産を定額法で減価償却すれば，第13期首帳簿価額はいくらになるか。ただし，決算は年１回，残存簿価¥1とする。

答 _____

(13) 8年後に償還される1.7%利付社債の買入価格が¥98.55のとき，単利最終利回りは何パーセントか。(パーセントの小数第3位未満切り捨て)

答 _____

(14) ある商品を予定売価(定価)の3割4分引きで販売したところ，原価の1割9分の利益を得た。値引額が¥4,046,000だとすれば，原価はいくらであったか。

答 _____

(15) 毎年末に等額ずつ積み立てて，6年後に¥3,600,000を得たい。年利率4.5%，１年１期の複利とすれば，毎期の積立金はいくらになるか。(円未満４捨５入)

答 _____

(第8回模擬試験)

(16) 5kgにつき¥7,600の商品を2,500kg仕入れ，諸掛り¥250,000を支払った。この商品に諸掛込原価の2割5分の利益を見込んで予定売価（定価）をつけたが，全体の$\frac{2}{3}$は予定売価（定価）から1割4分引きで販売し，残り全部は予定売価（定価）から¥35,420値引きして販売した。この商品全体の利益額はいくらか

答 _____

(17) 額面¥77,450,000の手形を7月15日に割引率年3.39%で割り引くと，手取金はいくらか。ただし，満期は10月16日とする。（両端入れ，割引料の円未満切り捨て）

答 _____

(18) ¥42,360,000を年利率4%，半年1期の複利で4年3か月借り入れると，期日に支払う元利合計はいくらになるか。ただし，端数期間は単利法による。
（計算の最終で円未満4捨5入）

答 _____

(19) 次の3口の貸付金の利息を積数法によって計算すると，利息合計はいくらになるか。
ただし，いずれも期日は7月14日，利率は年2.36%とする。
（片落とし，円未満切り捨て）

貸付金額	貸付日
¥52,240,000	4月12日
¥31,480,000	5月9日
¥23,150,000	6月27日

答 _____

(20) ¥3,500,000を年利率4.5%，1年1期の複利で借り入れ，毎年末に等額ずつ支払って4年間で完済するとき，次の年賦償還表を作成せよ。（年賦金および毎期支払利息の円未満4捨5入，過不足は最終期末の利息で調整）

期数	期首未済元金	年 賦 金	支 払 利 息	元金償還高
1				
2				
3				
4				
計	——			

第　学年　　組　　番		正答数	総得点
名前		×5点	

公益財団法人　全国商業高等学校協会主催

第145回　ビジネス計算実務検定試験

第 1 級　普 通 計 算 部 門　（制限時間 A・B・C 合わせて 30分）

（A）乗 算 問 題

（注意）円未満 4 捨 5 入、構成比率はパーセントの小数第 2 位未満 4 捨 5 入

1	¥	84,391 × 7,816 =
2	¥	1,205 × 35,374 =
3	¥	630,977 × 0.006152 =
4	¥	3,654 × 5,104,798 =
5	¥	56,873 × 9.4067 =

答えの小計・合計	合計 A に対する構成比率	
(1)	(1)〜(3)	
(2)		
(3)		
小計(1)〜(3)		
(4)	(4)〜(5)	
(5)		
小計(4)〜(5)		
合計 A (1)〜(5)		

（注意）セント未満 4 捨 5 入、構成比率はパーセントの小数第 2 位未満 4 捨 5 入

6	$	450.76 × 4,690 =
7	$	93.80 × 0.822083 =
8	$	241.442 × 34,897.5 =
9	$	702.18 × 132.59 =
10	$	19,586.29 × 2,601 =

答えの小計・合計	合計 B に対する構成比率	
(6)	(6)〜(8)	
(7)		
(8)		
小計(6)〜(8)		
(9)	(9)〜(10)	
(10)		
小計(9)〜(10)		
合計 B (6)〜(10)		

第	学年	組	番
名前			

（B）除算問題

（注意）円未満 4 捨 5 入，構成比率はパーセントの小数第 2 位未満 4 捨 5 入

1	¥	24,345,448 ÷ 458 =
2	¥	568 ÷ 0.34219 =
3	¥	716,224 ÷ 79.36 =
4	¥	608,679 ÷ 682.847 =
5	¥	840,315,601 ÷ 2,063 =

答えの小計・合計	合計 C に対する構成比率	
小計(1)～(3)	(1)	(1)～(3)
	(2)	
	(3)	
小計(4)～(5)	(4)	(4)～(5)
	(5)	
合計 C (1)～(5)		

（注意）ペンス未満 4 捨 5 入，構成比率はパーセントの小数第 2 位未満 4 捨 5 入

6	£	308,953.444 ÷ 83,052 =
7	£	467.31 ÷ 0.05074 =
8	£	12,621,270.98 ÷ 467,801 =
9	£	988.42 ÷ 1.395 =
10	£	64,854,375.30 ÷ 99,710 =

答えの小計・合計	合計 D に対する構成比率	
小計(6)～(8)	(6)	(6)～(8)
	(7)	
	(8)	
小計(9)～(10)	(9)	(9)～(10)
	(10)	
合計 D (6)～(10)		

（解答 → 別冊 p.48）

		A 乗算		B 除算		C 見取算		普通計算
		正答数	得点	正答数	得点	正答数	得点	合計点
珠算	(1)～(10)		×10点		×10点		×10点	
電卓	(1)～(10)		×5点		×5点		×5点	
	小計・合計・構成比率		×5点		×5点		×5点	

そろばん	
	電卓

第 学年 組 番
名前

第145回 ビジネス計算実務検定試験

第1級 普通計算部門 （制限時間 A・B・C 合わせて30分）

（C）見取算問題

(注意) 構成比率はパーセントの小数第2位未満4捨5入

No.	1	2	3	4	5
1	84,180,961	54,397	932,172	4,518,240	32,916
2	458,731,683	60,464	58,074,538	10,286,792	58,340
3	5,207,542,799	89,258	67,290	7,360,561	467,528
4	735,674,053	27,687	336,218,947	804,327	6,001,859
5	6,312,417,842	93,072	1,396,026	2,150,849	−143,064
6	79,346,109	35,905	704,891	59,623,714	−25,632
7	860,195,214	−12,541	80,685	6,974,638	90,781
8	2,083,029,450	−48,716	251,469	531,906	74,135
9	96,897,071	−83,651	92,748,105	1,402,129	3,920,473
10	562,539,826	70,234	1,603,758	35,743,670	86,297
11		98,145	835,273	48,295,164	−69,025
12		46,820	79,016	928,055	−27,861
13		−69,318	407,326,420	7,637,913	53,509
14		−37,082	59,493,854	39,081,578	176,142
15		−71,103	65,341		−4,839,570
16		50,639			−305,496
17		19,760			−18,753
18		24,529			82,107
19					94,268
20					71,984
計					

答えの小計合計	小計(1)〜(3)			小計(4)〜(5)	
	合計E (1)〜(5)				

合計Eに対する構成比率	(1)	(2)	(3)	(4)	(5)
	(1)〜(3)			(4)〜(5)	

（注意）構成比率はパーセントの小数第2位未満4捨5入

No.	6	7	8	9	10
	€	€	€	€	€
1	21,385.24	6,459,874.08	4,825,312.19	70,261,397.15	14,608.53
2	540,237.98	9,701,536.72	174,683.20	9,416,785.92	80,391.28
3	30,976,891.62	1,863,495.03	407,265.76	−342,158.17	2,964.09
4	−87,052.01	3,027,109.26	8,169,438.95	−29,866.20	46,582.31
5	−712,674.80	1,684,352.34	278,029.31	5,071.84	73,410.86
6	13,656,415.79	5,738,061.85	3,013,241.98	642.73	5,624.50
7	4,897,329.40	9,247,917.51	729,584.03	−47,093,510.46	38,307.92
8	−34,586.17	8,932,560.90	543,716.52	32,856,923.60	67,195.47
9	−59,463,760.35	2,270,648.65	9,610,591.47	5,197,248.78	9,049.63
10	209,107.56	4,124,982.17	6,036,875.04	−930,659.01	4,257.44
11	98,542.88		390,623.56	−84,720.89	26,815.21
12	6,431,921.03		5,286,477.69	6,537.43	51,728.76
13			801,794.85	406.35	7,936.15
14					82,073.98
15				18,908,314.52	90,541.70
計					

答えの	小計(6)〜(8)		小計(9)〜(10)	
小計				
合計	合計 F (6)〜(10)			

合計 F に	(6)	(7)	(8)	(9)	(10)
対する					
構成比率	(6)〜(8)			(9)〜(10)	

第　学年　　組　　番		そろばん		(C)　見取算得点		総　得　点
名前		電　卓				

187

第145回ビジネス計算実務検定試験

第 1 級　ビジネス計算部門 (制限時間 30 分)

（注意）Ⅰ．減価償却費・複利・複利年金の計算については，別紙の数表を用いること。
　　　　Ⅱ．答えに端数が生じた場合は（　）内の条件によって処理すること。

(1) 額面￥82,430,000 の手形を割引率年 3.86％で 12 月 1 日に割り引くと，割引料
はいくらか。ただし，満期は翌年 2 月 13 日とする。（両端入れ，円未満切り捨て）

答　_____

(2) 元金￥79,570,000 を単利で 8 月 28 日から 11 月 16 日まで貸し付け，期日に元
利合計￥79,619,704 を受け取った。利率は年何パーセントであったか。パーセント
の小数第 3 位まで求めよ。（片落とし）

答　_____

(3) 取得価額￥50,310,000 耐用年数 18 年の固定資産を定率法で減価償却すれば，第
4 期末償却限度額はいくらになるか。ただし，決算は年 1 回，残存簿価￥1 とする。
（毎期償却限度額の円未満切り捨て）

答　_____

(4) 100yd につき£8,943.90 の商品を 30m 建にすると円でいくらになるか。ただし，
1yd = 0.9144m，£1 = ￥164.70 とする。（計算の最終で円未満 4 捨 5 入）

答　_____

(5) 次の株式の指値はそれぞれいくらか。
（銘柄 D・E は円未満切り捨て，F は￥5 未満は切り捨て・￥5 以上￥10 未満は￥5 と
する）

銘柄	配　　　当　　　金	希望利回り	指　　　　値
D	1 株につき年　　￥6.70	0.9%	
E	1 株につき年　　￥7.50	1.6%	
F	1 株につき年　　￥83.00	2.4%	

(6) 19 年後に支払う負債￥25,660,000 の複利現価はいくらか。ただし，年利率 5.5％，
1 年 1 期の複利とする。（￥100 未満切り上げ）

答　_____

(7) ある商品に原価の 4 割 4 分の利益を見込んで予定売価（定価）をつけたが，予定売
価（定価）から￥324,520 値引きして販売したところ，利益額が￥845,880 となった。
利益額は原価の何割何分何厘であったか。

答　_____

(8) ある株式を / 株につき ¥3,495 で 7,000 株売却した。手取金はいくらか。ただし，約定代金の 0.4675％ に ¥26,180 を加えた手数料を支払うものとする。
（手数料の円未満切り捨て）

答 _____

(9) 仲立人が売り主から 3.41％，買い主から 3.35％ の手数料を受け取る約束で商品の売買を仲介したところ，買い主の支払総額が ¥86,814,000 であった。仲立人の受け取った手数料の合計額はいくらであったか。

答 _____

(10) 6 月 17 日満期，額面 ¥77,098,290 の約束手形を 4 月 22 日に割引率年 4.62％ で割り引くと，手取金はいくらか。ただし，手形金額の ¥100 未満には割引料を計算しないものとする。（両端入れ，割引料の円未満切り捨て）

答 _____

(11) ある商品を予定売価（定価）から ¥966,420 値引きして販売したところ，原価の 6.4％ の損失となった。値引額が予定売価（定価）の 20％ にあたるとすれば，損失額はいくらであったか。

答 _____

(12) 毎半年初めに ¥632,000 ずつ 4 年 6 か月間支払う負債を，いま一時に支払えば，その金額はいくらか。ただし，年利率 7％，半年 / 期の複利とする。（円未満 4 捨 5 入）

答 _____

(13) 取得価額 ¥45,170,000 耐用年数 42 年の固定資産を定額法で減価償却すれば，第 16 期末減価償却累計額はいくらになるか。ただし，決算は年 / 回，残存簿価 ¥1 とする。

答 _____

(14) 毎年末に等額ずつ積み立てて，10 年後に ¥3,500,000 を得たい。年利率 2.5％，/ 年 / 期の複利とすれば，毎期の積立金はいくらになるか。（円未満 4 捨 5 入）

答 _____

(15) 次の 3 口の借入金の利息を積数法によって計算すると，元利合計はいくらになるか。ただし，いずれも期日は 8 月 26 日，利率は年 3.17％ とする。（片落とし，円未満切り捨て）

借入金額	借入日
¥30,950,000	4 月 2 日
¥62,470,000	5 月 30 日
¥87,310,000	6 月 13 日

答 _____

190

(16) ¥49,780,000 を年利率4%，半年1期の複利で6年9か月間貸し付けると，期日に受け取る元利合計はいくらか。ただし，端数期間は単利法による。
（計算の最終で円未満4捨5入）

答 _____

(17) 6年後に償還される1.3%利付社債の買入価格が¥98.05 のとき，単利最終利回りは何パーセントか。（パーセントの小数第3位未満切り捨て）

答 _____

(18) 毎年末に¥587,000 ずつ11年間支払う年金の終価はいくらか。ただし，年利率5%，1年1期の複利とする。（円未満4捨5入）

答 _____

(19) 4枚につき¥9,200 のA商品と6枚につき¥7,800 のB商品を1,200 枚ずつ仕入れた。A商品の仕入諸掛¥108,000 とB商品の仕入諸掛¥72,000 を支払い，それぞれの諸掛込原価に30%の利益を見込んで予定売価（定価）をつけた。A商品は予定売価（定価）どおりで，B商品は1枚につき¥230 値引きして，どちらも全部販売した。実売価の総額はいくらか。

答 _____

(20) ¥1,900,000 を年利率6%，1年1期の複利で借り入れ，毎年末に等額ずつ支払って15年間で完済するとき，次の年賦償還表の第4期末まで記入せよ。
（年賦金および毎期支払利息の円未満4捨5入）

期数	期首帳簿価額	償却限度額	減価償却累計額
1			
2			
3			
4			

第　学年　　組　　番		正答数	総得点
名前		×5点	

公益財団法人　全国商業高等学校協会主催

第146回　ビジネス計算実務検定試験

第 1 級　普通計算部門　(制限時間 A・B・C 合わせて 30 分)

(A) 乗算問題

(注意) 円未満 4 捨 5 入、構成比率はパーセントの小数第 2 位未満 4 捨 5 入

1	¥ 9,428 × 81,652 =
2	¥ 6,051 × 921,230 =
3	¥ 38,506 × 0.005746 =
4	¥ 24,432 × 3,960.3 =
5	¥ 1,986,107 × 4,097 =

答えの小計・合計		合計 A に対する構成比率
小計(1)～(3)	(1)	(1)～(3)
	(2)	
	(3)	
小計(4)～(5)	(4)	(4)～(5)
	(5)	
合計 A (1)～(5)		

(注意) セント未満 4 捨 5 入、構成比率はパーセントの小数第 2 位未満 4 捨 5 入

6	€ 763.79 × 6,471 =
7	€ 526.93 × 20.1589 =
8	€ 80.25 × 73,345.68 =
9	€ 4,178.70 × 0.9084 =
10	€ 359.14 × 18,275 =

答えの小計・合計		合計 B に対する構成比率
小計(6)～(8)	(6)	(6)～(8)
	(7)	
	(8)	
小計(9)～(10)	(9)	(9)～(10)
	(10)	
合計 B (6)～(10)		

第　学年	組	番
名前		

（B）除 算 問 題

(注意) 円未満4捨5入、構成比率はパーセントの小数第2位未満4捨5入

1	¥	40,905,648 ÷ 756 =
2	¥	8,349,672 ÷ 1,979.8 =
3	¥	55,053,878 ÷ 6,347 =
4	¥	98,727 ÷ 0.48802 =
5	¥	205,120,089 ÷ 527,301 =

答えの小計・合計	合計Cに対する構成比率
小計(1)～(3)	(1)
	(2)
	(3)
小計(4)～(5)	(4)
	(5)
合計C(1)～(5)	

（注意）ペンス未満4捨5入、構成比率はパーセントの小数第2位未満4捨5入

6	$	37,784,427.45 ÷ 40,315 =
7	$	1,680.25 ÷ 268.84 =
8	$	537.91 ÷ 36.1043 =
9	$	630.58 ÷ 0.0829 =
10	$	7,789,214.40 ÷ 9,570 =

答えの小計・合計	合計Dに対する構成比率
小計(6)～(8)	(6)
	(7)
	(8)
小計(9)～(10)	(9)
	(10)
合計D(6)～(10)	

（解答→別冊 p.50）

		A 乗算		B 除算		C 見取算		普通計算
		正答数	得点	正答数	得点	正答数	得点	合計点
珠算	(1)～(10)	×10点		×10点		×10点		
電卓	(1)～(10)	×5点		×5点		×5点		
	小計・合計・構成比率	×5点		×5点		×5点		

そろばん	
電	卓

第　　学年　　組　　　番

名前

（第146回試験）

第146回 ビジネス計算実務検定試験

第 1 級　普 通 計 算 部 門 （制限時間 A・B・C 合わせて 30 分）

（C）見 取 算 問 題

（注意）構成比率はパーセントの小数第 2 位未満 4 捨 5 入

No.	1	2	3	4	5
1	812,698,615	20,587	6,130,067,492	198,570	39,249
2	37,017,251	43,403	27,912,351	5,036,493	268,378
3	9,950,734	69,174	-15,371,078	469,729	7,357,410
4	60,435,823	18,641	748,589,680	31,282,637	920,876,501
5	405,278,361	80,726	5,690,162,703	2,540,958	-603,196
6	573,169,428	34,967	9,473,298,314	713,842	-4,412,758
7	26,584,792	51,245	-352,034,156	905,173	13,984,682
8	8,302,904	76,092	-81,657,849	624,367	530,915
9	754,621,089	14,879	64,325,926	10,478,021	-98,714,069
10	940,743,170	32,158	4,809,450,287	8,206,814	-21,834
11	1,856,063	25,310		561,295	386,071
12		63,894		4,179,608	5,150,420
13		11,757		23,053,946	-106,793,547
14		73,065		897,785	-45,623
15		26,489		345,216	72,895
16		85,908			829,704
17		70,231			65,362
18		39,576			
19		47,082			
20		92,360			
計					

答えの	小計(1)～(3)		小計(4)～(5)	
小計				
合計	合計 E (1)～(5)			

合計 E に	(1)	(2)	(3)	(4)	(5)
対する	(1)～(3)			(4)～(5)	
構成比率					

(注意) 構成比率はパーセントの小数第 2 位未満 4 捨 5 入

No.	6		7		8		9		10	
	£		£		£		£		£	
1	706,429.46		5,324.51		65,074.93		413,912.58		92,705,306.84	
2	28,513.39		10,278.63		7,315.47		806,084.32		50,913,672.17	
3	83,175,261.50		605.72		18,802,590.36		357,630.19		14,589,023.81	
4	40,654.81		382,937.47		428,769.52		6,170,498.64		28,037,195.54	
5	1,963,785.34		−9,180.16		3,054,926.70		−945,271.03		43,160,487.46	
6	602,491.62		−409.25		71,632.86		209,347.61		86,251,849.50	
7	97,081,046.59		8,563.90		193,841.09		792,185.97		37,396,520.76	
8	38,920.18		7,351.64		21,346,758.12		1,083,506.28		71,478,932.63	
9	519,149.07		−204,794.08		9,296.03		−5,438,723.70		25,640,291.05	
10	64,578.23		−142.19		80,437.50		−2,815,964.83		19,826,975.38	
11	74,352,832.75		−96,671.87		5,231,908.25		−9,560,132.26			
12	8,097,307.24		586.92		40,127,689.78		694,857.42			
13			3,045.36		86,570.94		7,541,679.05			
14			817.84		5,143.61					
15			250.39							
計										

| 答えの 小計 合計 | 小計(6)〜(8) | | | 小計(9)〜(10) | |
| | 合計 F (6)〜(10) | | | | |

| 合計 F に 対する 構成比率 | (6) | | (7) | | (8) | | (9) | | (10) | |
| | (6)〜(8) | | | | | | (9)〜(10) | | | |

	そろばん	電 卓

(C) 見取算得点

総 得 点

第 学年 組 番
名前

(第 146 回試験)

第 1 級　ビジネス計算部門 (制限時間30分)

(注意) Ⅰ. 減価償却費・複利・複利年金の計算については，別紙の数表を用いること。
Ⅱ. 答えに端数が生じた場合は（　）内の条件によって処理すること。

(1) 額面 ¥11,320,000 の手形を割引率年 2.83％で 5 月 8 日に割り引くと，割引料は
いくらか。ただし，満期は 7 月 12 日とする。（両端入れ，円未満切り捨て）

答 _____

(2) ¥52,350,000 を年利率 4.5％，1 年 1 期の複利で 10 年間借り入れると，複利終
価はいくらか。（円未満 4 捨 5 入）

答 _____

(3) 年利率 0.225％の単利で 11 月 7 日から翌年 1 月 19 日まで借り入れたところ，期
日に元利合計 ¥40,498,216 を支払った。元金はいくらか。（片落とし）

答 _____

(4) 10 米ガロンにつき $354.70 の商品を 20 L 建にすると円でいくらか。ただし，1
米ガロン＝3.785 L，$ 1＝¥134.15 とする。（計算の最終で円未満 4 捨 5 入）

答 _____

(5) 取得価額 ¥68,230,000 耐用年数 39 年の固定資産を定額法で減価償却すれば，第
21 期末減価償却累計額はいくらか。ただし，決算は年 1 回，残存簿価 ¥1 とする。

答 _____

(6) 毎年末に ¥763,000 ずつ 12 年間支払う負債を，いま一時に支払えば，その金額は
いくらか。ただし，年利率 6.5％，1 年 1 期の複利とする。（円未満 4 捨 5 入）

答 _____

(7) 次の株式の利回りは，それぞれ何パーセントか。（パーセントの小数第 1 位未満 4 捨
5 入）

銘柄	配　当　金	時　価	利　回　り
A	1 株につき年　¥2.40	¥175	
B	1 株につき年　¥6.70	¥234	
C	1 株につき年 ¥51.00	¥6,120	

(8) ある商品を予定売価（定価）の15%引きで販売したところ, 原価の19%の利益となった。値引額が¥8,652,000だとすれば, 原価はいくらか。

答 _____

(9) 取得価額¥42,810,000 耐用年数14年の固定資産を定率法で減価償却すれば, 第4期首帳簿価額はいくらか。ただし, 決算は年1回, 残存簿価¥1とする。（毎期償却限度額の円未満切り捨て）

答 _____

(10) 次の3口の貸付金の利息を積数法によって計算すると, 利息合計はいくらか。ただし, いずれも期日は11月15日, 利率は年1.29%とする。（片落とし, 円未満切り捨て）

貸付金額	貸付日
¥18,970,000	7月30日
¥56,030,000	8月26日
¥74,360,000	10月4日

答 _____

(11) 原価¥3,100,000の商品に3割8分の利益を見込んで予定売価（定価）をつけ, 予定売価（定価）から¥1,925,100値引きして販売した。損失額は原価の何割何分何厘か。

答 _____

(12) 3月28日満期, 額面¥95,435,790の手形を2月3日に割引率年4.18%で割り引くと, 手取金はいくらか。ただし, 手形金額の¥100未満には割引料を計算しないものとする。（平年, 両端入れ, 割引料の円未満切り捨て）

答 _____

(13) 仲立人がある商品の売買を仲介したところ, 買い主の支払総額が売買価額の1.48%の手数料を含めて¥70,021,200であった。売り主の支払った手数料が¥1,062,600であれば, 売り主の支払った手数料は売買価額の何パーセントか。パーセントの小数第2位まで求めよ。

答 _____

(14) ¥8,700,000を年利率6%, 半年1期の複利で借り入れた。これを毎半年末に等額ずつ支払って7年間で完済するとき, 毎期の賦金はいくらか。（円未満4捨5入）

答 _____

（第146回試験）

(15) 株式を次のとおり売却した。手取金の総額はいくらか。（それぞれの手数料の円未満切り捨て）

銘柄	約 定 値 段	株 数	手 数 料
D	1株につき　¥583	8,000株	約定代金の0.8470％＋¥4,378
E	1株につき　¥7,306	2,000株	約定代金の0.5720％＋¥24,728

答 ＿＿＿＿＿＿＿＿＿＿＿

(16) 8年9か月後に支払う負債¥60,750,000を年利率7％，半年1期の複利で割り引いて，いま支払うとすればその金額はいくらか。ただし，端数期間は真割引による。（計算の最終で¥100未満切り上げ）

答 ＿＿＿＿＿＿＿＿＿＿＿

(17) 2.1％利付社債，額面¥9,300,000を10月13日に市場価格¥96.55で買い入れると，支払代金はいくらか。ただし，利払日は6月25日と12月25日である。（経過日数は片落とし，経過利子の円未満切り捨て）

答 ＿＿＿＿＿＿＿＿＿＿＿

(18) 毎半年初めに¥345,000ずつ9年6か月間支払う年金の終価はいくらか。ただし，年利率4％，半年1期の複利とする。（円未満4捨5入）

答 ＿＿＿＿＿＿＿＿＿＿＿

(19) 1本につき¥6,900の商品を60ダース仕入れ，仕入諸掛¥204,000を支払った。この商品に諸掛込原価の4割1分の利益を見込んで予定売価（定価）をつけたが，全体の$\frac{2}{3}$は予定売価（定価）の8掛半で販売し，残り全部は予定売価（定価）の7掛で販売した。利益の総額はいくらか。

答 ＿＿＿＿＿＿＿＿＿＿＿

(20) 毎年末に等額ずつ積み立てて，4年後に¥2,600,000を得たい。年利率5.5％，1年1期の複利として，次の積立金表を作成せよ。（積立金および毎期積立金利息の円未満4捨5入，過不足は最終期末の利息で調整）

期数	積　立　金	積 立 金 利 息	積立金増加高	積立金合計高
1				
2				
3				
4				
計				—

第　　学年　　　組　　　番	正答数	総得点
名前		

×5点

（第146回試験）

199

公益財団法人 全国商業高等学校協会主催

第147回 ビジネス計算実務検定試験

第 1 級　普通計算部門 （制限時間 A・B・C 合わせて 30 分）

（A）乗算問題

(注意) 円未満 4 捨 5 入、構成比率はパーセントの小数第 2 位未満 4 捨 5 入

1	¥ 79,587 × 6,916 =	
2	¥ 4,350 × 83,921 =	
3	¥ 13,801 × 578.27 =	
4	¥ 932,265 × 0.001049 =	
5	¥ 6,124 × 2,303,174 =	

答えの小計・合計		合計 A に対する構成比率	
小計(1)〜(3)	(1)	(1)〜(3)	
	(2)		
	(3)		
小計(4)〜(5)	(4)	(4)〜(5)	
	(5)		
合計 A (1)〜(5)			

(注意) ペンス未満 4 捨 5 入、構成比率はパーセントの小数第 2 位未満 4 捨 5 入

6	£ 890.63 × 7,180 =	
7	£ 20.76 × 46,605.3 =	
8	£ 519.68 × 94.875 =	
9	£ 34,741.59 × 0.5298 =	
10	£ 708.42 × 356,402 =	

答えの小計・合計		合計 B に対する構成比率	
小計(6)〜(8)	(6)	(6)〜(8)	
	(7)		
	(8)		
小計(9)〜(10)	(9)	(9)〜(10)	
	(10)		
合計 B (6)〜(10)			

第　学年	
組	
番	
名前	

（B）除 算 問 題

（解答→別冊 p.52）

(注意) 円未満4捨5入、構成比率はパーセントの小数第2位未満4捨5入

1	¥	77,875,050 ÷ 9,526 =
2	¥	469 ÷ 0.28361 =
3	¥	255,037,496 ÷ 340,504 =
4	¥	65,074,701 ÷ 687 =
5	¥	3,466,564 ÷ 10.32 =

答えの小計・合計		合計 C に対する構成比率	
小計(1)～(3)	(1)		(1)～(3)
	(2)		
	(3)		
小計(4)～(5)	(4)		(4)～(5)
	(5)		
合計 C (1)～(5)			

(注意) セント未満4捨5入、構成比率はパーセントの小数第2位未満4捨5入

6	€	668,547.88 ÷ 80,938 =
7	€	864,901.39 ÷ 4,184.3 =
8	€	404,948.50 ÷ 762.5 =
9	€	278.35 ÷ 0.0569 =
10	€	10,131,695.90 ÷ 157,790 =

答えの小計・合計		合計 D に対する構成比率	
小計(6)～(8)	(6)		(6)～(8)
	(7)		
	(8)		
小計(9)～(10)	(9)		(9)～(10)
	(10)		
合計 D (6)～(10)			

	A乗算		B除算		C見取算		普通計算 合計点
	正答数	得点	正答数	得点	正答数	得点	
珠算 (1)～(10)	×10点		×10点		×10点		
電卓 (1)～(10)	×5点		×5点		×5点		
小計・合計・構成比率	×5点		×5点		×5点		

そろばん	
電	卓

第 学年 組 番

名前

（第 147 回試験）

第147回 ビジネス計算実務検定試験 （制限時間A・B・C合わせて30分）

第 1 級　普 通 計 算 部 門

（C）見 取 算 問 題

(注意) 構成比率はパーセントの小数第2位未満4捨5入

No.	1	2	3	4	5
1	¥954,058	¥4,189,321	¥714,919,613	¥509,459,706	¥29,879
2	730,921	912,797	1,806,204	9,837,822,490	601,451
3	361,285	75,842	648,293,719	215,307,627	83,965
4	698,170	16,039	2,590,785,021	-52,084,314	946,237
5	849,667	2,483,254	5,341,798	-768,193,895	471,082
6	107,340	-51,972	861,568,942	390,675,463	64,301
7	278,635	-807,140	437,692,588	624,741,032	38,548
8	416,859	64,586	9,135,427	-4,812,365,149	740,726
9	131,743	9,630,493	16,470,875	86,918,571	52,190
10	472,507	271,268	3,209,824,036	173,560,280	497,813
11	826,419	-367,901	723,510,650		80,295
12	504,796	-40,610	6,057,384		13,436
13	395,814	-1,592,435			531,672
14	283,023	56,387			75,914
15	529,162	728,659			256,703
16		-6,003,578			104,120
17		34,805			92,846
18					327,368
19					69,059
20					815,587
計					

答えの小計合計	小計(1)～(3)			小計(4)～(5)	
	合計E (1)～(5)				

合計Eに対する構成比率	(1)	(2)	(3)	(4)	(5)
	(1)～(3)			(4)～(5)	

(注意) 構成比率はパーセントの小数第 2 位未満 4 捨 5 入

No.	6	7	8	9	10
	$	$	$	$	$
1	10,463.27	811,697.84	2,640,935.80	36,154,720.62	6,017.65
2	9,701.48	2,354,082.75	68,917,419.65	92,876,037.85	795.09
3	306,813.84	7,480,914.50	−469,543.79	57,341,265.97	18,539.24
4	8,749,585.01	64,759.31	832,608.92	14,239,402.19	43,699,128.67
5	67,396.19	4,925,360.27	179,187.06	80,507,513.28	−7,263,083.71
6	714,257.23	5,043,205.68	34,581,024.77	46,719,309.53	−80,654.16
7	4,592,170.96	1,579,471.30	254,651.20	68,290,864.41	−352,489.38
8	33,562.50	698,028.52	−76,493,296.04	21,638,178.30	5,861.43
9	2,948.72	16,839.01	−5,305,712.38	35,962,451.84	821,346.07
10	653,824.15	3,129,746.26	−90,728,340.13	70,485,692.79	202.51
11	5,847,690.61	738,963.49	52,186,875.31		94,570.32
12	21,039.86	8,201,587.92			5,231,904.29
13		9,376,106.43			−627.80
14					−10,549,736.74
15					407,815.98
計					

答えの	小計(6)~(8)		小計(9)~(10)	
小計 合計	合計 F (6)~(10)			

合計 F に	(6)	(7)	(8)	(9)	(10)
対する 構成比率	(6)~(8)			(9)~(10)	

そろばん		電 卓	

第 学年 組 番
名前

(C) 見取算得点

総 得 点

第 1 級　ビジネス計算部門 (制限時間30分)

(注意) Ⅰ. 減価償却費・複利・複利年金の計算については，別紙の数表を用いること。
Ⅱ. 答えに端数が生じた場合は（　）内の条件によって処理すること。

(1) 11月27日満期，額面 ¥36,090,000 の約束手形を 9 月 10 日に割引率年 4.12%
で割り引くと，割引料はいくらか。（両端入れ，円未満切り捨て）

答 ＿＿＿＿＿＿＿＿＿＿＿＿＿

(2) 元金 ¥18,980,000 を単利で 12 月 14 日から翌年 3 月 9 日まで貸し付け，期日に
元利合計 ¥18,987,735 を受け取った。利率は年何パーセントか。パーセントの小数
第 3 位まで求めよ。（平年，片落とし）

答 ＿＿＿＿＿＿＿＿＿＿＿＿＿

(3) 取得価額 ¥53,410,000 耐用年数 47 年の固定資産を定額法で減価償却すれば，第
28 期首帳簿価額はいくらか。ただし，決算は年 1 回，残存簿価 ¥1 とする。

答 ＿＿＿＿＿＿＿＿＿＿＿＿＿

(4) 30 米トンにつき $4,832.70 の商品を 60kg 建にすると円でいくらか。ただし，1
米トン = 907.2kg，$1 = ¥138.80 とする。（計算の最終で円未満 4 捨 5 入）

答 ＿＿＿＿＿＿＿＿＿＿＿＿＿

(5) 株式を次のとおり買い入れた。支払総額はいくらか。（それぞれの手数料の円未満切
り捨て）

銘柄	約　定　値　段	株　数	手　　数　　料
D	1 株につき　　　¥637	9,000 株	約定代金の 0.21450% + ¥4,686
E	1 株につき　¥8,024	5,000 株	約定代金の 0.09900% + ¥30,976

答 ＿＿＿＿＿＿＿＿＿＿＿＿＿

(6) 毎年末に ¥728,000 ずつ 10 年間支払う年金の終価はいくらか。ただし，年利率
5.5%，1 年 1 期の複利とする。（円未満 4 捨 5 入）

答 ＿＿＿＿＿＿＿＿＿＿＿＿＿

(7) ある商品に原価の 31%の利益をみて予定売価（定価）をつけたが，予定売価（定価）
から ¥1,198,400 値引きして販売したので，原価の 9.6%の利益となった。実売価
はいくらか。

答 ＿＿＿＿＿＿＿＿＿＿＿＿＿

(8) 1.9%利付社債，額面￥5,600,000 を 10 月 20 日に市場価格￥99.05 で買い入れると，支払代金はいくらか。ただし，利払日は 1 月 15 日と 7 月 15 日である。
（経過日数は片落とし，経過利子の円未満切り捨て）

答 _____

(9) 毎半年初めに￥259,000 ずつ 6 年 6 か月間支払う負債を，いま一時に支払えば，その金額はいくらか。ただし，年利率 5%，半年 1 期の複利とする。（円未満 4 捨 5 入）

答 _____

(10) 仲立人が売り主から 3.52%，買い主から 3.48％の手数料を受け取る約束で商品の売買を仲介したところ，買い主の支払総額が￥74,505,600 となった。売り主の手取金はいくらか。

答 _____

(11) 額面￥92,068,690 の手形を割引率年 3.91％で 3 月 21 日に割り引くと，手取金はいくらか。ただし，満期は 5 月 19 日とし，手形金額の￥100 未満には割引料を計算しないものとする。（両端入れ，割引料の円未満切り捨て）

答 _____

(12) 毎半年末に等額ずつ積み立てて，7 年 6 か月後に￥8,400,000 を得たい。年利率 4%，半年 1 期の複利とすれば，毎期の積立金はいくらか。（円未満 4 捨 5 入）

答 _____

(13) 8 年後に償還される 2.6％利付社債の買入価格が￥97.65 のとき，単利最終利回りは何パーセントか。（パーセントの小数第 3 位未満切り捨て）

答 _____

(14) 原価￥1,300,000 の商品を予定売価（定価）から￥157,300 値引きして販売したところ，原価の 2 割 5 分 4 厘の利益を得た。値引額は予定売価（定価）の何分何厘か。

答 _____

(15) 次の株式の指値はそれぞれいくらか。（銘柄 A・B は円未満切り捨て，C は￥5 未満は切り捨て・￥5 以上￥10 未満は￥5 とする）

銘柄	配　当　金		希望利回り	指　　　値
A	1 株につき年	￥3.90	0.7%	
B	1 株につき年	￥6.40	1.5%	
C	1 株につき年	￥71.00	2.2%	

(16) ¥40,820,000 を年利率6%，半年1期の複利で9年3か月間貸し付けると，期日に受け取る元利合計はいくらか。ただし，端数期間は単利法による。(計算の最終で円未満4捨5入)

答 _____

(17) 次の3口の借入金の利息を積数法によって計算すると，元利合計はいくらか。ただし，いずれも期日は7月24日，利率は年2.07%とする。(片落とし，円未満切り捨て)

借入金額 　　　　借入日
¥30,950,000 　　4月2日
¥62,470,000 　　5月30日
¥87,310,000 　　6月13日

答 _____

(18) 12年後に支払う負債 ¥75,160,000 を年利率6.5%，1年1期の複利で割り引いて，いま支払うとすればその金額はいくらか。(¥100 未満切り上げ)

答 _____

(19) 1箱につき ¥2,640 の商品を 700 箱仕入れ，仕入諸掛を支払った。この商品に諸掛込原価の40%の利益を見込んで予定売価(定価)をつけたが，全体の半分は予定売価(定価)の10%引きで販売し，残り全部は予定売価(定価)の18%引きで販売した。実売価の総額が ¥2,313,486 であるとき，仕入諸掛はいくらか。

答 _____

(20) 取得価額 ¥61,290,000 耐用年数 15 年の固定資産を定率法で減価償却するとき，次の減価償却計算表の第4期末まで記入せよ。ただし，決算は年1回，残存簿価 ¥1 とする。(毎期償却限度額の円未満切り捨て)

期数	期首帳簿価額	償却限度額	減価償却累計額
1			
2			
3			
4			

(A) 複利終価表

n＼i	2%	2.5%	3%	3.5%	4%	4.5%	5%	5.5%	6%	6.5%	7%
6	1.1261 6242	1.1596 9342	1.1940 5230	1.2292 5533	1.2653 1902	1.3022 6012	1.3400 9564	1.3788 4281	1.4185 1911	1.4591 4230	1.5007 3035
7	1.1486 8567	1.1886 8575	1.2298 7387	1.2722 7926	1.3159 3178	1.3608 6183	1.4071 0042	1.4546 7916	1.5036 3026	1.5539 8655	1.6057 8148
8	1.1716 5938	1.2184 0290	1.2667 7008	1.3168 0904	1.3685 6905	1.4221 0061	1.4774 5544	1.5346 8651	1.5938 4807	1.6549 9567	1.7181 8618
9	1.1950 9257	1.2488 6297	1.3047 7318	1.3628 9735	1.4233 1181	1.4860 9514	1.5513 2822	1.6190 9427	1.6894 7896	1.7625 7039	1.8384 5921
10	1.2189 9442	1.2800 8454	1.3439 1638	1.4105 9876	1.4802 4428	1.5529 6942	1.6288 9463	1.7081 4446	1.7908 4770	1.8771 3747	1.9671 5136
11	1.2433 7431	1.3120 8666	1.3842 3387	1.4599 6972	1.5394 5406	1.6228 5305	1.7103 3936	1.8020 9240	1.8982 9856	1.9991 5140	2.1048 5195
12	1.2682 4179	1.3448 8882	1.4257 6089	1.5110 6866	1.6010 3222	1.6958 8143	1.7958 5633	1.9012 0749	2.0121 9647	2.1290 9624	2.2521 9159
13	1.2936 0663	1.3785 1104	1.4685 3371	1.5639 5606	1.6650 7351	1.7721 9610	1.8856 4914	2.0057 7390	2.1329 2826	2.2674 8750	2.4098 4500
14	1.3194 7876	1.4129 7382	1.5125 8972	1.6186 9452	1.7316 7645	1.8519 4492	1.9799 3160	2.1160 9146	2.2609 0396	2.4148 7418	2.5785 3415
15	1.3458 6834	1.4482 9817	1.5579 6742	1.6753 4883	1.8009 4351	1.9352 8244	2.0789 2818	2.2324 7649	2.3965 5819	2.5718 4101	2.7590 3154
16	1.3727 8571	1.4845 0562	1.6047 0644	1.7339 8604	1.8729 8125	2.0223 7015	2.1828 7459	2.3552 6270	2.5403 5168	2.7390 1067	2.9521 6375
17	1.4002 4142	1.5216 1826	1.6528 4763	1.7946 7555	1.9479 0050	2.1133 7681	2.2920 1832	2.4848 0215	2.6927 7279	2.9170 4637	3.1588 1521
18	1.4282 4625	1.5596 5872	1.7024 3306	1.8574 8920	2.0258 1652	2.2084 7877	2.4066 1923	2.6214 6627	2.8543 3915	3.1066 5438	3.3799 3228
19	1.4568 1117	1.5986 5019	1.7535 0605	1.9225 0132	2.1068 4918	2.3078 6031	2.5269 5020	2.7656 4691	3.0255 9950	3.3085 8691	3.6165 2754
20	1.4859 4740	1.6386 1644	1.8061 1123	1.9897 8886	2.1911 2314	2.4117 1402	2.6532 9771	2.9177 5749	3.2071 3547	3.5236 4506	3.8696 8446

(B) 複利現価表

n＼i	2%	2.5%	3%	3.5%	4%	4.5%	5%	5.5%	6%	6.5%	7%
6	0.8879 7138	0.8622 9687	0.8374 8426	0.8135 0064	0.7903 1453	0.7678 9574	0.7462 1540	0.7252 4583	0.7049 6054	0.6853 3412	0.6663 4222
7	0.8705 6018	0.8412 6524	0.8130 9151	0.7859 9096	0.7599 1781	0.7348 2846	0.7106 8133	0.6874 3681	0.6650 5711	0.6435 0621	0.6227 4974
8	0.8534 9037	0.8207 4657	0.7894 0923	0.7594 1156	0.7306 9021	0.7031 8513	0.6768 3936	0.6515 9887	0.6274 1237	0.6042 3119	0.5820 0910
9	0.8367 5527	0.8007 2836	0.7664 1673	0.7337 3097	0.7025 8674	0.6729 0443	0.6446 0892	0.6176 2926	0.5918 9846	0.5673 5323	0.5439 3374
10	0.8203 4830	0.7811 9840	0.7440 9391	0.7089 1881	0.6755 6417	0.6439 2768	0.6139 1325	0.5854 3058	0.5583 9478	0.5327 2604	0.5083 4929
11	0.8042 6304	0.7621 4478	0.7224 2128	0.6849 4571	0.6495 8093	0.6161 9874	0.5846 7929	0.5549 1050	0.5267 8753	0.5002 1224	0.4750 9280
12	0.7884 9318	0.7435 5589	0.7013 7988	0.6617 8330	0.6245 9705	0.5896 6386	0.5568 3742	0.5259 8152	0.4969 6936	0.4696 8285	0.4440 1196
13	0.7730 3253	0.7254 2038	0.6809 5134	0.6394 0415	0.6005 7409	0.5642 7164	0.5303 2135	0.4985 6068	0.4688 3902	0.4410 1676	0.4149 6445
14	0.7578 7502	0.7077 2720	0.6611 1781	0.6177 8179	0.5774 7508	0.5399 7286	0.5050 6795	0.4725 6937	0.4423 0096	0.4141 0025	0.3878 1724
15	0.7430 1473	0.6904 6556	0.6418 6195	0.5968 9062	0.5552 6450	0.5167 2044	0.4810 1710	0.4479 3305	0.4172 6506	0.3888 2652	0.3624 4602
16	0.7284 4581	0.6736 2493	0.6231 6694	0.5767 0591	0.5339 0818	0.4944 6932	0.4581 1152	0.4245 8109	0.3936 4628	0.3650 9533	0.3387 3460
17	0.7141 6256	0.6571 9506	0.6050 1645	0.5572 0378	0.5133 7325	0.4731 7639	0.4362 9669	0.4024 4653	0.3713 6442	0.3428 1251	0.3165 7439
18	0.7001 5937	0.6411 6591	0.5873 9461	0.5383 6114	0.4936 2812	0.4528 0037	0.4155 2065	0.3814 6590	0.3503 4379	0.3218 8969	0.2958 6392
19	0.6864 3076	0.6255 2772	0.5702 8603	0.5201 5569	0.4746 4242	0.4333 0179	0.3957 3396	0.3615 7906	0.3305 1301	0.3022 4384	0.2765 0833
20	0.6729 7133	0.6102 7094	0.5536 7575	0.5025 6588	0.4563 8695	0.4146 4286	0.3768 8948	0.3427 2896	0.3118 0473	0.2837 9703	0.2584 1900

(C) 複利年金終価表

n＼i	2%	2.5%	3%	3.5%	4%	4.5%	5%	5.5%	6%	6.5%	7%
6	6.3081 2096	6.3877 3673	6.4684 0988	6.5501 5218	6.6329 7546	6.7168 9166	6.8019 1281	6.8880 5103	6.9753 1854	7.0637 2764	7.1532 9074
7	7.4342 8338	7.5474 3015	7.6624 6218	7.7794 0751	7.8982 9448	8.0191 5179	8.1420 0845	8.2668 9384	8.3938 3765	8.5228 6994	8.6540 2109
8	8.5829 6905	8.7361 1590	8.8923 3605	9.0516 8677	9.2142 2626	9.3800 1362	9.5491 0888	9.7215 7300	9.8974 6791	10.0768 5648	10.2598 0257
9	9.7546 2843	9.9545 1880	10.1591 0613	10.3684 9581	10.5827 9531	10.8021 1423	11.0265 6432	11.2562 5951	11.4913 1598	11.7318 5215	11.9779 8875
10	10.9497 2100	11.2033 8177	11.4638 7931	11.7313 9316	12.0061 0712	12.2882 0937	12.5778 9254	12.8753 5379	13.1807 9494	13.4944 2254	13.8164 4796
11	12.1687 1542	12.4834 6631	12.8077 9569	13.1419 9192	13.4863 5141	13.8411 7879	14.2067 8716	14.5834 9825	14.9716 4264	15.3715 6001	15.7835 9932
12	13.4120 8973	13.7955 5297	14.1920 2956	14.6019 6164	15.0258 0546	15.4640 3184	15.9171 2652	16.3855 9065	16.8699 4120	17.3707 1141	17.8884 5127
13	14.6803 3152	15.1404 4179	15.6177 9045	16.1130 3030	16.6268 3768	17.1599 1327	17.7129 8285	18.2867 9814	18.8821 3767	19.4998 0765	20.1406 4286
14	15.9739 3815	16.5189 5284	17.0863 2416	17.6769 8636	18.2919 1119	18.9321 0937	19.5986 3199	20.2925 7201	21.0150 6593	21.7672 9515	22.5504 8786
15	17.2934 1692	17.9319 2666	18.5989 1389	19.2956 8088	20.0235 8764	20.7840 5429	21.5785 6359	22.4086 6350	23.2759 6988	24.1821 6933	25.1290 2201
16	18.6392 8525	19.3802 2483	20.1568 8130	20.9710 2971	21.8245 3114	22.7193 3673	23.6574 9177	24.6411 3999	25.6725 2808	26.7540 1034	27.8880 5355
17	20.0120 7096	20.8647 3045	21.7615 8774	22.7050 1575	23.6975 1239	24.7417 0689	25.8403 6636	26.9964 0269	28.2128 7976	29.4930 2101	30.8402 1730
18	21.4123 1238	22.3363 4871	23.4144 3537	24.4996 9130	25.6454 1288	26.8550 8370	28.1323 8467	29.4812 0483	30.9056 5255	32.4100 6738	33.9990 3251
19	22.8405 5863	23.9460 0743	25.1168 6844	26.3571 1288	27.6712 2940	29.0635 6246	30.5390 0391	32.1026 7110	33.7599 9170	35.5167 2176	37.3789 6479
20	24.2973 6980	25.5446 5761	26.8703 7449	28.2796 8181	29.7780 7858	31.3714 2277	33.0659 5410	34.8683 1801	36.7855 9120	38.8253 0867	40.9954 9232

令和6年度版

全国商業高等学校協会主催
ビジネス計算実務検定模擬テスト　1級

解答・解説

・とうほうHPから各種追加データをダウンロードすることができます。
　1．追加模擬試験問題4回分（第9回～第12回）・解答解説
　2．模擬試験の解答用紙（第1回～第12回）
　3．分野別練習問題の解答・解説
　4．数表データ
・ダウンロードファイルを開く際にはパスワードが必要となります。詳しくは，
　解答・解説p.56をご覧ください。

◆電卓の操作方法

※本問題集で使用している電卓は，学校用（教育用）電卓です。電卓にはさまざまな種類があるため，機種によりキーの種類や配列，操作方法が異なる場合があります。本問題集で説明のないキーや操作方法については，お手持ちの電卓の取扱説明書などをご確認ください。

〔カシオ型電卓〕

ラウンドセレクター $\boxed{\text{F CUT 5/4}}$
F　：小数点を処理せず表示する。
CUT：指定した桁で切り捨てる。
5/4：四捨五入する。

小数点/日数計算条件セレクター $\boxed{\text{5 4 3 2 0 ADD2}}$ 片落 両入
5~0：表示する答えの小数位を指定する。
ADD2：入力した数値の下2桁に自動で小数点をつける。
両入：両端入れを指定する。
片落：片落としを指定する。

GT 「＝」で出した計算結果を集計する。

例）$(3 \times 5) + (13 \times 4) + 25 = 92$
→ $3 \boxed{\times} 5 \boxed{=} 13 \boxed{\times} 4 \boxed{=} 25 \boxed{=} \boxed{GT}$

AC　記憶している数値以外の全ての入力データを消去する。

C　表示している数値を消去する。

M+　　数値を加算として記憶する。
M-　　数値を減算として記憶する。
MR / RM　記憶されている数値を呼び戻す。
MC / CM　記憶されている数値を消去する。

例）$(3 \times 5) + (3 \times 5) + 6 - 6 + 6 = 36$
→ $3 \boxed{\times} 5 \boxed{M+} \boxed{M+}$　$6 \boxed{M+} \boxed{M-} \boxed{M+} \boxed{MR}$

「＋(3×5)」として記憶	「＋6」として記憶	「－6」として記憶	「＋6」として記憶

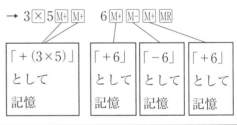

・**切り捨て**：ラウンドセレクターを**CUT**　$\boxed{\text{F CUT 5/4}}$
・**4捨5入**：ラウンドセレクターを**5/4**　$\boxed{\text{F CUT 5/4}}$
・**通常時**：ラウンドセレクターを**F**　$\boxed{\text{F CUT 5/4}}$

・**小数点セレクターを0**　$\boxed{\text{5 4 3 2 0 ADD2}}$ 片落 両入
・**小数点セレクターを2**　$\boxed{\text{5 4 3 2 0 ADD2}}$ 片落 両入
・**小数点セレクターをADD2**　$\boxed{\text{5 4 3 2 0 ADD2}}$ 片落 両入

・**片落とし**：日数計算条件セレクターを**片落**　$\boxed{\text{5 4 3 2 0 ADD2}}$ 片落 両入

・**両端入れ**：日数計算条件セレクターを**両入**　$\boxed{\text{5 4 3 2 0 ADD2}}$ 片落 両入

〔シャープ型電卓〕

— 3 —

ラウンドスイッチ 両入 片落 両落 ↑ 5/4 ↓
↑ ：指定した桁で切り上げる。
↓ ：指定した桁で切り捨てる。
5/4：四捨五入する。
両入：両端入れを指定する。
片落：片落としを指定する。
両落：両端落としを指定する。

小数部桁数指定（TAB）スイッチ F543210A
F ：小数点を処理せず表示する。
5～0：表示する答えの小数位を指定する。
A ：入力した数値の下2桁に自動で小数点を
　　つける。

GT 「＝」で出した計算結果を
　　集計する。

例）$(3 \times 5) + (13 \times 4) + 25 = 92$
→ 3 × 5 ＝ 13 × 4 ＝ 25 ＋ GT ＝

CA 記憶内容も表示して
　　いる数値も全て消去
　　する。

C 記憶している数値以
　　外の全ての入力デー
　　タを消去する。

CE 表示している数値を
　　消去する。

M＋　　数値を加算として記憶する。
M－　　数値を減算として記憶する。
MR / RM 記憶されている数値を呼び戻す。
MC / CM 記憶されている数値を消去する。

例）$(3 \times 5) + (3 \times 5) + 6 - 6 + 6 = 36$
→ 3 × 5 M＋ M＋　　6 M＋ M－ M＋ MR

| 「＋(3×5)」として記憶 | 「＋6」として記憶 | 「－6」として記憶 | 「＋6」として記憶 |

・切り捨て：ラウンドスイッチを↓　　両入 片落 両落 ↑ 5/4 ↓

・4捨5入：ラウンドスイッチを**5/4**　　両入 片落 両落 ↑ 5/4 ↓

・通 常 時：小数部桁数指定スイッチ※を**F**　　F543210A

・片落とし：ラウンドスイッチを**片落**　　両入 片落 両落 ↑ 5/4 ↓

・両端入れ：ラウンドスイッチを**両入**　　両入 片落 両落 ↑ 5/4 ↓

・小数部桁数指定スイッチを**0**　　F543210A

・小数部桁数指定スイッチを**2**　　F543210A

・小数部桁数指定スイッチを**ADD₂**　　F543210A

※小数部桁数指定スイッチ…本問題集では「ラウンドセレクター」として表記

◆基本的な内容の確認

1. 端数処理

端数処理には，**切り捨て**，**切り上げ**，**四捨五入**などの方法がある。

①**切り捨て**：求める位よりも下位に端数がある場合に，端数を0にする。

例）20.3（小数点以下切り捨て）　→　20

②**切り上げ**：求める位よりも下位に端数がある場合に，求める位に1をたして，端数を0にする。

例）20.3（小数点以下切り上げ）　→　21

③**四捨五入**：求める位の次の位の数が4以下であれば切り捨て，5以上であれば切り上げる。

例）20.3（小数点以下4捨5入）　→　20（4以下のため切り捨て）

　　20.6（小数点以下4捨5入）　→　21（5以上のため切り上げ）

2. 日数計算

ある期間の日数が何日あるかを計算するとき，期間の始まる日を**初日**，期間の終わる日を**期日**または**満期日**という。日数計算には**片落とし**，**両端入れ**，**両端落とし**の3つの方法がある。ある月の1日から5日までの日数計算をそれぞれの方法でおこなうと，次のようになる。

①**片落とし**：初日を算入せずに日数計算をする方法。

②**両端入れ**：初日も期日も算入することから，片落としの場合よりも日数計算の結果が1日多くなる。

③**両端落とし**：初日も期日も算入しないことから，片落としの場合よりも日数計算の結果が1日少なくなる。

④**各月の日数**

月	1月	2月	3月	4月	5月	6月	7月	8月	9月	10月	11月	12月
平　年	31日	28日	31日	30日	31日	30日	31日	31日	30日	31日	30日	31日
うるう年		29日										

3. 外国貨幣・度量衡

●貨幣単位名称の例

国　名	通貨単位	記号	補助通貨単位
日　本	円	¥	1円＝100銭
	（銭）		
アメリカ	ドル	$	1ドル＝100セント
	セント	¢	
ドイツ・フランスなど	ユーロ	€	1ユーロ＝100セント
イギリス	ポンド	£	1ポンド＝100ペンス
	ペンス	p	
中　国	元	RMB/¥	1元＝10角
	角		

＊日本の銭は計算上使用されるが，流通していない。

●メートル法の単位とヤード・ポンド法への換算率

1キロメートル	km	1km＝1,000m	0.6214mi（マイル）
1メートル	m	1m＝100cm	1.0936yd（ヤード）
1センチメートル	cm		0.3937in（インチ）
1キロリットル	kℓ	1kℓ＝1,000ℓ	219.969gal（UK）（英ガロン）
			264.172gal（US）（米ガロン）
1リットル	ℓ	1ℓ＝10dℓ	0.2200gal（UK）（英ガロン）
			0.2642gal（US）（米ガロン）
1トン	t	1t＝1,000kg	0.9842ton（UK）（英トン）
			1.1023ton（US）（米トン）
1キログラム	kg	1kg＝1,000g	2.2046lb（ポンド）
1グラム	g		0.0353oz（オンス）

●ヤード・ポンド法の単位とメートル法への換算率

1ヤード	yd	1yd＝3ft（フィート）	0.9144m
1フィート	ft	1ft＝12in	0.3048m
1インチ	in		2.54cm
1英ガロン	gal（UK）		4.5460ℓ
1米ガロン	gal（US）		3.7854ℓ
1英トン	ton（UK）	1ton（UK）＝2,240lb	1.0160t
1米トン	ton（US）	1ton（US）＝2,000lb	0.9072t
1ポンド	lb	1lb＝16oz	0.4536kg
1オンス	oz		28.3495g

3.割合の表し方トレーニング

【解答】

①	23%	(0.23)	(2割3分)
②	(35%)	0.35	(3割5分)
③	(13%)	(0.13)	1割3分
④	4.3%	(0.043)	(4分3厘)
⑤	(2.1%)	0.021	(2分1厘)
⑥	0.1%	(0.001)	(1厘)
⑦	(20.4%)	(0.204)	2割4厘
⑧	5 %	(0.05)	5分
⑨	(0.5%)	0.005	(5厘)
⑩	76.3%	(0.763)	(7割6分3厘)
⑪	40.08%	(0.4008)	4割8毛
⑫	3.4%	(0.034)	(3分4厘)
⑬	(33.3%)	(0.333)	3割3分3厘
⑭	0.76%	(0.0076)	(7厘6毛)

4.補数（割引き・%引き）をつくるトレーニング

【解答】

① 0.7　② 0.6　③ 0.74　④ 0.66　⑤ 0.985　⑥ 0.44　⑦ 0.8　⑧ 0.58　⑨ 0.92　⑩ 0.993

⑪ 0.6　⑫ 0.8　⑬ 0.97　⑭ 0.88　⑮ 3,500　⑯ 5,160　⑰ 6,860　⑱ 4,000　⑲ 6,800　⑳ 5,640

5.割増し（増し・%増し）をつくるトレーニング

【解答】

① 1.3　② 1.4　③ 1.26　④ 1.34　⑤ 1.015　⑥ 1.56　⑦ 1.2　⑧ 1.42　⑨ 1.08　⑩ 1.007

⑪ 1.4　⑫ 1.2　⑬ 1.03　⑭ 1.12　⑮ 6,500　⑯ 6,840　⑰ 7,140　⑱ 6,000　⑲ 9,200　⑳ 6,360

6.原価 x を用いて定価や売価の式にするトレーニング

【解答】

① $x + 50$　② $1.15x$　③ $x + 25$　④ $1.1975x$　⑤ $x - 35$　⑥ $0.8045x$

⑦ $1.15x$　⑧ $(x + 50) \times 0.8$　（または $0.8x + 40$）

⑨ $0.78y$　⑩ $1.25x - n = 3,400$　⑪ $0.75y$

⑫ $(x + 500) \times 0.7 \rightarrow 0.7x + 350$　⑬ $1.24x = 6,200$　⑭ $1.37x = 4,110$

分野別練習問題・復習問題解答（本冊 p.6～）

※練習問題の解説は，とうほうHPからダウンロードが可能です（詳しくはp.56）。

＝＝＝＝＝1.単利の計算①（本冊p.6～）＝＝＝＝＝

例1 対応
（1）¥1,877,083 （2）¥4,536　　　（3）¥195,556
（4）¥31,702

例2 － 例4 対応
（1）¥24,000,000 （2）¥65,000,000 （3）0.492%
（4）0.345%　　　（5）0.485%　　　（6）9か月
（7）1年1か月　　（8）1年1か月

【ポイント】

・式を変形するときには，「＋」「－」「×」「÷」の変化に注意する。

＝＝＝＝＝1.単利の計算②（本冊p.10～）＝＝＝＝＝

例5 － 例7 対応
（1）¥22,014,388 （2）¥23,052,746 （3）¥13,404,400
（4）¥64,500,000 （5）¥57,900,000 （6）¥613,120

＝＝＝＝＝1.単利の計算③（本冊p.12～）＝＝＝＝＝

例8 － 例9 対応
（1）¥316,927　　（2）¥72,717,091（3）¥136,435,050

【ポイント】

・期間が日数のときは「÷365」，月数のときは「÷12」となるため，注意する。

＝＝＝＝＝2.手形割引（本冊p.14～）＝＝＝＝＝

例1 － 例3 対応
（1）¥124,389　　（2）¥269,260　　（3）¥27,875,611
（4）¥51,730,740 （5）¥52,831,026 （6）¥5,843,295
（7）¥8,436,292 （8）¥959,483

【ポイント】

・「手形金額の¥100未満には割引料を計算しないものとする」
→たとえば（6）の場合は，割引料の計算では¥5,914,380を¥5,914,300として計算するが，手取金を求める計算では¥5,914,380で計算することに注意する。

＝＝＝＝＝3.複利終価（本冊p.16～）＝＝＝＝＝

例1 － 例2 対応
（1）¥56,174,979 （2）¥101,501,189 （3）¥24,054,170
（4）¥99,561,185 （5）¥17,237,624

例3 － 例4 対応
（1）¥58,057,188 （2）¥41,711,074 （3）¥15,244,522
（4）¥48,780,402 （5）¥104,982,034 （6）¥22,400,335

例5 － 例6 対応
（1）¥155,939,592 （2）¥81,170,663 （3）¥107,693,731
（4）¥114,406,714（5）¥73,790,462（6）¥20,548,173

【ポイント】

・「半年1期」「端数期間は単利法」の場合，分数の分母は12か月ではなく6か月になることに注意する。

＝＝＝＝＝4.複利現価（本冊p.22～）＝＝＝＝＝

例1 － 例2 対応
（1）¥74,964,189 （2）¥50,429,600 （3）¥31,051,600
（4）¥54,177,500 （5）¥16,752,949 （6）¥65,771,700

【ポイント】

・（1）（5）　　　　　…「複利現価はいくらか」
・（2）（3）（4）（6）…「いま支払うとすればその金額はいくらか」
→（2）（3）（4）（6）では問題文に「複利現価」という言葉が出てこないが，（1）（4）と同じように，複利現価を求める問題。計算方法も同じ。

例3 － 例4 対応
（1）¥66,567,800 （2）¥22,358,600 （3）¥70,338,800
（4）¥76,018,400 （5）¥63,079,800

【ポイント】

・（3）～（5）のように，「半年1期」「端数期間は真割引」の場合，分数の分母は12か月ではなく6か月になることに注意する。

＝＝＝＝利息計算復習問題（本冊 p.26〜29）＝＝＝＝

利息計算復習問題①

（1）¥76,041,052（2）¥16,250,809（3）¥519,483

（4）¥94,334　　　（5）0.282%　　（6）¥35,091,470

（7）¥102,032,839（8）¥71,010,680（9）¥572,992

（10）¥7,513,796（11）¥37,129,400（12）¥6,450,177

（13）¥70,579,500（14）¥57,915,515（15）¥47,794,166

（16）¥414,395

利息計算復習問題②

（1）¥161,182　　（2）¥53,647,484（3）¥120,180

（4）¥435,477　　（5）¥7,499,420（6）¥88,572,044

（7）¥2,877,679（8）¥84,752,658（9）¥20,537,000

（10）¥52,190,000（11）¥4,822,599（12）¥580,761

（13）¥47,153,200（14）¥1,130,616（15）¥67,590,000

（16）¥81,275,547

＝＝＝＝＝5.減価償却①（本冊 p.30〜）＝＝＝＝＝

例1−例2 対応

（1）¥11,745,000（2）¥37,757,720（3）¥29,391,680

（4）¥22,776,000

例3 対応

（1）　20年，定額法…·.050

期数	期首帳簿価額	償却限度額	減価償却累計額
1	9,650,000	482,500	482,500
2	9,167,500	482,500	965,000
3	8,685,000	482,500	1,447,500
4	8,202,500	482,500	1,930,000

（2）　22年，定額法…·.046

期数	期首帳簿価額	償却限度額	減価償却累計額
1	7,500,000	345,000	345,000
2	7,155,000	345,000	690,000
3	6,810,000	345,000	1,035,000
4	6,465,000	345,000	1,380,000

（3）　35年，定額法…·.029

期数	期首帳簿価額	償却限度額	減価償却累計額
1	8,520,000	247,080	247,080
2	8,272,920	247,080	494,160
3	8,025,840	247,080	741,240
4	7,778,760	247,080	988,320

＝＝＝＝＝＝5.減価償却②（本冊 p.34〜）＝＝＝＝＝＝

例4−例6 対応

（1）¥32,994,540（2）¥83,168,561（3）¥7,421,117

（4）¥6,450,684（5）¥13,360,188（6）¥9,712,764

例7 対応

（1）　28年，定率法…·.071

期数	期首帳簿価額	償却限度額	減価償却累計額
1	9,600,000	681,600	681,600
2	8,918,400	633,206	1,314,806
3	8,285,194	588,248	1,903,054
4	7,696,946	546,483	2,449,537

（2）　30年，定率法…·.067

期数	期首帳簿価額	償却限度額	減価償却累計額
1	8,900,000	596,300	596,300
2	8,303,700	556,347	1,152,647
3	7,747,353	519,072	1,671,719
4	7,228,281	484,294	2,156,013

＝＝＝＝＝＝6.仲立人（本冊 p.38〜）＝＝＝＝＝＝

例1−例3 対応

（1）¥29,967,040（2）¥2,151,000（3）¥3,537,060

（4）3.29%　　　（5）¥69,672,800（6）¥75,948,600

＝＝＝＝＝＝7.売買計算①（本冊 p.40〜）＝＝＝＝＝

例1−例2 対応

（1）¥3,411（2）¥3,471（3）$17.29（4）$18.62

＝＝＝＝＝＝7.売買計算②（本冊p.42〜）＝＝＝＝＝

例3 対応
（1）18%　　（2）25%　　（3）16%

例4 － 例7 対応
（1）7.6%　　　（2）10%　　　（3）¥10,190,500
（4）¥7,600,000（5）6.5%　　　（6）10%
（7）3分5厘　　（8）5.6%

例8 － 例11 対応
（1）27%　　　　（2）19%　　　（3）¥46,000,000
（4）¥930,000　（5）¥18,750,000（6）¥68,000,000
（7）24%　　　　（8）6 %

＝＝＝＝＝＝7.売買計算③（本冊p.48〜）＝＝＝＝＝＝

例12 対応
（1）¥1,301,400（2）¥3,050,000（3）¥14,469,000
（4）¥2,854,845

例13 － 例14 対応
（1）¥96,000,000（2）¥26,240,000（3）¥86,000,000
（4）¥1,797,600（5）9.85%　　　（6）9 %
（7）¥861,000

例15 － 例16 対応
（1）¥1,656,400（2）¥7,068,800（3）¥4,078,000
（4）¥10,041,920（5）¥193,000　（6）¥43,099,200

＝＝＝＝＝＝8.複利年金の計算①（本冊p.54〜）＝＝＝＝

例1 対応
（1）¥1,547,624（2）¥692,823　（3）¥4,047,143
（4）¥2,287,622

例2 対応
（1）¥857,041　（2）¥928,306　（3）¥9,741,431
（4）¥10,998,056

＝＝＝＝8.複利年金の計算②（本冊p.58〜）＝＝＝＝

例3 対応
（1）¥2,276,146（2）¥3,847,880（3）¥3,060,839
（4）¥1,123,151

例4 対応
（1）¥661,503　（2）¥2,241,388（3）¥6,250,969
（4）¥2,422,134

＝＝＝＝8.複利年金の計算③（本冊p.62〜）＝＝＝＝

例5 対応
（1）¥1,035,837（2）¥1,088,165（3）¥1,059,342
（4）¥562,144

例6 対応
（1）　5 %，　4 期…0.2820 1183

期数	期首未済元金	年賦金	支払利息	元金償還高
1	7,600,000	2,143,290	380,000	1,763,290
2	5,836,710	2,143,290	291,836	1,851,454
3	3,985,256	2,143,290	199,263	1,944,027
4	2,041,229	2,143,290	102,061	2,041,229
計	—	8,573,160	973,160	7,600,000

（2）　4.5%，　4 期…0.2787 4365

期数	期首未済元金	年賦金	支払利息	元金償還高
1	4,900,000	1,365,844	220,500	1,145,344
2	3,754,656	1,365,844	168,960	1,196,884
3	2,557,772	1,365,844	115,100	1,250,744
4	1,307,028	1,365,844	58,816	1,307,028
計	—	5,463,376	563,376	4,900,000

（3）　6 %，　4 期…0.2885 9149

期数	期首未済元金	年賦金	支払利息	元金償還高
1	5,800,000	1,673,831	348,000	1,325,831
2	4,474,169	1,673,831	268,450	1,405,381
3	3,068,788	1,673,831	184,127	1,489,704
4	1,579,084	1,673,831	94,747	1,579,084
計	—	6,695,324	895,324	5,800,000

例7 対応

（1） 7 ％， 5 期…0.2438 9069

期数	期首未済元金	年賦金	支払利息	元金償還高
1	3,600,000	878,006	252,000	626,006
2	2,973,994	878,006	208,180	669,826
3	2,304,168	878,006	161,292	716,714
4	1,587,454	878,006	111,122	766,884

（2） 3 ％， 8 期…0.1424 5639

期数	期首未済元金	年賦金	支払利息	元金償還高
1	2,700,000	384,632	81,000	303,632
2	2,396,368	384,632	71,891	312,741
3	2,083,627	384,632	62,509	322,123
4	1,761,504	384,632	52,845	331,787

（3） 3 ％， 6 期…0.1845 9750

期数	期首未済元金	年賦金	支払利息	元金償還高
1	6,900,000	1,273,723	207,000	1,066,723
2	5,833,277	1,273,723	174,998	1,098,725
3	4,734,552	1,273,723	142,037	1,131,686
4	3,602,866	1,273,723	108,086	1,165,637
5	2,437,229	1,273,723	73,117	1,200,606

＝＝＝＝＝8.複利年金の計算④（本冊p.68〜）＝＝＝＝

例8 対応

（1）¥1,131,783 （2）¥709,762 　（3）¥1,657,150

（4）¥1,096,253

例9 対応

（1） 3.5％， 4 期…0.2722 5114

期数	積立金	積立金利息	積立金増加高	積立金合計高
1	1,803,109	0	1,803,109	1,803,109
2	1,803,109	63,109	1,866,218	3,669,327
3	1,803,109	128,426	1,931,535	5,600,862
4	1,803,109	196,029	1,999,138	7,600,000
計	7,212,436	387,564	7,600,000	—

（2） 3 ％， 4 期…0.2690 2705

期数	積立金	積立金利息	積立金増加高	積立金合計高
1	1,147,330	0	1,147,330	1,147,330
2	1,147,330	34,420	1,181,750	2,329,080
3	1,147,330	69,872	1,217,202	3,546,282
4	1,147,330	106,388	1,253,718	4,800,000
計	4,589,320	210,680	4,800,000	—

（3） 4 ％， 4 期…0.2754 9005

期数	積立金	積立金利息	積立金増加高	積立金合計高
1	682,921	0	682,921	682,921
2	682,921	27,317	710,238	1,393,159
3	682,921	55,726	738,647	2,131,806
4	682,921	85,273	768,194	2,900,000
計	2,731,684	168,316	2,900,000	—

例10 対応

（1） 4.5％， 7 期…0.1697 0147

期数	積立金	積立金利息	積立金増加高	積立金合計高
1	860,440	0	860,440	860,440
2	860,440	38,720	899,160	1,759,600
3	860,440	79,182	939,622	2,699,222
4	860,440	121,465	981,905	3,681,127

（2） 2.5％， 8 期…0.1394 6735

期数	積立金	積立金利息	積立金増加高	積立金合計高
1	263,275	0	263,275	263,275
2	263,275	6,582	269,857	533,132
3	263,275	13,328	276,603	809,735
4	263,275	20,243	283,518	1,093,253

（3） 4 ％， 10期…0.1232 9094

期数	積立金	積立金利息	積立金増加額	積立金合計額
1	724,631	0	724,631	724,631
2	724,631	28,985	753,616	1,478,247
3	724,631	59,130	783,761	2,262,008
4	724,631	90,480	815,111	3,077,119
5	724,631	123,085	847,716	3,924,835
6	724,631	156,993	881,624	4,806,459

＝＝＝＝9.証券投資の計算①（本冊p.74〜）＝＝＝＝

例1－**例2** 対応
（1）¥7,468,407（2）¥2,619,154（3）¥8,748,874
（4）6.131%　　（5）6.405%　　（6）3.043%

＝＝＝＝9.証券投資の計算②（本冊p.76〜）＝＝＝＝

例3－**例4** 対応
（1）¥23,086,792　　　　（2）¥25,624,823
（3）¥16,759,005　　　　（4）¥15,906,971
（5）¥7,191,732　　　　（6）¥36,609,237

例5－**例6** 対応
（1）D1.7%　　　　E2.4%　　　　F1.5%
（2）D1.1%　　　　E1.3%　　　　F1.2%
（3）D1.1%　　　　E1.4%　　　　F1.5%
（4）D¥757　　　　E¥468　　　　F¥2,480
（5）D¥393　　　　E¥669　　　　F¥1,555
（6）D¥147　　　　E¥203　　　　F¥4,866

＝＝＝例題・練習問題の復習①（本冊p.80〜）＝＝＝

1. 単利の計算（p.6〜）

【 p.7　例題 】
例1 ¥196,718

【 p.7　練習問題 】
（1）¥1,877,083（2）¥4,536　　　（3）¥195,556
（4）¥31,702

【 p.8　例題 】
例2 ¥56,000,000 **例3** 0.245%　　　**例4** 1年4か月

【 p.9　練習問題 】
（1）¥24,000,000（2）¥65,000,000（3）0.492%
（4）0.345%　　（5）0.485%　　（6）9か月
（7）1年1か月　　（8）1年1か月

＝＝＝例題・練習問題の復習②（本冊p.82〜）＝＝＝

【 p.10　例題 】
例5 ¥62,064,588 **例6** ¥61,200,000 **例7** ¥409,122

【 p.11　練習問題 】
（1）¥22,014,388（2）¥23,052,746（3）¥13,404,400
（4）¥64,500,000（5）¥57,900,000（6）¥613,120

【 p.12　例題 】
例8 ¥409,477　　**例9** ¥197,744,383

【 p.13　練習問題 】
（1）¥316,927　　（2）¥72,717,091（3）¥136,435,050

＝＝＝例題・練習問題の復習③（本冊p.84〜）＝＝＝

2. 手形割引（p.14〜）

【 p.14　例題 】
例1 ¥328,463　　**例2** ¥37,851,124 **例3** ¥9,819,331

【 p.15　練習問題 】
（1）¥124,389　　（2）¥269,260　　（3）¥27,875,611
（4）¥51,730,740（5）¥52,831,026（6）¥5,843,295
（7）¥8,436,292（8）¥959,483

3. 複利終価（p.16〜）

【 p.17　例題 】
例1 ¥56,996,747 **例2** ¥10,167,069

【 p.17　練習問題 】
（1）¥56,174,979（2）¥101,501,189（3）¥24,054,170
（4）¥99,561,185（5）¥17,237,624

＝＝＝例題・練習問題の復習④（本冊p.86〜）＝＝＝

【 p.18　例題 】
例3 ¥60,937,866 **例4** ¥110,774,145

【 p.19　練習問題 】
（1）¥58,057,188（2）¥41,711,074（3）¥15,244,522
（4）¥48,780,402（5）¥104,982,034（6）¥22,400,335

【 p.20　例題 】
例5 ¥122,425,743 **例6** ¥73,326,632

【 p.21　練習問題 】
（1）¥55,939,592（2）¥81,170,663（3）¥107,693,731
（4）¥114,406,714（5）¥73,790,462（6）¥20,548,173

4. 複利現価（p.22〜）

【p.22　例題】

例1 ¥46,608,837　例2 ¥32,699,300

【p.23　練習問題】

（1）¥74,964,189（2）¥50,429,600（3）¥31,051,600
（4）¥54,177,500（5）¥16,752,949（6）¥65,771,700

【p.24　例題】

例3 ¥57,483,300　例4 ¥56,246,700

【p.25　練習問題】

（1）¥66,567,800（2）¥22,358,600（3）¥70,338,800
（4）¥76,018,400（5）¥63,079,800

5. 減価償却（p.30〜）

【p.31　例題】

例1 ¥12,517,440　例2 ¥63,726,000

【p.31　練習問題】

（1）¥11,745,000（2）¥37,757,720（3）¥29,391,680
（4）¥22,776,000

【p.32　例題】

例3

期数	期首帳簿価額	償却限度額	減価償却累計額
1	8,850,000	592,950	592,950
2	8,257,050	592,950	1,185,900
3	7,664,100	592,950	1,778,850
4	7,071,150	592,950	2,371,800

【p.33　練習問題】

（1）

期数	期首帳簿価額	償却限度額	減価償却累計額
1	9,650,000	482,500	482,500
2	9,167,500	482,500	965,000
3	8,685,000	482,500	1,447,500
4	8,202,500	482,500	1,930,000

（2）

期数	期首帳簿価額	償却限度額	減価償却累計額
1	7,500,000	345,000	345,000
2	7,155,000	345,000	690,000
3	6,810,000	345,000	1,035,000
4	6,465,000	345,000	1,380,000

（3）

期数	期首帳簿価額	償却限度額	減価償却累計額
1	8,520,000	247,080	247,080
2	8,272,920	247,080	494,160
3	8,025,840	247,080	741,240
4	7,778,760	247,080	988,320

【p.34　例題】

例4 ¥61,599,613　例5 ¥2,647,328　例6 ¥6,147,799

【p.35　練習問題】

（1）¥32,994,540（2）¥83,168,561（3）¥7,421,117
（4）¥6,450,684（5）¥13,360,188（6）¥9,712,764

【p.36　例題】

例7

期数	期首帳簿価額	償却限度額	減価償却累計額
1	8,300,000	755,300	755,300
2	7,544,700	686,567	1,441,867
3	6,858,133	624,090	2,065,957
4	6,234,043	567,297	2,633,254

【p.37　練習問題】

（1）

期数	期首帳簿価額	償却限度額	減価償却累計額
1	9,600,000	681,600	681,600
2	8,918,400	633,206	1,314,806
3	8,285,194	588,248	1,903,054
4	7,696,946	546,483	2,449,537

（2）

期数	期首帳簿価額	償却限度額	減価償却累計額
1	8,900,000	596,300	596,300
2	8,303,700	556,347	1,152,647
3	7,747,353	519,072	1,671,719
4	7,228,281	484,294	2,156,013

=＝＝例題・練習問題の復習⑧（本冊 p.94～）＝＝＝

6. 仲立人（p.38～）
【p.38 例題】
例1 ¥97,889,350 例2 ¥3,520,440 例3 ¥88,358,550

【p.39 練習問題】
（1）¥29,967,040（2）¥2,151,000（3）¥3,537,060
（4）3.29%　　　（5）¥69,672,800（6）¥75,948,600

7. 売買計算（p.40～）
【p.41 例題】
例1 ¥19,030　　例2 $90.44

【p.41 練習問題】
（1）¥3,411　　（2）¥3,471　　（3）$17.29
（4）$18.62

=＝＝例題・練習問題の復習⑨（本冊 p.96～）＝＝＝

【p.43 例題】
例3 15%

【p.43 練習問題】
（1）18%　　　（2）25%　　　（3）16%

【p.44 例題】
例4 5%　　　例5 ¥65,000,000 例6 7.6%
例7 1分7厘

【p.45 練習問題】
（1）7.6%　　　（2）10%　　　（3）¥10,190,500
（4）¥7,600,000（5）6.5%　　（6）10%
（7）3分5厘　　（8）5.6%

=＝＝例題・練習問題の復習⑩（本冊 p.98～）＝＝＝

【p.46 例題】
例8 35%増し　　例9 ¥116,000　例10 ¥650,000
例11 5%

【p.47 練習問題】
（1）27%増し　　（2）19%増し　　（3）¥46,000,000
（4）¥930,000　（5）¥18,750,000（6）¥68,000,000
（7）24%　　　（8）6%

=＝＝例題・練習問題の復習⑪（本冊 p.100～）＝＝＝

【p.49 例題】
例12 ¥85,750

【p.49 練習問題】
（1）¥1,301,400（2）¥3,050,000（3）¥14,469,000
（4）¥2,854,845

【p.50 例題】
例13 ¥780,000　例14 ¥119,840

【p.51 練習問題】
（1）¥96,000,000（2）¥26,240,000（3）¥86,000,000
（4）¥1,797,600（5）9.85%　　（6）9%
（7）¥861,000

=＝＝例題・練習問題の復習⑫（本冊 p.102～）＝＝＝

【p.52 例題】
例15 ¥51,280　　例16 7,564,000

【p.53 練習問題】
（1）¥1,656,400（2）¥7,068,800（3）¥4,078,000
（4）¥10,041,920（5）¥193,000　（6）¥43,099,200

=＝＝例題・練習問題の復習⑬（本冊 p.104～）＝＝＝

8. 複利年金の計算（p.54～）
【p.54 例題】
例1 ¥215,506

【p.55 練習問題】
（1）¥1,547,624（2）¥692,823　（3）¥4,047,143
（4）¥2,287,622

【p.56 例題】

例2 ￥226,282

【p.57 練習問題】

（1）￥857,041 （2）￥928,306 （3）￥9,741,431
（4）￥10,998,056

【p.58 例題】

例3 ￥177,298

【p.59 練習問題】

（1）￥2,276,146 （2）￥3,847,880 （3）￥3,060,839
（4）￥1,123,151

【p.60 例題】

例4 ￥186,162

【p.61 練習問題】

（1）￥661,503 （2）2,241,388 （3）6,250,969
（4）￥2,422,134

＝＝＝例題・練習問題の復習⑭（本冊p.106〜）＝＝＝

【p.62 例題】

例5 ￥183,422

【p.63 練習問題】

（1）￥1,035,837 （2）￥1,088,165 （3）￥1,059,342
（4）￥562,144

【p.64 例題】

例6

期数	期首未済元金	年賦金	支払利息	元金償還高
1	6,800,000	1,917,680	340,000	1,577,680
2	5,222,320	1,917,680	261,116	1,656,564
3	3,565,756	1,917,680	178,288	1,739,392
4	1,826,364	1,917,680	91,316	1,826,364
計	—	7,670,720	870,720	6,800,000

【p.65 練習例題】

（1） 5％， 4期…0.2820 1183

期数	期首未済元金	年賦金	支払利息	元金償還高
1	7,600,000	2,143,290	380,000	1,763,290
2	5,836,710	2,143,290	291,836	1,851,454
3	3,985,256	2,143,290	199,263	1,944,027
4	2,041,229	2,143,290	102,061	2,041,229
計	—	8,573,160	973,160	7,600,000

（2） 4.5％， 4期…0.2787 4365

期数	期首未済元金	年賦金	支払利息	元金償還高
1	4,900,000	1,365,844	220,500	1,145,344
2	3,754,656	1,365,844	168,960	1,196,884
3	2,557,772	1,365,844	115,100	1,250,744
4	1,307,028	1,365,844	58,816	1,307,028
計	—	5,463,376	563,376	4,900,000

（3） 6％， 4期…0.2885 9149

期数	期首未済元金	年賦金	支払利息	元金償還高
1	5,800,000	1,673,831	348,000	1,325,831
2	4,474,169	1,673,831	268,450	1,405,381
3	3,068,788	1,673,831	184,127	1,489,704
4	1,579,084	1,673,831	94,747	1,579,084
計	—	6,695,324	895,324	5,800,000

＝＝＝例題・練習問題の復習⑮（本冊p.108〜）＝＝＝

【p.66 例題】

例7

期数	期首未済元金	年賦金	支払利息	元金償還高
1	4,200,000	1,024,341	294,000	730,341
2	3,469,659	1,024,341	242,876	781,465
3	2,688,194	1,024,341	188,174	836,167
4	1,852,027	1,024,341	129,642	894,699

【 p.67　練習問題 】

（1）

期数	期首未済元金	年賦金	支払利息	元金償還高
1	3,600,000	878,006	252,000	626,006
2	2,973,994	878,006	208,180	669,826
3	2,304,168	878,006	161,292	716,714
4	1,587,454	878,006	111,122	766,884

（2）

期数	期首未済元金	年賦金	支払利息	元金償還高
1	2,700,000	384,632	81,000	303,632
2	2,396,368	384,632	71,891	312,741
3	2,083,627	384,632	62,509	322,123
4	1,761,504	384,632	52,845	331,787

（3）

期数	期首未済元金	年賦金	支払利息	元金償還高
1	6,900,000	1,273,723	207,000	1,066,723
2	5,833,277	1,273,723	174,998	1,098,725
3	4,734,552	1,273,723	142,037	1,131,686
4	3,602,866	1,273,723	108,086	1,165,637
5	2,437,229	1,273,723	73,117	1,200,606

＝＝＝例題・練習問題の復習⑯（本冊 p.110～）＝＝＝

【 p.68　例題 】

例8 ¥102,864

【 p.69　練習問題 】

（1）¥1,131,783（2）¥709,762　（3）¥1,657,150
（4）¥1,096,253

【 p.70　例題 】

例9

期数	積立金	積立金利息	積立金増加高	積立金合計高
1	1,553,676	0	1,553,676	1,553,676
2	1,553,676	46,610	1,600,286	3,153,962
3	1,553,676	94,619	1,648,295	4,802,257
4	1,553,676	144,067	1,697,743	6,500,000
計	6,214,704	285,296	6,500,000	―

【 p.71　練習問題 】

（1）

期数	積立金	積立金利息	積立金増加高	積立金合計高
1	1,803,109	0	1,803,109	1,803,109
2	1,803,109	63,109	1,866,218	3,669,327
3	1,803,109	128,426	1,931,535	5,600,862
4	1,803,109	196,029	1,999,138	7,600,000
計	7,212,436	387,564	7,600,000	―

（2）

期数	積立金	積立金利息	積立金増加高	積立金合計高
1	1,147,330	0	1,147,330	1,147,330
2	1,147,330	34,420	1,181,750	2,329,080
3	1,147,330	69,872	1,217,202	3,546,282
4	1,147,330	106,388	1,253,718	4,800,000
計	4,589,320	210,680	4,800,000	―

（3）

期数	積立金	積立金利息	積立金増加高	積立金合計高
1	682,921	0	682,921	682,921
2	682,921	27,317	710,238	1,393,159
3	682,921	55,726	738,647	2,131,806
4	682,921	85,273	768,194	2,900,000
計	2,731,684	168,316	2,900,000	―

＝＝＝例題・練習問題の復習⑰（本冊 p.112～）＝＝＝

【 p.72　例題 】

例10

期数	積立金	積立金利息	積立金増加高	積立金合計高
1	1,175,943	0	1,175,943	1,175,943
2	1,175,943	47,038	1,222,981	2,398,924
3	1,175,943	95,957	1,271,900	3,670,824
4	1,175,943	146,833	1,322,776	4,993,600

【 p.73　練習問題 】

（1）

期数	積立金	積立金利息	積立金増加高	積立金合計高
1	860,440	0	860,440	860,440
2	860,440	38,720	899,160	1,759,600
3	860,440	79,182	939,622	2,699,222
4	860,440	121,465	981,905	3,681,127

（2）

期数	積立金	積立金利息	積立金増加高	積立金合計高
1	263,275	0	263,275	263,275
2	263,275	6,582	269,857	533,132
3	263,275	13,328	276,603	809,735
4	263,275	20,243	283,518	1,093,253

（3）

期数	積立金	積立金利息	積立金増加額	積立金合計額
1	724,631	0	724,631	724,631
2	724,631	28,985	753,616	1,478,247
3	724,631	59,130	783,761	2,262,008
4	724,631	90,480	815,111	3,077,119
5	724,631	123,085	847,716	3,924,835
6	724,631	156,993	881,624	4,806,459

＝＝＝例題・練習問題の復習⑱（本冊 p.114～）＝＝＝

9. 証券投資の計算（p.74～）

【 p.74　例題 】

例1 ￥4,462,767　例2 3.353%

【 p.75　練習問題 】

（1）￥7,468,407（2）￥2,619,154（3）￥8,748,874
（4）6.131%　　（5）6.405%　　（6）3.043%

【 p.76　例題 】

例3 ￥13,516,441　例4 ￥32,286,968

【 p.77　練習問題 】

（1）￥23,086,792　　　　（2）￥25,624,823
（3）￥16,759,005　　　　（4）￥15,906,971
（5）￥7,191,732　　　　（6）￥36,609,237

＝＝＝例題・練習問題の復習⑲（本冊 p.116～）＝＝＝

【 p.78　例題 】

例5 D1.0%　　　　E1.1%　　　　F1.7%
例6 D￥192　　　E￥239　　　F￥2,470

【 p.79　練習問題 】

（1）D1.7%　　　　E2.4%　　　　F1.5%
（2）D1.1%　　　　E1.3%　　　　F1.2%
（3）D1.1%　　　　E1.4%　　　　F1.5%
（4）D￥757　　　E￥468　　　F￥2,480
（5）D￥393　　　E￥669　　　F￥1,555
（6）D￥147　　　E￥203　　　F￥4,866

第1回模擬試験問題　解答・解説（本冊p.120）

（A）乗算問題　　　　　　□□□ 珠算・電卓採点箇所　● 電卓のみ採点箇所

1	¥259,727,940			●19.55%	
2	¥391,246,873	●¥685,262,998		29.46%	51.59%
3	¥34,288,185			2.58%	
4	¥642,984,216	¥642,990,714		●48.41%	●48.41%
5	¥6,498			0.00%	
		●¥1,328,253,712			

6	€1,144.20			0.00%	
7	€1,168,180.42	€11,029,150.99		●4.45%	●41.98%
8	€9,859,826.37			37.53%	
9	€329,903.44	●€15,241,446.98		●1.26%	58.02%
10	€14,911,543.54			56.76%	
		●€26,270,597.97			

珠算各10点，100点満点　　　　　　●電卓各5点，100点満点

（B）除算問題

1	¥7,530			21.22%	
2	¥8,443	¥25,340		23.79%	●71.41%
3	¥9,367			●26.40%	
4	¥7,098	●¥10,146		20.00%	28.59%
5	¥3,048			●8.59%	
		●¥35,486			

6	$1.65			0.06%	
7	$396.75	●$402.66		13.37%	13.57%
8	$4.26			●0.14%	
9	$2,501.10	$2,563.95		●84.31%	●86.43%
10	$62.85			2.12%	
		●$2,966.61			

珠算各10点，100点満点　　　　　　●電卓各5点，100点満点

（C）見取算問題

No.	1	2	3	4	5
計	¥260,207,867	¥1,798,232	¥55,231,766	¥-30,017,249	¥45,359,548

小計	¥317,237,865			●¥15,342,299	
合計	●¥332,580,164				
答え比率	78.24%	●0.54%	16.61%	●-9.03%	13.64%
小計比率	●95.39%			4.61%	

No.	6	7	8	9	10
計	£33,456,261.31	£2,070,361.02	£667,836.93	£15,382,909.12	£71,498.20

小計	£36,194,459.26			●£16,096,407.32	
合計	●£52,290,866.58				
答え比率	63.98%	3.96%	●1.28%	29.42%	●1.36%
小計比率	69.22%			●30.78%	

珠算各10点，100点満点　　　　　　電卓各5点，100点満点

— 16 —

ビジネス計算部門

（1） ¥52,554,342	（11） ¥88,714,600
（2） ¥184,986	（12） ¥4,985,100
（3） ¥1,427	（13） 1.778％
（4） ¥64,908,346	（14） 7％
（5） 14％	（15） ¥310,074
（6） ¥7,008,942	（16） ¥73,440,937
（7） A 1.7％ B 2.7％ C 0.8％	（17） ¥6,219,650 （18） ¥8,771,003
（8） ¥9,005,485	（19） ¥1,087,123
（9） ¥67,190,900	（20） ＊
（10） ¥2,696,712	

（20）

期数	積立金	積立金利息	積立金増加高	積立金合計高
1	2,253,886	0	2,253,886	2,253,886
2	2,253,886	78,886	2,332,772	4,586,658
3	2,253,886	160,533	2,414,419	7,001,077
4	2,253,886	245,037	2,498,923	9,500,000
計	9,015,544	484,456	9,500,000	―

第1回ビジネス計算部門解説

（1） ¥52,554,342

解　（¥52,360,000×0.00262×$\frac{17}{12}$）+¥52,360,000=
　　　　　　　　　　　　　　　　　　　　¥52,554,342

　　利息 ＋ 元金 ＝ 元利合計

電　【設定：CUT（S型は↓），0】
　　52360000 M+ × .00262 × 17 ÷ 12 （=） M+ MR

（2） ¥184,986

解　8月18日〜10月10日… 54日（両端入れ）
　　¥71,450,000×0.0175×$\frac{54}{365}$＝¥184,986.9…
　　　　　　　　　　　　　　　　　　（¥184,986）

　　手形金額 × 割引率 × $\frac{割引日数}{365}$ ＝ 割引料

電　【設定：CUT（S型は↓），0】
　　71450000 × .0175 × 54 ÷ 365 =

（3） ¥1,427

解　$\frac{19,700×109.50}{100×907.2}$×60＝¥1,426.68…（¥1,427）

電　【設定：F,0　ただし，計算の最終で4捨5入する】
　　100 × 907.2 M+ 19700 × 109.5 × 60 ÷ MR =
　　または19700 × 109.5 × 60 ÷ 90720 =

（4） ¥64,908,346

解　15年，定率法….133

電　【設定：CUT（S型は↓），0】
　　86350000 M+ × .133 M- MR × .133 M- MR （=）

（5） 14%

解　原価をxとおくと，予定売価は1.35x
　　基本式左辺：1.35x － 値引額 ＝ ¥78,948,000
　　基本式右辺：x + 0.161x ＝ ¥78,948,000
　　　　　　　　1.161x ＝ ¥78,948,000
　　　　　　　　　　　　x ＝ ¥68,000,000
　　¥68,000,000×1.35 ＝ ¥91,800,000（予定売価）より，
　　値引額 ＝ ¥91,800,000 － ¥78,948,00
　　　　　 ＝ ¥12,852,000
　　よって，¥12,852,000÷¥91,800,000 ＝ 0.14（14%）

電　78948000 ÷ 1.161 × 1.35 M+ － 78948000 ÷ MR %

（6） ¥7,008,942

解　3.5%，12期の複利年金終価率…14.6019 6164
　　¥480,000×14.60196164＝¥7,008,941.58…
　　　　　　　　　　　　　　　　　　（¥7,008,942）

　　年金額 × 複利年金終価率 ＝ 複利年金終価

電　【設定：5/4，0】 480000 × 14.60196164 =

（7） A1.7%　B2.7%　C0.8%

解　銘柄A　¥2.50÷146＝0.01712…　（1.7%）
　　銘柄B　¥6.40÷¥237＝0.0270…　（2.7%）
　　銘柄C　¥53.00÷¥6,320＝0.0083…（0.8%）

電　A：2.5 ÷ 146 %　B：6.4 ÷ 237 %　C：53 ÷ 6320 %

（8） ¥9,005,485

解　銘柄D
　　¥763×4,000株＝¥3,052,000･･･約定代金
　　¥3,052,000×0.008212＋¥2,450＝¥27,513･･･手数料
　　銘柄E
　　¥2,935×2,000株＝¥5,870,000･･･約定代金
　　¥5,870,000×0.006825＋¥15,910＝¥55,972
　　　　　　　　　　　　　　　　　　･･･手数料
　　¥3,052,000＋¥27,513＋¥5,870,000＋¥55,972
　　　　　　　　　　　　　　＝¥9,005,485

電　【設定：CUT（S型は↓），0】
　　763 × 4000 M+ × .008212 + 2450 M+ 2935 × 2000 M+ ×
　　.006825 + 15910 M+ MR

（9） ¥67,190,900

解　4.5%，6期… 0.7678 9574
　　¥87,500,000×67,190,877.25＝¥67,190,877.25
　　　　　　　　　　　　　　　　　（¥67,190,900）

電　87500000 × .76789574 =（¥100未満切り上げに注意）

（10） ¥2,696,712

解　2%，（12−1）期の複利年金現価率　…9.7868 4805
　　¥250,000×（9.78684805＋1）＝¥2,696,712.0125
　　年金額 ×（実際の期数より1期少ない複利年金現価率 ＋ 1）＝ 複利年金現価

電　【設定：5/4，0】 9.78684805 + 1 × 250000 =

（11） ¥88,714,600

解　売買価額は，仲立人の手数料合計の基本式の変形により，
　　¥5,569,280÷（0.0315＋0.0293）＝¥91,600,000
　　売り主の手取金の基本式より，
　　¥91,600,000×（1－0.0315）＝¥88,714,600

電　5569280 ÷ .0608 × .9685 =

（12） ¥4,985,100

解　35年，定額法….029
　　¥28,650,000×0.029×6 ＝ ¥4,985,100
　　償却限度額 × 求める期数 ＝ 求めたい期の減価償却累計額

電　28650000 × .029 × 6 =

（13） 1.778 %

解　$\frac{¥100×0.016＋（¥100－¥98.75）÷8}{¥98.75}$＝0.017784
　　　　　　　　　　　　　　　　　　 …（1.778%）

電　100 － 98.75 ÷ 8 + 1.6 ÷ 98.75 %

— 18 —

(14) __7 %__

解 原価を x とおく。

原　　　価：¥3,760,000 + ¥180,000 = ¥3,940,000
予 定 売 価：¥3,940,000 × 1.25 = ¥4,925,000
基本式左辺：¥4,925,000 − 値引額 = ¥4,580,250
　　　　　　値引額 = ¥344,750より，
¥344,750 ÷ ¥4,925,000 = 0.07 （7 %）

電 3760000 [+] 180000 [×] 1.25 [M+] [−] 4580250 [÷] [MR] [%]

(15) __¥310,074__

解 3.5%，5 期の複利賦金率 …0.2214 8137
¥1,400,000 × 0.22148137 = ¥310,073.918 (¥310,074)
負債額 × 複利賦金率 = 年賦金

電 【設定：5/4，0】1400000 [×] .22148137 [=]

(16) __¥73,440,937__

解 11月15日〜1月27日… 74日 （両端入れ）
¥73,852,600 × 0.0275 × $\frac{74}{365}$ = ¥411,753.5…
　　　　　　　　　　　　　　　　　 (¥411,753)
¥73,852,690 − ¥411,753 = ¥73,440,937

電 【設定：CUT（S型は↓），0】
73852600 [×] .0275 [×] 74 [÷] 365 [M-] 73852690 [M+] [MR]

(17) __¥6,219,650__

解 (¥4,400 ÷ 5 × 5,800 + ¥354,000) × 1.25 = ¥6,822,500
¥6,822,500 × $\frac{2}{5}$ × 0.85 = ¥2,319,650
(¥6,822,500 × $\frac{3}{5}$) − ¥193,500 = ¥3,900,000
¥2,319,650 + ¥3,900,000 = ¥6,219,650 （総売上高）

電 4400 [÷] 5 [×] 5800 [+] 354000 [×] 1.25 [=] [×] 2 [×] .85 [÷] 5 [M+]
[GT] [×] 3 [÷] 5 [−] 193500 [M+] [MR]

(18) __¥8,771,003__

解 半年1期のため，
6 % → 3 %，
5 年 3 か月 → 10期と 3 か月
3 %，10期 … 1.3439 1638
¥6,430,000 × 1.34391638 × (1 + 0.03 × $\frac{3}{6}$)
= ¥8,771,003.05… （4 捨 5 入より，¥8,771,003）

電 【設定：5/4，0】
.03 [×] 3 [÷] 6 [+] 1 [×] 6430000 [×] 1.34391638 [=]

(19) __¥1,087,123__

解 日数は，上から144日，120日，108日となる。
(¥17,350,000 × 144) + (¥60,830,000 × 120)
+ (¥59,240,000 × 108) = ¥16,195,920,000
¥16,195,920,000 × 0.0245 ÷ 365 = ¥1,087,123.3…
　　　　　　　　　　　　　　　　　 (¥1,087,123)

電 【設定：CUT（S型は↓），0】
17350000 [×] 144 [M+] 60830000 [×] 120 [M+] 59240000 [×] 108 [M+]
[MR] [×] .0245 [÷] 365 [=]

(20)

解 3.5%，4 期の複利賦金率…0.2722 5114
毎期積立金，1 期の期末積立金増加高，1 期の期末積
立金合計高…
¥9,500,000 × (0.27225114 − 0.035) = ¥2,253,886
積 立 金 の 合 計 ¥2,253,886 × 4 = ¥9,015,544
積 立 金 利 息 の 合 計 ¥9,500,000 − ¥9,015,544 = ¥484,456
2 期の期末積立金利息 ¥2,253,886 × 0.035 = ¥78,886
2 期の期末積立金増加高 ¥78,886 + ¥2,253,886 = ¥2,332,772
2 期の期末積立金合計高 ¥2,332,772 + ¥2,253,886 = ¥4,586,658
3 期の期末積立金利息 ¥4,586,658 × 0.035 = ¥160,533
3 期の期末積立金増加高 ¥160,533 + ¥2,253,886 = ¥2,414,419
3 期の期末積立金合計高 ¥2,414,419 + ¥4,586,658 = ¥7,001,077
4 期の期末積立金増加高 ¥9,500,000 − ¥7,001,077 = ¥2,498,923
4 期の期末積立金利息 ¥2,498,923 − ¥2,253,886 = ¥245,037

電 【設定：5/4，0】
.27225114 [−] .035 [×] 9500000 [M+]　　　(2,253,886)
[×] 4 [=]　　　(9,015,544)
[−] 9500000 [=] （−は記入しない）　　　(−484,456)
[MR] [×] .035 [=]　　　(78,886)
[+] [MR] [=]　　　(2,332,772)
[+] [MR] [=]　　　(4,586,658)
[×] .035 [=]　　　(160,533)
[+] [MR] [=]　　　(2,414,419)
[+] 4586658 [=]　　　(7,001,077)
[−] 9500000 [=] （−は記入しない）　　　(−2,498,923)
[+] [MR] [=] （−は記入しない）　　　(−245,037)

第2回模擬試験問題　解答・解説（本冊p.128）

（A）乗算問題

□□□ 珠算・電卓採点箇所　● 電卓のみ採点箇所

1	¥311,945,972			●29.18%	
2	¥122,835,370	¥459,418,180		11.49%	●42.97%
3	¥24,636,838			2.30%	
4	¥609,643,520	●¥609,651,125		57.03%	57.03%
5	¥7,605			●0.00%	
		●¥1,069,069,305			

6	£1,979,269.71			22.65%	
7	£1,708,718.47	●£3,914,029.35		●19.56%	44.80%
8	£226,041.17			●2.59%	
9	£4,482,991.46	£4,822,643.95		51.31%	●55.20%
10	£339,652.49			3.89%	
	珠算各10点，100点満点	●£8,736,673.30		電卓各5点，100点満点	

（B）除算問題

1	¥659,450			28.70%	
2	¥101	●¥1,612,183		●0.00%	70.15%
3	¥952,632			41.45%	
4	¥667,200	¥685,950		29.03%	●29.85%
5	¥18,750			●0.82%	
		●¥2,298,133			

6	$0.13			●0.00%	
7	$892.96	$3,591.29		22.47%	●90.37%
8	$2,698.20			67.90%	
9	$62.61	●$382.71		●1.58%	9.63%
10	$320.10			8.05%	
	珠算各10点，100点満点	●$3,974.00		電卓各5点，100点満点	

（C）見取算問題

No.	1	2	3	4	5
計	¥9,370,352	¥4,546,509,226	¥44,273,073	¥-2,251,710	¥2,060,929,718
小計		¥4,600,152,651		●¥2,058,678,008	
合計			●¥6,658,830,659		
答え比率	0.14%	●68.28%	0.66%	●-0.03%	30.95%
小計比率		●69.08%		30.92%	

No.	6	7	8	9	10
計	€15,493,814.45	€77,975,065.97	€24,293,974.37	€318,598.84	€2,058,375.67
小計		●€117,762,854.79		€2,376,974.51	
合計			●€120,139,829.30		
答え比率	12.90%	●64.90%	20.22%	0.27%	●1.71%
小計比率		98.02%		●1.98%	

珠算各10点，100点満点　　　　電卓各5点，100点満点

ビジネス計算部門

（1）	¥947,821	（11）	¥3,793,680
（2）	0.128%	（12）	¥6,054,179
（3）	¥47,547,500	（13）	¥17,498,209
（4）	¥81,839	（14）	25％増し
（5）	A ¥471 B ¥606 C ¥3,580	（15）	¥1,027,433
		（16）	¥95,448,919
（6）	¥6,177,329	（17）	¥6,407,300
（7）	1分5厘	（18）	¥13,278,300
（8）	¥9,421,306	（19）	¥23,859,288
（9）	¥93,587,115	（20）	＊
（10）	¥2,686,425		

（20）

期数	期首未済元金	年賦金	支払利息	元金償還高
1	6,500,000	965,431	260,000	705,431
2	5,794,569	965,431	231,783	733,648
3	5,060,921	965,431	202,437	762,994
4	4,297,927	965,431	171,917	793,514

第2回ビジネス計算部門解説

（1）　¥947,821

解　7月4日〜10月15日…104日（両端入れ）

$$¥96,420,000 × 0.0345 × \frac{104}{365} = ¥947,821.8…$$
$$（¥947,821）$$

手形金額 × 割引率 × $\frac{割引日数}{365}$ = 割引料

電　【設定：CUT（S型は↓），0】
96420000 × .0345 × 104 ÷ 365 =

（2）　0.128%

解　月　数　1年3か月…15か月
　　利　息　¥45,372,480 − ¥45,300,000 = ¥72,480

基本式　$¥45,300,000 × 年利率 × \frac{15}{12} = ¥72,480$

変　形　年利率 = ¥72,480 × 12 ÷ 15 ÷ ¥45,300,000
　　　　　　　　= 0.00128（0.128%）

電　45372480 − 45300000 × 12 ÷ 15 ÷ 45300000 %

（3）　¥47,547,500

解　20年，定額法….050
　　¥86,450,000 × 0.050 × 9 = ¥38,902,500
　　¥86,450,000 − ¥38,902,500 = ¥47,547,500

（取得価額 − 1期前の減価償却累計額 = 求めたい期の期首帳簿価額）

電　86450000 M+ × .050 × 9 M- MR

（4）　¥81,839

解　$\frac{576.30 × 107.50}{10 × 3.785} × 50 = ¥81,839.1…（¥81,839）$

電　【設定：F,0　ただし，計算の最終で4捨5入する】
10 × 3.785 M+ 576.3 × 107.5 × 50 ÷ MR =
または576.3 × 107.5 × 50 ÷ 37.85 =

（5）　A¥471　B¥606　C¥3,580

解　銘柄A　¥3.30 ÷ 0.007 = ¥471.4…（¥471）
　　銘柄B　¥9.70 ÷ 0.016 = ¥606.25（¥606）
　　銘柄C　¥86.00 ÷ 0.024 = ¥3,583.333…（¥3,580）

電　A：3.3 ÷ .007 =　　B：9.7 ÷ .016 =　　C：86 ÷ .024 =

（6）　¥6,177,329

解　3%，8期の複利年金現価率…7.0196 9219
　　¥880,000 × 7.01969219 = ¥6,177,329.1…（¥6,177,329）

年金額 × 複利年金現価率 = 複利年金現価

電　【設定：5/4，0】880000 × 7.01969219 =

（7）　1分5厘

解　原価を x とおくと，予定売価は1.22x
　　基本式左辺：1.22x − ¥1,377,100 = ¥5,772,100
　　　　　　　　1.22x = ¥7,149,200　x = ¥5,860,000（原価）

基本式右辺：¥5,860,000 − 損失額 = ¥5,772,100
　　　　　　　損失額 = ¥87,900
よって，¥87,900 ÷ ¥5,860,000 = 0.015（1分5厘）

電　5772100 + 1377100 ÷ 1.22 M+ − 5772100 ÷ MR =

（8）　¥9,421,306

解　6月20日〜10月10日…112日

$$¥9,500,000 × \frac{¥98.65}{¥100} = ¥9,371,750$$

額面金額 × $\frac{市場価格}{¥100}$ = 売買価額

$$¥9,500,000 × 0.017 × \frac{112日}{365日} = ¥49,556$$

額面金額 × 年利率 × $\frac{経過日数}{365}$ = 経過利息

¥9,371,750 + ¥49,556 = ¥9,421,306

売買価額 + 経過利息 = 支払代金

電　【設定：CUT（S型は↓），0】
9500000 M+ × .9865 = MR × .017 × 112 ÷ 365 = GT

（9）　¥93,587,115

解　2.5%，13期…1.3785 1104
　　¥67,890,000 × 1.37851104 = ¥93,587,114.5…
　　　　　　　　　　　　　　　　（¥93,587,115）

電　【設定：5/4，0】
67890000 × 1.37851104 =

（10）　¥2,686,425

解　2%，（9 + 1）期の複利年金終価率…10.9497 2100
　　¥270,000 × （10.94972100 − 1） = ¥2,686,425

年金額 × （実際の期数より1期多い複利年金終価率 − 1）= 複利年金終価

電　【設定：5/4，0】10.94972100 − 1 × 270000 =

（11）　¥3,793,680

解　売買価額は，買い主の支払総額の基本式の変形により，
　　¥81,077,040 ÷ （1 + 0.0237） = ¥79,200,000
　　仲立人の手数料合計の基本式より，
　　¥79,200,000 × （0.0242 + 0.0237） = ¥3,793,680

電　81077040 ÷ 1.0237 × .0479 =

（12）　¥6,054,179

解　16年，定率法….125

電　【設定：CUT（S型は↓），0】
63260000 M+ × .125 M- MR × .125 M- MR × .125 =

（13）　¥17,498,209

解　銘柄D
　　¥593 × 8,000株 = ¥4,744,000…約定代金
　　¥4,744,000 × 0.00762 + ¥4,279 = ¥40,428…手数料
　　銘柄E
　　¥6,308 × 2,000株 = ¥12,616,000…約定代金
　　¥12,616,000 × 0.00572 + ¥25,618 = ¥97,781

···手数料

¥4,744,000 + ¥40,428 + ¥12,616,000 + ¥97,781
= ¥17,498,209

[電]【設定：CUT（S型は↓），0】
593 [×] 8000 [M+] [×] .00762 [+] 4279 [M+] 6308 [×] 2000 [M+] [×] .00572 [+] 25618 [M+] [MR]

(14) 25％増し

[解] 原価を x，予定売価を y とおく。
原　　　価：$0.15x$ = ¥1,137,000　x = ¥7,580,000（原価）
基本式左辺：y − ¥758,000 = 予定売価
基本式右辺：¥7,580,000 + ¥1,137,000 = ¥8,717,000
基　本　式：y − ¥758,000 = ¥8,717,000
　　　　　　　　y = ¥9,475,000（予定売価）より，
¥9,475,000 ÷ ¥7,580,000 = 1.25（25％増し）

[電] 1137000 [÷] .15 [M-] [+] 1137000 [+] 758000 [÷] [MR] [=]

(15) ¥1,027,433

[解] 3.5％，8 期の複利賦金率…0.1454 7665
¥9,300,000 ×（0.14547665 − 0.035）= ¥1,027,433
積立金総額（目標額）×（複利賦金率 − 利率）= 積立金

[電]【設定：5/4，0】.14547665 [−] .035 [×] 9300000 [=]

(16) ¥95,448,919

[解] 日数は，上から106日，63日，48日となる。
金額と日数を掛けたものを合計し，積数を求める。
（¥35,260,000 × 106）+（¥47,310,000 × 63）
+（¥12,450,000 × 48）= ¥7,315,690,000
¥7,315,690,000 × 0.0214 ÷ 365 = ¥428,919.9…
¥35,260,000 + ¥47,310,000 + ¥12,450,000
+ ¥428,919 = ¥95,448,919

[電]【設定：CUT（S型は↓），0】
35260000 [M+] [×] 106 [=] 47310000 [M+] [×] 63 [=] 12450000 [M+] [×] 48 [=] [GT] [×] .0214 ÷ 365 [M+] [MR]

(17) ¥6,407,300

[解] ¥3,000 × 12 × 850 + ¥5,650,000 = ¥36,250,000（原価）
¥36,250,000 × 1.32 = ¥47,850,000（予定売価）
¥47,850,000 × $\frac{2}{5}$ × 0.82 = ¥15,694,800
（¥47,850,000 × $\frac{3}{5}$）− ¥1,747,500 = ¥26,962,500
¥15,694,800 + ¥26,962,500 − ¥36,250,000
= ¥6,407,300

[電] 3000 [×] 12 [×] 850 [+] 5650000 [M-] [×] 1.32 [=] [×] 2 [×] .82 [÷] 5 [M+] [GT] [×] 3 [÷] 5 [−] 1747500 [=] [M+] [MR]

(18) ¥13,278,300

[解] 半年 1 期のため 5 年 9 か月は11期と 3 か月となる。
→ 端数期間は 3 か月（表率は2.5％で11期を求める）
2.5％，11期…0.7621 4478

¥17,640,000 × 0.76214478 ÷（1 + 0.025 × $\frac{3}{6}$）
= ¥13,278,255.7…（¥100未満切り上げより，¥13,278,300）

[電] .025 [×] 3 [÷] 6 [+] 1 [M+] 17640000 [×] .76214478 [÷] [MR] [=]

(19) ¥23,859,288

[解] 11月 9 日～ 2 月16日…100日（両端入れ）
¥24,000,000 × 0.0214 × $\frac{100}{365}$ = ¥140,712.3…
　　　　　　　　　　　　　　　　（¥140,712）
¥24,000,000 − ¥140,712 = ¥23,859,288

[電]【設定：CUT（S型は↓），0】
24000000 [M+] [×] .0214 [×] 100 ÷ 365 [M-] [MR]

(20)

[解] 4 ％，8 期の複利賦金率…0.1485 2783
毎 期 の 年 賦 金　¥6,500,000 × 0.14852783 = ¥965,431
1 期 の 期首未済元金　¥6,500,000
1 期 の 期末支払利息　¥6,500,000 × 0.04 = ¥260,000
1 期 の 期末元金償還高　¥965,431 − ¥260,000 = ¥705,431
2 期 の 期首未済元金　¥6,500,000 − ¥705,431 = ¥5,794,569
2 期 の 期末支払利息　¥5,794,569 × 0.04 = ¥231,783
2 期 の 期末元金償還高　¥965,431 − ¥231,783 = ¥733,648
3 期 の 期首未済元金　¥5,794,569 − ¥733,648 = ¥5,060,921
3 期 の 期末支払利息　¥5,060,921 × 0.04 = ¥202,437
3 期 の 期末元金償還高　¥965,431 − ¥202,437 = ¥762,994
4 期 の 期首未済元金　¥5,060,921 − ¥762,994 = ¥4,297,927
4 期 の 期末支払利息　¥4,297,927 × 0.04 = ¥171,917
4 期 の 期末元金償還高　¥965,431 − ¥171,917 = ¥793,514

[電]【設定：5/4，0】
6500000 [×] .14852783 [M+]　　　　　（965,431）
6500000　　　　　　　　　　（6,500,000）
[×] .04 [=]　　　　　　　　　（260,000）
[−] [MR] [=]（−は記入しない）　　（−705,431）
[+] 6500000 [=]　　　　　　　（5,794,569）
[×] .04 [=]　　　　　　　　　（231,783）
[−] [MR] [=]（−は記入しない）　　（−733,648）
[+] 5794569 [=]　　　　　　　（5,060,921）
[×] .04 [=]　　　　　　　　　（202,437）
[−] [MR] [=]（−は記入しない）　　（−762,994）
[+] 5060921 [=]　　　　　　　（4,297,927）
[×] .04 [=]　　　　　　　　　（171,917）
[−] [MR] [=]（−は記入しない）　　（−793,514）

第3回模擬試験問題　解答・解説（本冊 p.136）

（A）乗算問題

		珠算・電卓採点箇所 ● 電卓のみ採点箇所		

1	¥274,409,150		40.34%	
2	¥117,713,976	●¥426,512,767	17.31%	62.71%
3	¥34,389,641		●5.06%	
4	¥253,672,496	¥253,674,122	37.29%	●37.29%
5	¥1,626		●0.00%	
		●¥680,186,889		

6	£1,432,638.93		4.92%	
7	£5,054,238.28	£7,800,641.96	●17.37%	●26.81%
8	£1,313,764.75		4.52%	
9	£345.73		●0.00%	
10	£21,293,072.28	●£21,293,418.01	73.19%	73.19%

珠算各10点，100点満点　　　●£29,094,059.97　　　電卓各5点，100点満点

（B）除算問題

1	¥8,246		10.18%	
2	¥3,748	¥76,075	4.63%	●93.96%
3	¥64,081		●79.15%	
4	¥4,725	●¥4,890	5.84%	6.04%
5	¥165		●0.20%	
		●¥80,965		

6	€578.85		40.97%	
7	€0.16	●€947.44	0.01%	67.06%
8	€368.43		●26.08%	
9	€109.75		●7.77%	
10	€355.53	€465.28	25.17%	●32.94%

珠算各10点，100点満点　　　●€1,412.72　　　電卓各5点，100点満点

（C）見取算問題

No.	1	2	3	4	5
計	¥404,332,793	¥537,745,959	¥32,179,041	¥-1,028,834	¥517,124,819
小計	¥974,257,793			●¥516,095,985	
合計	●¥1,490,353,778				
答え比率	27.13%	●36.08%	2.16%	●-0.07%	34.70%
小計比率	●65.37%			34.63%	

No.	6	7	8	9	10
計	$57,527,232.65	$59,321,871.83	$186,385.86	$36,233,052.19	$1,102,057.22
小計	$117,035,490.34			●$37,335,109.41	
合計	●$154,370,599.75				
答え比率	●37.27%	38.43%	0.12%	23.47%	●0.71%
小計比率	●75.81%			24.19%	

珠算各10点，100点満点　　　電卓各5点，100点満点

ビジネス計算部門

（1）	86日	（11）	1.908%
（2）	¥13,941	（12）	¥26,005,720
（3）	¥424,306	（13）	3.6%
（4）	¥5,373,636	（14）	¥74,000
（5）	¥6,120,000	（15）	¥1,160,414
（6）	¥2,304,628	（16）	¥46,745,813
（7）	A 2.1% B 1.6% C 1.4%	（17）	¥48,510,000
		（18）	¥59,919,455
（8）	¥14,659,831	（19）	¥532,744
（9）	¥47,176,300	（20）	＊
（10）	¥1,482,695		

（20）

期数	積立金	積立金利息	積立金増加高	積立金合計高
1	1,374,014	0	1,374,014	1,374,014
2	1,374,014	48,090	1,422,104	2,796,118
3	1,374,014	97,864	1,471,878	4,267,996
4	1,374,014	149,380	1,523,394	5,791,390

第3回ビジネス計算部門解説

（1）　86日

解　利　息　¥21,919,350 − ¥21,900,000 = ¥19,350

基本式　$¥21,900,000 × 0.00375 × \dfrac{日数}{365} = ¥19,350$

式の変形　期間 = ¥19,350 × 365 ÷ 0.00375 ÷ ¥21,900,000
　　　　　　　　= 86日

電　21919350 [−] 21900000 [×] 365 [÷] [.] 00375 [÷] 21900000 [=]

（2）　¥13,941

解　$\dfrac{42.60 × 123.70}{50 × 0.4536} × 60 = ¥13,940.79…$　（¥13,941）

電　【設定：F,0　ただし，計算の最終で4捨5入する】
50 [×] [.] 4536 [M+] 42.6 [×] 123.7 [×] 60 [÷] [MR] [=]

（3）　¥424,306

解　7月14日〜9月15日…64日（両端入れ）

$¥64,530,000 × 0.0375 × \dfrac{64}{365} = ¥424,306.8…$
　　　　　　　　　　　　　　（¥424,306）

手形金額 × 割引率 × $\dfrac{割引日数}{365}$ = 割引料

電　【設定：CUT（S型は↓），0】
64530000 [×] [.] 0375 [×] 64 [÷] 365 [=]

（4）　¥5,373,636

解　15年，定率法….133

電　【設定：CUT（S型は↓），0】
53750000 [M+] [×] [.] 133 [M-] [MR] [×] [.] 133 [M-] [MR] [×] [.] 133 [=]

（5）　¥6,120,000

解　原価を x，予定売価を y とおく。

基本式左辺：y − ¥2,380,000 = 実売価

基本式右辺：x + 0.12x = 1.12x

予定売価：0.04y = ¥2,380,000
　　　　　　　　 y = ¥59,500,000（予定売価）

基　本　式：¥59,500,000 − ¥2,380,000 = 1.12x
　　　　　　1.12x = ¥57,120,000　x = ¥51,000,000（原価）

よって，利益額は ¥51,000,000 × 0.12 = ¥6,120,000

電　2380000 [M+] [÷] [.] 04 [−] [MR] [÷] 1.12 [×] [.] 12 [=]

（6）　¥2,304,628

解　2％，7期の複利年金終価率…7.4342 8338

¥310,000 × 7.43428338 = ¥2,304,627.8…（¥2,304,628）

年金額 × 複利年金終価率 = 複利年金終価

電　【設定：5/4，0】310000 [×] 7.43428338 [=]

（7）　A2.1%　B1.6%　C1.4%

解　銘柄A　¥3.70 ÷ 175 = 0.0211…　　（2.1%）
　　銘柄B　¥5.10 ÷ ¥326 = 0.0156…　　（1.6%）
　　銘柄C　¥72.00 ÷ ¥5,290 = 0.0136…　（1.4%）

電　A：3.7 [÷] 175 [%]　B：5.1 [÷] 326 [%]　C：72 [÷] 5290 [%]

（8）　¥14,659,831

解　銘柄D　¥165 × 4,000株 = ¥660,000 … 約定代金
　　　　　　¥660,000 × 0.009140 + ¥2,585
　　　　　　　　　　　= ¥8,617.4（¥8,617）… 手数料

　　銘柄E　¥4,720 × 3,000株 = ¥14,160,000 … 約定代金
　　　　　　¥14,160,000 × 0.006825 + ¥54,910
　　　　　　　　　　　= ¥151,552 … 手数料

（¥660,000 − ¥8,617）＋（¥14,160,000 − ¥151,552）
　　　　　　　　　　　= ¥14,659,831

電　【設定：CUT（S型は↓），0】
165 [×] 4000 [M+] [×] [.] 00914 [+] 2585 [M-]
4720 [×] 3000 [M+] [×] [.] 006825 [+] 54910 [M-] [MR]

（9）　¥47,176,300

解　2％，9期…0.8367 5527

¥56,380,000 × 0.83675527 = ¥47,176,262.1…
　　　　　　　　　　　　　（¥47,176,300）

電　56380000 [×] [.] 83675527 [=]（¥100未満切り上げに注意）

（10）　¥1,482,695

解　5％，（11−1）期の複利年金現価率　…7.7217 3493

¥170,000 ×（7.72173493 + 1）= ¥1,482,694.9381
　　　　　　　　　　　　　　　　（¥1,482,695）

年金額 ×（実際の期数より1期少ない複利年金現価率 + 1）= 複利年金現価

電　【設定：5/4，0】7.72173493 [+] 1 [×] 170000 [=]

（11）　1.908%

解　$\dfrac{¥100 × 0.017 +（¥100 − 98.55）÷ 8}{¥98.55}$ = 0.19089
　　　　　　　　　　　　　　　　　… （1.908%）

電　100 [−] 98.55 [÷] 8 [+] 1.7 [÷] 98.55 [%]

（12）　¥26,005,720

解　28年，定額法….036

¥38,470,000 × 0.036 × 9 = ¥12,464,280

¥38,470,000 − ¥12,464,280 = ¥26,005,720

（取得原価 − 1期前の減価償却累計額 = 求めたい期の
期首帳簿価額）

電　38470000 [M+] [×] [.] 036 [×] 9 [M-] [MR]

（13）　3.6%

解　売買価額は，売り主の手取金の基本式の変形により，

¥88,004,700 ÷（1 − 0.0382）= ¥91,500,000

よって，¥3,294,000 ÷ ¥91,500,000 = 0.036（3.6%）

電　88004700 [÷] [.] 9618 [M+] 3294000 [÷] [MR] [%]

(14) <u>¥74,000</u>

解 原価をx，予定売価をyとおく。
基本式左辺：$y - ¥494,000 = $実売価
基本式右辺：$x - 0.05x = 0.95x$
予定売価：$0.26y = ¥494,000$
$y = ¥1,900,000$（予定売価）
基本式：$¥1,900,000 - ¥494,000 = 0.95x$
$0.95x = ¥1,406,000$　$x = ¥1,480,000$（原価）
よって，損失額は$¥1,480,000 × 0.05 = $<u>¥74,000</u>

電 $494000 ÷ .26 － 494000 ÷ .95 × .05 =$

(15) <u>¥1,160,414</u>

解 5％，8期の複利賦金率　…0.1547 2181
$¥7,500,000 × 0.15472181 = ¥1,160,413.5 \cdots$（<u>¥1,160,414</u>）
負債額 × 複利賦金率 ＝ 年賦金

電 【設定：5/4，0】 $7500000 × .15472181 =$

(16) <u>¥46,745,813</u>

解 12月9日〜1月27日… 50日（両端入れ）
$¥46,832,400 × 0.0135 × \dfrac{50}{365} = ¥86,607.8 \cdots$
（¥86,607）
$¥46,832,420 - ¥86,607 = $<u>¥46,745,813</u>

電 【設定：CUT（S型は↓），0】
$46832400 × .0135 × 50 ÷ 365 M- 46832420 M+ MR$

(17) <u>¥48,510,000</u>

解 原価をxとすると，$1.26x × \dfrac{2}{3} = 0.84x$
$1.26x × \dfrac{1}{3} × 0.8 = 0.336x$
$0.84x + 0.336x = x + ¥6,776,000$
$0.176x = ¥6,776,000$　$x = ¥38,500,000$（原価）
よって，予定売価は$¥38,500,000 × 1.26 = $<u>¥48,510,000</u>

電 $1.26 × 2 ÷ 3 M+ 1.26 × .8 ÷ 3 M+ 1 M-$
$6776000 ÷ MR × 1.26 =$

(18) <u>¥59,919,455</u>

解 半年1期のため，
6％ → 3％，
3年9か月 → 7期と3か月
3％，7期 … 1.2298 7387
$¥48,000,000 × 1.22987387 × \left(1 + 0.03 × \dfrac{3}{6}\right)$
$= ¥59,919,454.9 \cdots$（4捨5入より，<u>¥59,919,455</u>）

電 【設定：5/4，0】
$.03 × 3 ÷ 6 ＋ 1 × 48000000 × 1.22987387 =$

(19) <u>¥532,744</u>

解 日数は，上から，100日，75日，54日となる。
$(¥24,310,000 × 100) ＋ (¥35,460,000 × 75)$
$＋ (¥42,650,000 × 54) = ¥7,393,600,000$

$¥7,393,600,000 × 0.0263 ÷ 365 = ¥532,744.3 \cdots$
（¥532,744）

電 【設定：CUT（S型は↓），0】
$24310000 × 100 = 35460000 × 75 = 42650000 × 54 = GT$
$× .0263 ÷ 365 =$

(20)

解 3.5％，6期の複利賦金率…0.1876 6821
毎期積立金，1期の期末積立金増加高，1期の期末積立金合計高…
$¥9,000,000 × (0.18766821 - 0.035) = ¥1,374,014$
2期の期末積立金利息　$¥1,374,014 × 0.035 = ¥48,090$
2期の期末積立金増加高　$¥48,090 + ¥1,374,014 = ¥1,422,104$
2期の期末積立金合計高　$¥1,422,104 + ¥1,374,014 = ¥2,796,118$
3期の期末積立金利息　$¥2,796,118 × 0.035 = ¥97,864$
3期の期末積立金増加高　$¥97,864 + ¥1,374,014 = ¥1,471,878$
3期の期末積立金合計高　$¥1,471,878 + ¥2,796,118 = ¥4,267,996$
4期の期末積立金利息　$¥4,267,996 × 0.035 = ¥149,380$
4期の期末積立金増加高　$¥149,380 + ¥1,374,014 = ¥1,523,394$
4期の期末積立金合計高　$¥1,523,394 + ¥4,267,996 = ¥5,791,390$

電 【設定：5/4，0】
$.18766821 － .035 × 9000000 M+$　　（1,374,014）
$× .035 =$　　（48,090）
$＋ MR =$　　（1,422,104）
$＋ MR =$　　（2,796,118）
$× .035 =$　　（97,864）
$＋ MR =$　　（1,471,878）
$＋ 2796118 =$　　（4,267,996）
$× .035 =$　　（149,380）
$＋ MR =$　　（1,523,394）
$＋ 4267996 =$　　（5,791,390）

第4回模擬試験問題　解答・解説（本冊p.144）

（A）乗算問題

　珠算・電卓採点箇所　● 電卓のみ採点箇所

1	¥282,417,575		46.89%	
2	¥228,627,798	●¥526,715,894	●37.96%	87.45%
3	¥15,670,521		2.60%	
4	¥29,733	¥75,600,789	●0.00%	●12.55%
5	¥75,571,056		12.55%	
		●¥602,316,683		

6	$6,312,034.94		●6.82%	
7	$6,049,791.66	$17,809,158.29	6.54%	●19.25%
8	$5,447,331.69		5.89%	
9	$74,310,257.16	$74,690,445.93	80.34%	80.75%
10	$380,188.77		●0.41%	
		$92,499,604.22		

珠算各10点，100点満点　　　　　　　電卓各5点，100点満点

（B）除算問題

1	¥1,385		1.59%	
2	¥615	¥24,621	0.71%	●28.28%
3	¥22,621		●25.98%	
4	¥3,054	●¥62,446	●3.51%	71.72%
5	¥59,392		68.21%	
		●¥87,067		

6	€0.16		0.00%	
7	€3,275.29	●€3,581.25	●71.62%	78.31%
8	€305.80		6.69%	
9	€165.15	€992.03	3.61%	●21.69%
10	€826.88		●18.08%	
		●€4,573.28		

珠算各10点，100点満点　　　　　　　電卓各5点，100点満点

（C）見取算問題

No.	1	2	3	4	5
計	¥253,046,745	¥-115,954,249	¥166,164,754	¥459,450	¥44,746,517

小計	¥303,257,250			●¥45,205,967	
合計	●¥348,463,217				

答え比率	72.62%	-33.28%	●47.69%	●0.13%	12.84%
小計比率	87.03%			12.97%	

No.	6	7	8	9	10
計	£52,260,180.39	£68,776,269.65	£13,844.98	£2,944,286.93	£1,171,461.48

小計	●£21,050,295.02			£4,115,748.41	
合計	●£25,166,043.43				

答え比率	41.75%	●54.95%	0.01%	2.35%	●0.94%
小計比率	●96.71%			3.29%	

珠算各10点，100点満点　　　　　　　電卓各5点，100点満点

ビジネス計算部門

（1）	¥353,879	（11）	¥48,804,800
（2）	¥56,800,000	（12）	¥6,784,603
（3）	¥1,856	（13）	¥596,574
（4）	¥13,950,000	（14）	6.4%
（5）	¥6,790,153	（15）	C ¥466
			D ¥405
			E ¥2,770
（6）	¥7,756,758	（16）	¥58,169,067
（7）	¥30,570,258	（17）	¥138,001,212
（8）	12.3%	（18）	¥37,507,000
（9）	¥1,098,822	（19）	¥10,811,550
（10）	¥38,127,598	（20）	＊

（20）

期数	期首未済元金	年賦金	支払利息	元金償還高
1	7,500,000	2,090,577	337,500	1,753,077
2	5,746,923	2,090,577	258,612	1,831,965
3	3,914,958	2,090,577	176,173	1,914,404
4	2,000,554	2,090,577	90,023	2,000,554
計	―	8,362,308	862,308	7,500,000

第4回ビジネス計算部門解説

（1）　¥353,879

解　7月14日～9月25日…74日（両端入れ）

$¥68,720,000 × 0.0254 × \dfrac{74}{365} = ¥353,879.75…$

（¥353,879）

手形金額 × 割引率 × $\dfrac{割引日数}{365}$ ＝ 割引料

電【設定：CUT（S型は↓），0】

68720000 × .0254 × 74 ÷ 365 =

（2）　¥56,800,000

解　基本式より，元利合計＝元金×（1＋年利率×期間）

よって，元金×$\left(1 + 0.00325 × \dfrac{18}{12}\right) = ¥57,076,900$

基本式の変形により，

元金 ＝ $¥57,076,900 ÷ \left(1 + 0.00325 × \dfrac{18}{12}\right)$

＝ ¥56,800,000

電　.00325 × 18 ÷ 12 + 1 M+ 57076900 ÷ MR =

（3）　¥1,856

解　$\dfrac{25,600 × 109.60}{100 × 907.2} × 60 = ¥1,855.66… （¥1,856）$

電【設定：F,0　ただし，計算の最終で4捨5入する】

100 × 907.2 M+ 25600 × 109.6 × 60 ÷ MR =

または　25600 × 109.6 × 60 ÷ 90720 =

（4）　¥13,950,000

解　40年，定額法….025

$¥46,500,000 × 0.025 × 12 = ¥13,950,000$

償却限度額 × 求める期数 ＝ 求めたい期の減価償却累計額

電　46500000 × .025 × 12 =

（5）　¥6,790,153

解　4月10日～8月6日…118日

$¥6,800,000 × \dfrac{¥98.95}{¥100} = ¥6,728,600$

額面金額 × $\dfrac{市場価格}{¥100}$ ＝ 売買価額

$¥6,800,000 × 0.028 × \dfrac{118日}{365日} = ¥61,553.9…$

（¥61,553）

額面金額 × 年利率 × $\dfrac{経過日数}{365}$ ＝ 経過利息

$¥6,728,600 + ¥61,553 = ¥6,790,153$

売買価額 ＋ 経過利息 ＝ 支払代金

電【設定：CUT（S型は↓），0】

6800000 M+ × .9895 = MR × .028 × 118 ÷ 365 = GT

（6）　¥7,756,758

解　4.5％，（12＋1）期の複利年金終価率　…17.1599 1327

$¥480,000 × (17.15991327 - 1) = ¥7,756,758.3696$

年金額 ×（実際の期数より1期多い複利年金終価率－1）＝ 複利年金終価

電【設定：5/4，0】17.15991327 − 1 × 480000 =

（7）　¥30,570,258

解　銘柄A　$¥659 × 3,000株 = ¥1,977,000$ ・・・約定代金

$¥1,977,000 × 0.007156 + ¥3,559$

$= ¥17,706.412$ （¥17,706）・・・手数料

銘柄B　$¥4,120 × 7,000株 = ¥28,840,000$ ・・・約定代金

$¥28,840,000 × 0.006516 + ¥41,115$

$= ¥229,036.44$ （¥229,036）・・・手数料

$(¥1,977,000 - ¥17,706) + (¥28,840,000 - ¥229,036)$

$= ¥30,570,258$

電【設定：CUT（S型は↓），0】

659 × 3000 M+ × .007156 + 3559 M-

4120 × 7000 M+ × .006516 + 41115 M- MR

（8）　12.3％

解　原価をxとおく，予定売価は$1.24x$

基本式左辺：$1.24x - ¥7,897,500 = 実売価$

基本式右辺：$x + ¥8,302,500 = 実売価$

売買基本式：$1.24x - ¥7,897,500 = x + ¥8,302,500$

$0.24x = ¥16,200,000$　$x = ¥67,500,000$（原価）

よって，$¥8,302,500 ÷ ¥67,500,000 = 0.123…$ （12.3％）

電　8302500 + 7897500 ÷ .24 M+ 8302500 ÷ MR ％

（9）　¥1,098,822

解　2％，8期の複利年金現価率…7.3254 8144

$¥150,000 × 7.32548144 = ¥1,098,822.2…$ （¥1,098,822）

年金額 × 複利年金現価率 ＝ 複利年金現価

電【設定：5/4，0】　150000 × 7.32548144 =

（10）　¥38,127,598

解　2.5％，12期…1.3448 8882

$¥28,350,000 × 1.34488882 = ¥38,127,598.047$（¥38,127,598）

電【設定：5/4，0】

28350000 × 1.34488882 =

（11）　¥48,804,800

解　売買価額は，売り主の手取金の基本式の変形により，

$¥45,430,000 ÷ (1 - 0.0375) = ¥47,200,000$

買い主の支払総額の基本式より，

$¥47,200,000 × (1 + 0.034) = ¥48,804,800$

電　45430000 ÷ .9625 × 1.034 =

（12）　¥6,784,603

解　15年，定率法….133

電【設定：CUT（S型は↓），0】

19480000 M+ × .133 = M- MR × .133 = M- MR × .133 = GT

(13) <u>¥596,574</u>

解 3.5％，8期の複利賦金率 …0.1454 7665

¥5,400,000×（0.14547665−0.035）＝¥596,573.91

（¥596,574）

積立金総額（目標額）×（複利賦金率−利率）＝積立金

電 【設定：5/4，0】.14547665−.035 ×5400000＝

(14) <u>6.4％</u>

解 原価をxとおく，予定売価は1.25x

基本式左辺：1.25x−¥2,355,000＝実売価

基本式右辺：x−¥480,000＝実売価

基本式：1.25x−¥2,355,000＝x−¥480,000

0.25x＝¥1,875,000　x＝¥7,500,000（原価）

よって，¥480,000÷¥7,500,000＝0.064（<u>6.4％</u>）

電 1.25−1 M+2355000−480000÷ MR ＝480000÷ GT ％

(15) <u>C¥466　D¥405　E¥2,770</u>

解 銘柄C　¥4.20÷0.009＝¥466.6…　（¥466）

銘柄D　¥7.30÷0.018＝¥405.5…　（¥405）

銘柄E　¥61.00÷0.022＝¥2,772.7…（¥2,770）

電 C：4.2÷.009＝　D：7.3÷.018＝　E：61÷.022＝

(16) <u>¥58,169,067</u>

解 10月10日～12月26日… 78日（両端入れ）

¥58,420,000×0.0201×$\frac{78}{365}$＝¥250,933.9…

（¥250,933）

手形金額×割引率×$\frac{割引日数}{365}$＝割引料

¥58,420,000−¥250,933＝<u>¥58,169,067</u>

電 【設定：CUT（S型は↓），0】

58420000 M+ × .0201×78÷365 M- MR

(17) <u>¥138,001,212</u>

解 日数は，上から112日，57日，48日となる。

（¥17,360,000×112）＋（¥60,820,000×57）

＋（¥59,240,000×48）＝8,254,580,000

¥8,254,580,000×0.0257÷365＝¥581,212.8…

（¥581,212）

¥17,360,000＋¥60,820,000＋¥59,240,000＋¥581,212

＝<u>¥138,001,212</u>

電 【設定：CUT（S型は↓），0】

17360000 M+ ×112＝60820000 M+ ×57＝59240000 M+

×48＝ GT × .0257÷365 M+ MR

(18) <u>¥37,507,000</u>

解 半年1期のため6年9か月は13期と3か月となる。

→ 端数期間は3か月

2.5％，13期…0.7254 2038

¥52,350,000×0.72542038÷（1＋0.025×$\frac{3}{6}$）

＝¥37,506,920.3…（¥100未満切り上げより，

¥37,507,000）

電 .025× 3 ÷ 6 ＋ 1 M+52350000× .72542038÷ MR ＝

(19) <u>¥10,811,550</u>

解 （¥185,000×50＋¥530,000）×1.25＝¥12,225,000

¥12,225,000÷50＝¥244,500（1台あたりの定価）

¥244,500×31×0.9＝¥6,821,550

（¥244,500−¥34,500）×19＝¥3,990,000

¥6,821,550＋¥3,990,000＝<u>¥10,811,550</u>（総売上高）

電 185000× 50＋530000× 1.25÷50＝ ×31× .9 M+ GT

−34500×19 M+ MR

(20)

解 4.5％，4期の複利賦金率…0.2787 4365

毎期の年賦金　¥7,500,000×0.27874365＝¥2,090,577

年賦金の合計　¥2,090,577×4＝¥8,362,308

支払利息の合計　¥8,362,308−¥7,500,000＝¥862,308

1期の期首未済元金　¥7,500,000

1期の期末支払利息　¥7,500,000×0.045＝¥337,500

1期の期末元金償還高　¥2,090,577−¥337,500＝¥1,753,077

2期の期首未済元金　¥7,500,000−¥1,753,077＝¥5,746,923

2期の期末支払利息　¥5,746,923×0.045＝¥258,612

2期の期末元金償還高　¥2,090,577−¥258,612＝¥1,831,965

3期の期首未済元金　¥5,746,923−¥1,831,965＝¥3,914,958

3期の期末支払利息　¥3,914,958×0.045＝¥176,173

3期の期末元金償還高　¥2,090,577−¥176,173＝¥1,914,404

4期の期首未済元金・4期の期末元金償還高…

¥3,914,958−¥1,914,404＝¥2,000,554

4期の期末支払利息　¥2,090,577−¥2,000,554＝¥90,023

電 【設定：5/4，0】

7500000× .27874365 M+　　　　（2,090,577）

×4＝　　　　　　　　　　　（8,362,308）

−7500000＝　　　　　　　　（862,308）

7500000　　　　　　　　　　（7,500,000）

× .045＝　　　　　　　　　　（337,500）

− MR ＝（−は記入しない）（−1,753,077）

＋7500000＝　　　　　　　　（5,746,923）

× .045＝　　　　　　　　　　（258,612）

− MR ＝（−は記入しない）（−1,831,965）

＋5746923＝　　　　　　　　（3,914,958）

× .045＝　　　　　　　　　　（176,173）

− MR ＝（−は記入しない）（−1,914,404）

＋3914958＝　　　　　　　　（2,000,554）

− MR ＝（−は記入しない）　（−90,023）

第5回模擬試験問題　解答・解説（本冊 p.152）

（A）乗算問題　　　　| ▭ | 珠算・電卓採点箇所　● 電卓のみ採点箇所

1	¥167,163,464
2	¥432,332,395
3	¥89,915
4	¥6,714,354,748
5	¥12,852,735

	●2.28%	
¥599,585,774	5.90%	●8.18%
	0.00%	
●¥6,727,207,483	91.64%	91.82%
	●0.18%	
●¥7,326,793,257		

6	$3,836,643.96
7	$5,721,658.40
8	$5,049,274.42
9	$8,481,101.65
10	$626.49

	16.62%	
●$14,607,576.78	●24.78%	63.27%
	21.87%	
$8,481,728.14	●36.73%	●36.73%
	0.00%	
●$23,089,304.92		

珠算各10点，100点満点　　　●$23,089,304.92　　　電卓各5点，100点満点

（B）除算問題

1	¥8,316
2	¥502
3	¥256
4	¥9,384
5	¥6,672

	33.09%	
¥9,074	2.00%	36.11%
	●1.02%	
●¥16,056	●37.34%	●63.89%
	26.55%	
●¥25,130		

6	£9,203.20
7	£145.61
8	£286.85
9	£279.92
10	£9,591.39

	47.18%	
●£9,635.66	●0.75%	●49.40%
	1.47%	
£9,871.31	1.43%	50.60%
	●49.17%	

珠算各10点，100点満点　　　●£19,506.97　　　電卓各5点，100点満点

（C）見取算問題

No.	1	2	3	4	5
計	¥17,297,075	¥5,912,882,594	¥-1,975,420	¥7,202,921,636	¥1,289,528

小計	●¥5,928,204,249		¥7,204,211,164	
合計	●¥13,132,415,413			

答え比率	0.13%	●45.03%	−0.02%	●54.85%	0.01%
小計比率	●45.14%		54.86%	

No.	6	7	8	9	10
計	€8,473,536.03	€20,785,170.45	€595,549.30	€3,088,148.92	€15,317,393.12

小計	€29,854,255.78		●€18,405,542.04	
合計	●€48,259,797.82			

答え比率	17.56%	43.07%	●1.23%	6.40%	●31.74%
小計比率	61.86%		●38.14%	

珠算各10点，100点満点　　　電卓各5点，100点満点

ビジネス計算部門

（1）	¥195,758	（11）	¥584,249,200
（2）	¥11,724	（12）	¥985,979
（3）	¥42,908,874	（13）	1.908%
（4）	¥5,525	（14）	2分6厘
（5）	¥4,776,348	（15）	C 1.1% D 1.8% E 1.5%
（6）	¥3,294,859		
（7）	11%	（16）	¥76,002,699
（8）	¥46,118,812	（17）	¥50,803,200
（9）	¥6,706,611	（18）	¥69,301,600
（10）	¥118,884,889	（19）	¥109,244,124
		（20）	＊

（20）

期数	期首帳簿価額	償却限度額	減価償却累計額
1	7,760,000	302,640	302,640
2	7,457,360	302,640	605,280
3	7,154,720	302,640	907,920
4	6,852,080	302,640	1,210,560

第5回ビジネス計算部門解説

（1）　¥195,758

解　4月4日〜5月25日…52日（両端入れ）

$¥88,650,000 × 0.0155 × \dfrac{52}{365} = ¥195,758.6…$

$（¥195,758）$

手形金額 × 割引率 × $\dfrac{割引日数}{365}$ = 割引料

電　【設定：CUT（S型は↓），0】
88650000×.0155×52÷365＝

（2）　¥11,724

解　10月15日〜11月26日…42日

$¥36,520,000 × 0.00279 × \dfrac{42}{365} = ¥11,724.4…$

$（¥11,724）$

元金 × 年利率 × 期間 = 利息

電　【設定：CUT（S型は↓），0】
36520000×.00279×42÷365＝

（3）　¥42,908,874

解　15年，定率法….133

電　【設定：CUT（S型は↓），0】
65840000 M+ ×.133 M- MR ×.133 M- MR ×.133 M- MR

（4）　¥5,525

解　$\dfrac{45.70 × 183.20}{10 × 4.546} × 30 = ¥5,525.01…（¥5,525）$

電　【設定：F,0　ただし，計算の最終で4捨5入する】
10×4.546 M+ 45.7×183.2×30÷ MR ＝
または 45.7×183.2×30÷45.46＝

（5）　¥4,776,348

解　3月25日〜7月16日…113日

$¥4,800,000 × \dfrac{¥98.95}{¥100} = ¥4,749,600$

額面金額 × $\dfrac{市場価格}{¥100}$ = 売買価額

$¥4,800,000 × 0.018 × \dfrac{113日}{365日} = ¥26,748.4…（¥26,748）$

額面金額 × 年利率 × $\dfrac{経過日数}{365}$ = 経過利息

$¥4,749,600 + ¥26,748 = ¥4,776,348$

売買価額 + 経過利息 = 支払代金

電　【設定：CUT（S型は↓），0】
4800000 M+ ×.9895＝ MR ×.018×113÷365＝ GT

（6）　¥3,294,859

解　3％，7期の複利年金終価率…7.6624 6218

$¥430,000 × 7.66246218 = ¥3,294,858.7…（¥3,294,859）$

年金額 × 複利年金終価率 = 複利年金終価

電　【設定：5/4，0】430000×7.66246218＝

（7）　11％

解　$（¥46,200,000 + ¥1,800,000）× 1.18 = ¥56,640,000（予定売価）$
$¥56,640,000 − 値引額 = ¥50,409,600$
値引額 = ¥6,230,400
よって，$¥6,230,400 ÷ ¥56,640,000 = 0.11（11％）$

電　46200000＋1800000×1.18 M+ −50409600÷ MR ％

（8）　¥46,118,812

解　銘柄A　$¥421 × 8,000株 = ¥3,368,000$ …約定代金
　　　　　$¥3,368,000 × 0.007950 + ¥4,260$
　　　　　　　$= ¥31,035.6（¥31,035）$ …手数料

　　銘柄B　$¥6,145 × 7,000株 = ¥43,015,000$ …約定代金
　　　　　$¥43,015,000 × 0.001825 + ¥154,651$
　　　　　　　$= ¥233,153.375（¥233,153）$ …手数料

$（¥3,368,000 − ¥31,035）+（¥43,015,000 − ¥233,153）$
$= ¥46,118,812$

電　【設定：CUT（S型は↓），0】
421×8000 M+ ×.00795+4260 M-
6145×7000 M+ ×.001825+154651 M- MR

（9）　¥6,706,611

解　4％，（15−1）期の複利年金現価率　…10.5631 2293

$¥580,000 ×（10.56312293 + 1）= ¥6,706,611.2…$

年金額 ×（実際の期数より1期少ない複利年金現価率 + 1）= 複利年金現価

電　【設定：5/4，0】10.56312293＋1×580000＝

（10）　¥118,884,889

解　4.5％，7期…1.3608 6183

$¥87,360,000 × 1.36086183 = ¥118,884,889.468…$

$（¥118,884,889）$

電　【設定：5/4，0】
87360000×1.36086183＝

（11）　¥584,249,200

解　売買価額は，仲立人の手数料合計の基本式の変形により，
$¥31,465,700 ÷（0.0285 + 0.0268）= ¥569,000,000$
よって，$¥569,000,000 ×（1 + 0.0268）= ¥584,249,200$

電　31465700÷.0553×1.0268＝

（12）　¥985,979

解　3.5％，10期の複利賦金率　…0.1202 4137

$¥8,200,000 × 0.12024137 = ¥985,979.234（¥985,979）$

負債額 × 複利賦金率 = 年賦金

電　【設定：5/4，0】8200000×.12024137＝

（13）　1.908％

解　$\dfrac{¥100 × 0.018 +（¥100 − ¥99.25）÷ 8}{¥99.25}$

$= 0.019080…（1.908％）$

電　100−99.25÷8＋1.8÷99.25％

— 34 —

(14)　　2分6厘

解　原価を x とおくと，予定売価は $1.35x$
　　基本式左辺：$1.35x - ¥1,022,720 = ¥2,649,280$
　　　　　　　　$1.35x = ¥3,672,000$　$x = ¥2,720,000$（原価）
　　基本式右辺：$¥2,720,000 - 損失額 = ¥2,649,280$
　　　　　　　　損失額 $= ¥70,720$　より，
　　　　　　　　$¥70,720 ÷ ¥2,720,000 = 0.026$（2分6厘）

電　2649280+1022720÷1.35M+−2649280÷MR=

(15)　　C /./%　D /.8%　E /.5%

解　銘柄C　$¥2.50 ÷ 218 = 0.0114…$　　　（1.1%）
　　銘柄D　$¥6.30 ÷ ¥345 = 0.0182…$　　（1.8%）
　　銘柄E　$¥62.00 ÷ ¥4,270 = 0.0145…$　（1.5%）

電　C：2.5÷218%　D：6.3÷345%　E：62÷4270%

(16)　　¥76,002,699

解　1月26日〜4月27日… 92日（両端入れ）
　　$¥76,825,600 × 0.0425 × \dfrac{92}{365} = ¥822,981.0…$
　　　　　　　　　　　　　　　　　　　（¥822,981）

　　$¥76,825,680 - ¥822,981 = ¥76,002,699$

電　【設定：CUT（S型は↓），0】
　　76825600×.0425×92÷365M−76825680M+MR

(17)　　¥50,803,200

解　$(¥40,800 ÷ 3 × 3,500 + ¥1,400,000) × 1.28 = ¥62,720,000$
　　$¥62,720,000 × \dfrac{3}{5} × 0.85 = ¥31,987,200$
　　$¥62,720,000 × \dfrac{2}{5} × 0.75 = ¥18,816,000$
　　$¥31,987,200 + ¥18,816,000 = ¥50,803,200$（総売上高）

電　40800÷3×3500+1400000×1.28=×3×.85÷
　　5M+GT×2×.75÷5M+MR

(18)　　¥69,301,600

解　半年1期のため4年9か月は9期と3か月となる。
　　→ 端数期間は3か月
　　2.5%，9期…0.8007 2836
　　$¥87,630,000 × 0.80072836 ÷ \left(1 + 0.025 × \dfrac{3}{6}\right)$
　　$= ¥69,301,556.7…$（¥100未満切り上げより，¥69,301,600）

電　.025×3÷6+1M+87630000×.80072836÷MR=

(19)　　¥109,244,124

電　日数は，上から，71日，48日，41日となる。
　　$(¥57,420,000 × 71) + (¥34,560,000 × 48)$
　　$+ (¥16,710,000 × 41) = ¥6,420,810,000$
　　$¥6,420,810,000 × 0.0315 ÷ 365 = ¥554,124.6…$
　　　　　　　　　　　　　　　　　　　（¥554,124）
　　$¥57,420,000 + ¥34,560,000 + ¥16,710,000 + ¥554,124$
　　$= ¥109,244,124$

電　【設定：CUT（S型は↓），0】

57420000M+　×71=34560000M+　×48=16710000M+
×41=GT×.0315÷365M+MR

(20)

解　26年，定額法….039
　　償却限度額・1期の減価償却累計額…
　　$¥7,760,000 × 0.039 = ¥302,640$
　　2期の減価償却累計額　$¥302,640 + ¥302,640 = ¥605,280$
　　3期の減価償却累計額　$¥605,280 + ¥302,640 = ¥907,920$
　　4期の減価償却累計額　$¥907,920 + ¥302,640 = ¥1,210,560$

　　2期の期首帳簿価額　$¥7,760,000 - ¥302,640 = ¥7,457,360$
　　3期の期首帳簿価額　$¥7,457,360 - ¥302,640 = ¥7,154,720$
　　4期の期首帳簿価額　$¥7,154,720 - ¥302,640 = ¥6,852,080$

電　7760000×.039=M+（302,640）
　　2期以降の減価償却累計額…
　　C型　MR302640+ + =　（=を繰り返す）
　　S型　302640+MR=　（=を繰り返す）

　　2期以降の期首帳簿価額…
　　C型　MR302640− −7760000=　（=を繰り返す）
　　S型　7760000−MR=　（=を繰り返す）

（A）乗算問題　　　　　□□□□ 珠算・電卓採点箇所　● 電卓のみ採点箇所

1	¥1,563,902			●0.26%	
2	¥58,389,786	●¥194,811,866		9.68%	32.30%
3	¥134,858,178			22.36%	
4	¥137,533,319	¥408,395,286		●22.80%	●67.70%
5	¥270,861,967			44.90%	
		●¥603,207,152			

6	€5,295,455.61			7.70%	
7	€12,169,713.15	€21,837,368.60		17.69%	●31.75%
8	€4,372,199.84			●6.36%	
9	€45,522,359.86	●€46,938,894.31		●66.19%	68.25%
10	€1,416,534.45			2.06%	
		●€68,776,262.91			

珠算各10点，100点満点　　　　　　　　　電卓各5点，100点満点

（B）除算問題

1	¥8,440			4.88%	
2	¥129,423	¥143,548		74.78%	82.94%
3	¥5,685			●3.28%	
4	¥26,381	●¥29,535		15.24%	●17.06%
5	¥3,154			●1.82%	
		●¥173,083			

6	£104.10			15.95%	
7	£19.53	●£144.81		●2.99%	●22.19%
8	£21.18			3.25%	
9	£81.35			●12.46%	
10	£426.50	£507.85		65.35%	77.81%
		●£652.66			

珠算各10点，100点満点　　　　　　　　　電卓各5点，100点満点

（C）見取算問題

No.	1	2	3	4	5
計	¥17,295,668	¥370,339,278	¥-96,306,090	¥2,704,220,892	¥2,159,713

小計	¥291,328,856		●¥2,706,380,605	
合計	●¥2,997,709,461			

答え比率	0.58%	●12.35%	-3.21%	●90.21%	0.07%
小計比率	●9.72%		90.28%	

No.	6	7	8	9	10
計	$45,416,198.59	$14,063,326.84	$20,863,524.25	$9,523,583.14	$312,351.51

小計	$80,343,049.68		●$9,835,934.65	
合計	●$90,178,984.33			

答え比率	●50.36%	15.59%	23.14%	10.56%	●0.35%
小計比率	●89.09%		10.91%	

珠算各10点，100点満点　　　　　　　　　電卓各5点，100点満点

ビジネス計算部門

（1） ¥45,800,000	（11） 2.89%
（2） ¥818,081	（12） ¥33,380,910
（3） ¥9,341	（13） 2.201%
（4） ¥58,637,150	（14） 25%
（5） ¥10,550,276	（15） ¥809,142
（6） ¥8,454,204	（16） ¥88,662,760
（7） ¥20,727,000	（17） ¥393,750
（8） ¥55,395,277	（18） ¥132,818,849
（9） ¥4,478,606	（19） ¥1,654,784
（10） ¥68,616,900	（20） ＊

（20）

期数	期首帳簿価額	償却限度額	減価償却累計額
1	8,650,000	640,100	640,100
2	8,009,900	592,732	1,232,832
3	7,417,168	548,870	1,781,702
4	6,868,298	508,254	2,289,956

第6回ビジネス計算部門解説

（1） <u>¥45,800,000</u>

解 1月27日～9月2日…219日（うるう年）
基本式より，元利合計＝元金×（1＋年利率×期間）
よって，元金×（1＋0.00265×$\frac{219}{365}$）＝¥45,872,822
基本式の変形により，
元金＝¥45,872,822÷（1＋0.00265×$\frac{219}{365}$）
＝<u>¥45,800,000</u>

電 .00265×219÷365＋1 M+ 45872822÷ MR ＝

（2） <u>¥818,081</u>

解 5月16日～8月16日…93日（両端入れ）
¥85,620,000×0.0375×$\frac{93}{365}$＝¥818,081.5…
（<u>¥818,081</u>）

手形金額 × 割引率 × $\frac{割引日数}{365}$ ＝ 割引料

電 【設定：CUT（S型は↓），0】
85620000×.0375×93÷365＝

（3） <u>¥9,341</u>

解 $\frac{38.80×109.20}{60×0.4536}$×60＝¥9,340.7…（<u>¥9,341</u>）

電 【設定：F，0 ただし，計算の最終で4捨5入する】
60×.4536 M+ 38.8×109.2×60÷ MR ＝

（4） <u>¥58,637,150</u>

解 17年，定額法….059
¥76,450,000×0.059×13＝<u>¥58,637,150</u>
償却限度額 × 求める期数 ＝ 求めたい期の減価償却累計額

電 76450000×.059×13＝

（5） <u>¥10,550,276</u>

解 2％，（11＋1）期の複利年金終価率 …13.4120 8973
¥850,000×（13.41208973－1）＝<u>¥10,550,276</u>.2…
年金額 ×（実際の期数より1期多い複利年金終価率－1）＝複利年金終価

電 【設定：5/4，0】13.41208973－1×850000＝

（6） <u>¥8,454,204</u>

解 5月25日～8月4日…71日
¥8,500,000×$\frac{¥99.15}{¥100}$＝¥8,427,750

額面金額 × $\frac{市場価格}{¥100}$ ＝ 売買価額

¥8,500,000×0.016×$\frac{71日}{365日}$＝¥26,454.79…
（¥26,454）

額面金額 × 年利率 × $\frac{経過日数}{365}$ ＝ 経過利息

¥8,427,750 ＋ ¥26,454 ＝<u>¥8,454,204</u>
売買価額 ＋ 経過利息 ＝ 支払代金

電 【設定：CUT（S型は↓），0】
8500000 M+ ×.9915＝ MR ×.016×71÷365＝ GT

（7） <u>¥20,727,000</u>

解 原価をxとおく，予定売価は1.28x
基本式左辺：1.28x－¥9,353,000＝実売価
基本式右辺：x－0.118x＝0.882x
売買基本式：1.28x－¥9,353,000＝0.882x
0.398x＝¥9,353,000 x＝¥23,500,000（原価）
よって，¥23,500,000×0.882＝<u>¥20,727,000</u>（実売価）

電 1.28－.882 M+ 9353000÷ MR ×.882＝

（8） <u>¥55,395,277</u>

解 銘柄A
¥851×6,000株＝¥5,106,000 …約定代金
¥5,106,000×0.00875＋¥3,950＝¥48,627.5
（¥48,627）…手数料
銘柄B
¥6,250×8,000株＝¥50,000,000 …約定代金
¥50,000,000×0.00284＋¥98,650＝¥240,650
…手数料
¥5,106,000＋¥48,627＋¥50,000,000＋¥240,650
＝<u>¥55,395,277</u>

電 【設定：CUT（S型は↓），0】
851×6000 M+ ×.00875＋3950 M+ 6250×8000 M+ ×
.00284＋98650 M+ MR

（9） <u>¥4,478,606</u>

解 5％，10期の複利年金現価率…7.7217 3493
¥580,000×7.72173493＝¥4,478,606.2…（<u>¥4,478,606</u>）
年金額 × 複利年金現価率 ＝ 複利年金現価

電 【設定：5/4，0】580000×7.72173493＝

（10） <u>¥68,616,900</u>

解 4.5％，8期… 0.7031 8513
¥97,580,000×0.70318513＝¥68,616,804.9…
（¥68,616,900）

電 97580000×.70318513＝（¥100未満切り上げに注意）

（11） <u>2.89％</u>

解 売買価額は，買い主の支払総額の基本式の変形により，
¥55,169,200÷（1＋0.0312）＝¥53,500,000
よって，¥1,546,150÷¥53,500,000＝0.0289（2.89％）

電 55169200÷1.0312 M+ 1546150÷ MR ％

（12） <u>¥33,380,910</u>

解 20年，定率法….100

電 【設定：CUT（S型は↓），0】
45790000 M+ ×.1 M- MR ×.1 M- MR ×.1 M- MR

(13)　_2.201 %_

解　$\dfrac{¥100 \times 0.019 + (¥100 - ¥97.95) \div 8}{¥97.95}$

　　　　　　　　$= 0.022013 \cdots \ (\underline{2.201\%})$

電　$100 \boxed{-} 97.95 \boxed{\div} 8 \boxed{+} 1.9 \boxed{\div} 97.95 \boxed{\%}$

(14)　_25%_

解　原価を x とおくと。

　　原　　　　価：$0.027x = ¥202,500$　$x = ¥7,500,000$（原価）

　　基本式左辺：$¥9,730,000 - 値引額 = 実売価$

　　基本式右辺：$¥7,500,000 - ¥202,500 = ¥7,297,500$

　　売買基本式：$¥9,730,000 - 値引額 = ¥7,297,500$

　　　　　　　　　値引額 $= ¥2,432,500$ より，

　　　　　　　$¥2,432,500 \div ¥9,730,000 = 0.25$（$\underline{25\%}$）

電　$202500 \boxed{\div} .027 \boxed{-} 202500 \boxed{M-} 9730000 \boxed{M+} \boxed{MR} \boxed{\div} 9730000 \boxed{\%}$

(15)　_¥809,142_

解　3.5%，6期の複利賦金率　$\cdots 0.1876\ 6821$

　　$¥5,300,000 \times (0.18766821 - 0.035) = ¥809,141.513$

　　　　　　　　　　　　　　　　　　　　（$\underline{¥809,142}$）

　　積立金総額（目標額）×（複利賦金率 − 利率）= 積立金

電　【設定：5/4，0】$.18766821 \boxed{-} .035 \boxed{\times} 5300000 \boxed{=}$

(16)　_¥88,662,760_

解　11月27日〜2月10日… 76日（両端入れ）

　　$¥89,250,000 \times 0.0316 \times \dfrac{76}{365} = ¥587,240.5 \cdots$

　　　　　　　　　　　　　　　　　　　（$¥587,240$）

　　手形金額 × 割引率 × $\dfrac{割引日数}{365}$ = 割引料

　　$¥89,250,000 - ¥587,240 = \underline{¥88,662,760}$

電　【設定：CUT（S型は↓），0】

　　$89250000 \boxed{M+} \boxed{\times} .0316 \boxed{\times} 76 \boxed{\div} 365 \boxed{M-} \boxed{MR}$

(17)　_¥393,750_

解　$¥23,050 \div 5 \times 12 \times 50 + ¥34,000 = ¥2,800,000$（原価）

　　$¥2,800,000 \times 1.25 = ¥3,500,000$（定価）

　　$¥3,500,000 \times \dfrac{3}{4} = ¥2,625,000$

　　$¥3,500,000 \times \dfrac{1}{4} \times 0.65 = ¥568,750$

　　$¥2,625,000 + ¥568,750 - ¥2,800,000 = \underline{¥393,750}$

電　$23050 \boxed{\div} 5 \boxed{\times} 12 \boxed{\times} 50 \boxed{+} 34000 \boxed{M-} \boxed{\times} 1.25 \boxed{=} \boxed{\times} 3 \boxed{\div} 4 \boxed{M+}$
　　$\boxed{GT} \boxed{\times} .65 \boxed{\div} 4 \boxed{M+} \boxed{MR}$

(18)　_¥132,818,849_

解　半年1期のため，5% → 2.5%，

　　6年9か月 → 13期と3か月

　　2.5%，13期 … 1.3785 1104

　　$¥95,160,000 \times 1.37851104 \times (1 + 0.025 \times \dfrac{3}{6})$

　　　$= ¥132,818,849.4 \cdots$（4捨5入より，$\underline{¥132,818,849}$）

電　【設定：5/4，0】

　　$.025 \boxed{\times} 3 \boxed{\div} 6 \boxed{+} 1 \boxed{\times} 95160000 \boxed{\times} 1.37851104 \boxed{=}$

(19)　_¥1,654,784_

解　日数は，上から132日，90日，70日となる。

　　$(¥52,150,000 \times 132) + (¥44,360,000 \times 90)$

　　$+ (¥23,270,000 \times 70) = ¥12,505,100,000$

　　$¥12,505,100,000 \times 0.0483 \div 365 = ¥1,654,784.4 \cdots$

　　　　　　　　　　　　　　　　　　　　（$¥1,654,784$）

電　【設定：CUT（S型は↓），0】

　　$52150000 \boxed{\times} 132 \boxed{=} 44360000 \boxed{\times} 90 \boxed{=} 23270000 \boxed{\times} 70 \boxed{=} \boxed{GT}$
　　$\boxed{\times} .0483 \boxed{\div} 365 \boxed{=}$

(20)

解　27年，定率法….074

　　1 期 の 期 首 帳 簿 価 額❶　　取得価額の ¥8,650,000

　　1 期 の 償 却 限 度 額❷　　$¥8,650,000 \times 0.074 = ¥640,100$

　　1 期 の 減 価 償 却 累 計 額　　$¥640,100$

　　2 期 の 期 首 帳 簿 価 額❸　　$¥8,650,000 - ¥640,100 = ¥8,009,900$

　　2 期 の 償 却 限 度 額❹　　$¥8,009,900 \times 0.074 = ¥592,732$

　　2 期 の 減 価 償 却 累 計 額❺　　$¥592,732 + ¥640,100 = ¥1,232,832$

　　3 期 の 期 首 帳 簿 価 額　　$¥8,009,900 - ¥592,732 = ¥7,417,168$

　　3 期 の 償 却 限 度 額　　$¥7,417,168 \times 0.074 = ¥548,870$

　　3 期 の 減 価 償 却 累 計 額　　$¥548,870 + ¥1,232,832 = ¥1,781,702$

　　4 期 の 期 首 帳 簿 価 額　　$¥7,417,168 - ¥548,870 = ¥6,868,298$

　　4 期 の 償 却 限 度 額　　$¥6,868,298 \times 0.074 = ¥508,254$

　　4 期 の 減 価 償 却 累 計 額　　$¥508,254 + ¥1,781,702 = ¥2,289,956$

電　【設定：CUT（S型は↓），0】

　　❶ $8650000 \boxed{M+}$　　（8,650,000）

　　❷ $\boxed{\times} .074 \boxed{=} \boxed{M-}$　　（640,100）→ 減価償却累計額も記入

　　❸ $\boxed{MR}$　　（8,009,900）

　　❹ $\boxed{\times} .074 \boxed{=} \boxed{M-}$　　（592,732）

　　❺ $\boxed{GT}$　　（1,232,832）

　　❻ 第3期期首帳簿価額以降は，❸〜❺の繰り返し
　　　　（$\boxed{MR} \boxed{\times} .074 \boxed{=} \boxed{M-} \boxed{GT}$）

第7回模擬試験問題　解答・解説（本冊p.168）

（A）乗算問題　　　□ 珠算・電卓採点箇所　　● 電卓のみ採点箇所

1	¥151,430,914		13.48%	
2	¥234,568,125	¥900,475,163	●20.89%	80.18%
3	¥514,476,124		45.81%	
4	¥210,695,511	●¥222,640,361	●18.76%	●19.82%
5	¥11,944,850		1.06%	
		●¥1,123,115,524		

6	€707,124.63		●0.49%	
7	€98,103,923.75	●€115,198,621.34	68.35%	●80.26%
8	€16,387,572.96		11.42%	
9	€6,598.44	€28,339,460.67	0.00%	19.74%
10	€28,332,862.23		●19.74%	
		●€143,538,082.01		

珠算各10点，100点満点　　　●€143,538,082.01　　　電卓各5点，100点満点

（B）除算問題

1	¥80,246		23.43%	
2	¥8,698	¥330,175	2.54%	●96.41%
3	¥241,231		●70.44%	
4	¥11,535	●¥12,288	3.37%	3.59%
5	¥753		●0.22%	
		●¥342,463		

6	$0.24		●0.00%	
7	$4,260	●$13,433.80	2.40%	7.58%
8	$9,173.56		5.18%	
9	$163,475	$163,763.68	●92.26%	●92.42%
10	$288.68		0.16%	
		●$177,197.48		

珠算各10点，100点満点　　　●$177,197.48　　　電卓各5点，100点満点

（C）見取算問題

No.	1	2	3	4	5
計	¥39,414,819	¥1,798,656	¥815,751,811	¥734,979,278	¥-329,874,803

小計	¥856,965,286			●¥405,104,475	
合計	●¥1,262,069,761				
答え比率	●3.12%	0.14%	64.64%	58.24%	●-26.14%
小計比率	●67.90%			32.10%	

No.	6	7	8	9	10
計	£383,369,439.18	£779,582.73	£545,097.76	£1,354,263.23	£3,459,426.62

小計	£384,694,119.67			●£4,813,689.85	
合計	●£389,507,809.52				
答え比率	98.42%	●0.20%	0.14%	●0.35%	0.89%
小計比率	●98.76%			1.24%	

珠算各10点，100点満点　　　電卓各5点，100点満点

ビジネス計算部門

（1）	¥321,325	（11）	¥2,331,747
（2）	¥6,607,784	（12）	¥2,287,249
（3）	¥6,010	（13）	2.876%
（4）	¥45,007,430	（14）	3.5%
（5）	¥4,500,000	（15）	¥62,198,436
（6）	8か月	（16）	¥82,227,005
（7）	A ¥566 B ¥305 C ¥2,715	（17）	¥95,594,100
		（18）	¥524,100
（8）	¥2,112,828	（19）	¥60,046,200
（9）	¥29,734,539	（20）	＊
（10）	¥1,249,720		

（20）

期数	積立金	積立金利息	積立金増加高	積立金合計高
1	1,243,590	0	1,243,590	1,243,590
2	1,243,590	68,397	1,311,987	2,555,577
3	1,243,590	140,557	1,384,147	3,939,724
4	1,243,590	216,686	1,460,276	5,400,000
計	4,974,360	425,640	5,400,000	―

第7回ビジネス計算部門解説

（1）　¥321,325

解　10月15日〜11月25日… 42日（両端入れ）

$¥88,650,000 × 0.0315 × \dfrac{42}{365} = ¥321,325.8…$

（¥321,325）

手形金額 × 割引率 × $\dfrac{割引日数}{365}$ ＝ 割引料

電【設定：CUT（S型は↓），0】

88650000×.0315×42÷365＝

（2）　¥6,607,784

解　4％，15期の複利年金終価率…20.0235 8764

$¥330,000 × 20.02358764 = ¥6,607,783.9…$（¥6,607,784）

年金額 × 複利年金終価率 ＝ 複利年金終価

電【設定：5/4，0】330000×20.02358764＝

（3）　¥6,010

解　$\dfrac{51.60 × 127.80}{60 × 0.9144} × 50 = ¥6,009.8…$　（¥6,010）

電【設定：F，0　ただし，計算の最終で4捨5入する】

60×.9144M+51.6×127.8×50÷MR＝

（4）　¥45,007,430

解　13年，定額法….077

$¥97,630,000 × 0.077 × 7 = ¥52,622,570$

$¥97,630,000 − ¥52,622,570 = ¥45,007,430$

（取得価額−1期前の減価償却累計額＝求めたい期の期首帳簿価額）

電　97630000M+×.077×7M-MR

（5）　¥4,500,000

解　原価をx，予定売価をyとおく。

基本式左辺：$y − ¥8,500,000 = 実売価$

基本式右辺：$x − 0.15x = 0.85x$

予定売価：$0.25y = ¥8,500,000$

$y = ¥34,000,000$（予定売価）

基本式：$¥34,000,000 − ¥8,500,000 = 0.85x$

$0.85x = ¥25,500,000$　$x = ¥30,000,000$（原価）

よって，損失額は $¥30,000,000 × 0.15 = ¥4,500,000$

電　8500000M+÷.25−MR÷.85×.15＝

（6）　8か月

解　利息　$¥36,043,680 − ¥36,000,000 = ¥43,680$

基本式　$¥36,000,000 × 0.00182 × \dfrac{月数}{12} = ¥43,680$

式の変形　期間＝$¥43,680 × 12 ÷ 0.00182 ÷ ¥36,000,000$

$= 8$か月

電　36043680−36000000×12÷.00182÷36000000＝

（7）　A¥566　B¥305　C¥2,715

解　銘柄A　$¥3.40 ÷ 0.006 = ¥566.6…$　（¥566）

銘柄B　$¥5.20 ÷ 0.017 = ¥305.8…$　（¥305）

銘柄C　$¥87.00 ÷ 0.032 = ¥2,718.75…$（¥2,715）

電　A：3.4÷.006＝　B：5.2÷.017＝　C：87÷.032＝

（8）　¥2,112,828

解　6％，5期の複利賦金率　…0.2373 9640

$¥8,900,000 × 0.23739640 = ¥2,112,827.96$（¥2,112,828）

負債額 × 複利賦金率 ＝ 年賦金

電【設定：5/4，0】8900000×.2373964＝

（9）　¥29,734,539

解　2.5％，6期…1.1596 9342

$¥25,640,000 × 1.15969342 = ¥29,734,539.2…$（¥29,734,539）

電【設定：5/4，0】

25640000×1.15969342＝

（10）　¥1,249,720

解　売買価額は，売り主の手取金の基本式の変形により，

$¥30,724,900 ÷ (1 − 0.0215) = ¥31,400,000$

仲立人の手数料合計の基本式より，

$¥31,400,000 × (0.0215 + 0.0183) = ¥1,249,720$

電　30724900÷.9785×.0398＝

（11）　¥2,331,747

解　18年，定率法….111

電【設定：CUT（S型は↓），0】

26580000M+×.111M-MR×.111M-MR×.111＝

（12）　¥2,287,249

解　3％，（11−1）期の複利年金現価率　…8.5302 0284

$¥240,000 × (8.53020284 + 1) = ¥2,287,248.6…$

（¥2,287,249）

年金額 ×（実際の期数より1期少ない複利年金現価率+1）＝複利年金現価

電【設定：5/4，0】8.53020284＋1×240000＝

（13）　2.876％

解　$\dfrac{¥100 × 0.025 + (¥100 − ¥97.55) ÷ 8}{¥97.55}$

$= 0.028767… （2.876％）$

電　100−97.55÷8＋2.5÷97.55％

（14）　3.5％

解　原価をxとおくと，予定売価は$1.27x$

基本式左辺：$1.27x − ¥8,225,000 = ¥36,225,000$

$1.27x = ¥44,450,000$　$x = ¥35,000,000$（原価）

基本式右辺：$¥35,000,000 + 利益額 = ¥36,225,000$

利益額 ＝ $¥1,225,000$　より，

$¥1,225,000 ÷ ¥35,000,000 = 0.035 （3.5％）$

電 36225000 + 8225000 ÷ 1.27 M+ 36225000 − MR ÷ MR %

(15) _¥62,198,436_

解 銘柄 D
¥426 × 4,000 株 = ¥1,704,000 ･･･約定代金
¥1,704,000 × 0.0085040 + ¥5,610 = ¥20,100.816
（¥20,100）･･･手数料
銘柄 E
¥7,521 × 8,000 株 = ¥60,168,000 ･･･約定代金
¥60,168,000 × 0.0033400 + ¥105,375 = ¥306,336.12
（¥306,336）･･･手数料
¥1,704,000 + ¥20,100 + ¥60,168,000 + ¥306,336
= ¥62,198,436

電 【設定：CUT（S 型は↓），0】
426 × 4000 M+ × .008504 + 5610 M+ 7521 × 8000 M+
× .00334 + 105375 M+ MR

(16) _¥82,227,005_

解 3 月 16 日～5 月 12 日… 58 日（両端入れ）
¥82,653,800 × 0.0325 × $\frac{58}{365}$ = ¥426,855.9…
（¥426,855）
¥82,653,860 − ¥426,855 = ¥82,227,005

電 【設定：CUT（S 型は↓），0】
82653800 × .0325 × 58 ÷ 365 M− 82653860 M+ MR

(17) _¥95,594,100_

解 日数は，上から 136 日，97 日，71 日となる。
（¥42,150,000 × 136）+（¥31,260,000 × 97）
+（¥21,370,000 × 71）= ¥10,281,890,000
¥10,281,890,000 × 0.0289 ÷ 365 = ¥814,100.3…
（¥814,100）
¥42,150,000 + ¥31,260,000 + ¥21,370,000 + ¥814,100
= ¥95,594,100

電 【設定：CUT（S 型は↓），0】
42150000 M+ × 136 = 31260000 M+ × 97 = 21370000 M+
× 71 = GT × .0289 ÷ 365 M+ MR

(18) _¥524,100_

解 ¥4,200,000 + ¥250,000 = ¥4,450,000（原価）
¥4,450,000 × 1.35 = ¥6,007,500
¥6,007,500 × $\frac{2}{3}$ × 0.75 = ¥3,003,750
（¥6,007,500 × $\frac{1}{3}$）− ¥32,150 = ¥1,970,350
¥3,003,750 + ¥1,970,350 − ¥4,450,000
= ¥524,100（利益額）

電 4200000 + 250000 M− × 1.35 = × 2 × .75 ÷ 3 M+ GT
÷ 3 − 32150 M+ MR

(19) _¥60,046,200_

解 1 年 1 期のため 7 年 6 か月は 7 期と 6 か月となる。
→ 端数期間は 6 か月（表率は5.5%で 7 期を求める。）
5.5%，7 期…0.6874 3681
¥89,750,000 × 0.68743681 ÷ （1 + 0.055 × $\frac{6}{12}$）
= ¥60,046,183.6…（¥100 未満切り上げより，¥60,046,200）

電 .055 × 6 ÷ 12 + 1 M+ 89750000 × .68743681 ÷ MR =

(20)

解 5.5%，4 期の複利賦金率…0.2852 9449
毎期積立金，1 期の期末積立金増加高，1 期の期末積立金合計高…
¥5,400,000 × （0.28529449 − 0.055）= ¥1,243,590
積立金の合計 ¥1,243,590 × 4 = ¥4,974,360
積立金利息の合計 ¥5,400,000 − ¥4,974,360 = ¥425,640
2 期の期末積立金利息 ¥1,243,590 × 0.055 = ¥68,397
2 期の期末積立金増加高 ¥68,397 + ¥1,243,590 = ¥1,311,987
2 期の期末積立金合計高 ¥1,311,987 + ¥1,243,590 = ¥2,555,577
3 期の期末積立金利息 ¥2,555,577 × 0.055 = ¥140,557
3 期の期末積立金増加高 ¥140,557 + ¥1,243,590 = ¥1,384,147
3 期の期末積立金合計高 ¥1,384,147 + ¥2,555,577 = ¥3,939,724
4 期の期末積立金増加高 ¥5,400,000 − ¥3,939,724 = ¥1,460,276
4 期の期末積立金利息 ¥1,460,276 − ¥1,243,590 = ¥216,686

電 【設定：5/4，0】
.28529449 − .055 × 5400000 M+ （1,243,590）
× 4 = （4,974,360）
− 5400000 = （−は記入しない） （−425,640）
MR × .055 = （68,397）
+ MR = （1,311,987）
+ MR = （2,555,577）
× .055 = （140,557）
+ MR = （1,384,147）
+ 2555577 = （3,939,724）
− 540000 = （−は記入しない） （−1,460,276）
+ MR = （−は記入しない） （−216,686）

第8回模擬試験問題　解答・解説（本冊 p.176）

（A）乗算問題　　　□ 珠算・電卓採点箇所　● 電卓のみ採点箇所

1	¥216,342,665			19.57%		
2	¥202,133,095	¥418,481,644		18.29%		●37.86%
3	¥5,884			●0.00%		
4	¥151,680,318	●¥686,936,464		●13.72%		62.14%
5	¥535,256,146			48.42%		
		●¥1,105,418,108				

6	£1,723,116.43			●68.71%		
7	£187,045.18	●£2,047,546.16		7.46%		81.65%
8	£137,384.55			5.48%		
9	£460,180.12	£460,195.81		18.35%		●18.35%
10	£15.69			●0.00%		

珠算各10点，100点満点　　●£2,507,741.97　　電卓各5点，100点満点

（B）除算問題

1	¥402,769			40.99%		
2	¥22,973	●¥490,726		●2.34%		49.94%
3	¥64,984			6.61%		
4	¥401,769	¥491,846		40.89%		●50.06%
5	¥90,077			●9.17%		
		●¥982,572				

6	$165.15			8.08%		
7	$892.67	$1,867.75		43.69%		●91.41%
8	$809.93			●39.64%		
9	$96.17	●$175.42		4.71%		8.59%
10	$79.25			●3.88%		

珠算各10点，100点満点　　●$2,043.17　　電卓各5点，100点満点

（C）見取算問題

No.	1	2	3	4	5
計	¥15,612,897	¥12,088,217,927	¥4,233,191	¥5,703,363,954	¥-2,015,722

小計	●¥12,108,064,015		¥5,701,348,232	
合計	●¥17,809,412,247			

答え比率	0.09%	67.88%	●0.02%	●32.02%	-0.01%
小計比率	67.99%		●32.01%		

No.	6	7	8	9	10
計	€7,780,711.37	€27,374,382.51	€1,146,769.28	€18,231,817.83	€13,746,240.15

小計	€36,301,863.16		●€31,978,057.98	
合計	●€68,279,921.14			

答え比率	11.40%	●40.09%	1.68%	26.70%	●20.13%
小計比率	●53.17%		46.83%		

珠算各10点，100点満点　　　　電卓各5点，100点満点

ビジネス計算部門

（1）	¥503,216	（11）	¥56,659,300
（2）	0.495%	（12）	¥34,145,440
（3）	¥69,737,008	（13）	1.908%
（4）	¥4,765	（14）	¥6,600,000
（5）	¥9,323,859	（15）	¥535,962
（6）	¥734,013,604	（16）	¥504,580
（7）	16.5%	（17）	¥76,773,830
（8）	D 1.8% E 2.0% F 2.8%	（18）	¥50,127,806
		（19）	¥473,910
（9）	¥45,103,000	（20）	＊
（10）	¥16,100,199		

（20）

期数	期首未済元金	年賦金	支払利息	元金償還高
1	3,500,000	975,603	157,500	818,103
2	2,681,897	975,603	120,685	854,918
3	1,826,979	975,603	82,214	893,389
4	933,590	975,603	42,013	933,590
計	－	3,902,412	402,412	3,500,000

第8回ビジネス計算部門解説

（1） *¥503,216*

解 2月15日〜4月12日… 57日（両端入れ）

$¥75,820,000 × 0.0425 × \dfrac{57}{365} = ¥503,216.3…$

（¥503,216）

手形金額 × 割引率 × $\dfrac{割引日数}{365}$ ＝ 割引料

電 【設定：CUT（S型は↓），0】
75820000×.0425×57÷365＝

（2） *0.495%*

解 日　数　4月12日〜9月5日… 146日
利　息　¥87,773,448 − ¥87,600,000 ＝ ¥173,448
基本式　$¥87,600,000 × 年利率 × \dfrac{146}{365} = ¥173,448$
式の変形　$年利率 = ¥173,448 ÷ (¥87,600,000 × \dfrac{146}{365})$
　　　　　＝ 0.00495（0.495%）

電 876000000×146÷365 M+ 87773448 − 87600000 ÷ MR %

（3） *¥69,737,008*

解 29年，定率法….069

電 【設定：CUT（S型は↓），0】
86420000 M+ ×.069 M- MR ×.069 M- MR ×.069 M- MR

（4） *¥4,765*

解 $\dfrac{65,800 × 109.5}{100 × 907.2} × 60 = ¥4,765.27…$（¥4,765）

電 【設定：F,0　ただし，計算の最終で4捨5入する】
100×907.2 M+ 65800×109.5×60÷ MR
または 65800×109.5×60÷90720＝

（5） *¥9,323,859*

解 8月20日〜11月15日… 87日

$¥9,500,000 × \dfrac{¥97.55}{¥100} = ¥9,267,250$

額面金額　×　$\dfrac{市場価格}{¥100}$　＝　売買価額

$¥9,500,000 × 0.025 × \dfrac{87日}{365日} = ¥56,609.5…$（¥56,609）

額面金額 × 年利率 × $\dfrac{経過日数}{365}$ ＝ 経過利息

¥9,267,250 ＋ ¥56,609 ＝ ¥9,323,859

売買価額 ＋ 経過利息 ＝ 支払代金

電 【設定：CUT（S型は↓），0】
9500000 M+ ×.9755＝ MR ×.025×87÷365＝ GT

（6） *¥734,013,604*

解 2%，11期の複利年金現価率…9.7868 4805
¥75,000,000 × 9.78684805 ＝ ¥734,013,603.75
（¥734,013,604）

年金額 × 複利年金現価率 ＝ 複利年金現価

電 【設定：5/4，0】 75000000×9.78684805＝

（7） *16.5%*

解 原価を x とおくと，予定売価は1.23x
基本式左辺：1.23x − 値引額 ＝ ¥96,542,700
基本式右辺：x ＋ 0.02705x ＝ 1.02705x
　　　　　1.02705x ＝ ¥96,542,700　x ＝ ¥94,000,000（原価）
予定売価：¥94,000,000 × 1.23 ＝ ¥115,620,000
値引額：¥115,620,000 − ¥96,542,700 ＝ ¥19,077,300
よって，¥19,077,300 ÷ ¥115,620,000 ＝ 0.165（16.5%）

電 96542700 M+ ÷1.02705×1.23＝ − MR ÷ GT %

（8） *D 1.8%　E 2.0%　F 2.8%*

解 銘柄D　¥2.80 ÷ ¥156 ＝ 0.0179…（1.8%）
銘柄E　¥8.90 ÷ ¥436 ＝ 0.0204…（2.0%）
銘柄F　¥77.00 ÷ ¥2,756 ＝ 0.0279…（2.8%）

電 D：2.8÷156% 　E：8.9÷436%　 F：77÷2756%

（9） *¥45,103,000*

解 売買価額は，買い主の支払総額の基本式の変形により，
¥46,860,200 ÷（1 ＋ 0.0187）＝ ¥46,000,000
売り主の手取金の基本式より，
¥46,000,000 ×（1 − 0.0195）＝ ¥45,103,000

電 46860200÷1.0187×.9805＝

（10） *¥16,100,199*

解 3.5%，（14＋1）期の複利年金終価率 …19.2956 808
¥880,000 ×（19.29568088 − 1）＝ ¥16,100,199.17…

年金額 ×（実際の期数より1期多い複利年金終価率−1）＝複利年金終価

電 【設定：5/4，0】 19.29568088 − 1×880000＝

（11） *¥56,659,300*

解 2.5%，7期… 0.8412 6524
¥67,350,000 × 0.84126524 ＝ ¥56,659,213.9…
（¥56,659,300）

電 67350000×.84126524＝（¥100未満切り上げに注意）

（12） *¥34,145,440*

解 39年，定額法….026
¥49,630,000 × 0.026 × 12 ＝ ¥15,484,560
¥49,630,000 − ¥15,484,560 ＝ ¥34,145,440
（取得原価−1期前の減価償却累計額＝求めたい期の期首帳簿価額）

電 49630000 M+ ×.026×12 M- MR

（13） *1.908%*

解 $\dfrac{¥100 × 0.017 +（¥100 − ¥98.55）÷ 8}{¥98.55}$
　　　　　＝ 0.019089…（1.908%）

電 100 − 98.55÷8 + 1.7÷98.55%

(14)　￥6,600,000

解　原価を x ，予定売価を y とおく。

基本式左辺：$y - 0.34y = 0.66y$

基本式右辺：$x + 0.19x = 1.19x$

予定売価：$0.34y = ￥4,046,000$

　　　　　$y = ￥11,900,000$（予定売価）

基　本　式：基本式左辺の $0.66y$ は，

　　　　　$0.66 × ￥11,900,000 = ￥7,854,000$（実売価）

　　　　　となる。よって，

　　　　　$￥7,854,000 = 1.19x$　$x = ￥6,600,000$（原価）

電　4046000 ÷ .34 × .66 ÷ 1.19 =

(15)　￥535,962

解　4.5％，6期の複利賦金率　…0.1938 7839

$￥3,600,000 × (0.19387839 - 0.045) = ￥535,962.204$

積立金総額（目標額）×（複利賦金率 − 利率）＝　積立金

電　【設定：5/4，0】.19387839 − .045 × 3600000 =

(16)　￥504,580

解　$(￥7,600 ÷ 5 × 2,500) + ￥250,000 = ￥4,050,000$

　　　　　　　　　　　　　　　　　　　　　（原価）

$￥4,050,000 × 1.25 = ￥5,062,500$（定価）

$￥5,062,500 × \dfrac{2}{3} × 0.86 = ￥2,902,500$

$(￥5,062,500 × \dfrac{1}{3}) − ￥35,420 = ￥1,652,080$

$￥2,902,500 + ￥1,652,080 − ￥4,050,000 = ￥504,580$

電　7600 ÷ 5 × 2500 + 250000 M- × 1.25 = × 2 × .86 ÷ 3 M+ GT ÷ 3 − 35420 M+ MR

(17)　￥76,773,830

解　7月15日〜10月16日… 94日（両端入れ）

$￥77,450,000 × 0.0339 × \dfrac{94}{365} = ￥676,170.3…$

　　　　　　　　　　　　　　　　　（￥676,170）

手形金額 × 割引率 × $\dfrac{割引日数}{365}$ ＝ 割引料

$￥77,450,000 − ￥676,170 = ￥76,773,830$

電　【設定：CUT（S型は↓），0】
77450000 M+ × .0339 × 94 ÷ 365 M- MR

(18)　￥50,127,806

解　半年1期のため，

4％ → 2％，4年3か月 → 8期と3か月

2％,8期 → 1.1716 5938

$￥42,360,000 × 1.17165938 × (1 + 0.02 × \dfrac{3}{6})$

$= ￥50,127,806.2…$（4捨5入より，$￥50,127,806$）

電　【設定：5/4，0】
.02 × 3 ÷ 6 + 1 × 42360000 × 1.17165938 =

(19)　￥473,910

解　日数は，上から93日，66日，17日となる。

$(￥52,240,000 × 93) + (￥31,480,000 × 66)$

　　$+ (￥23,150,000 × 17) = ￥7,329,550,000$

$￥7,329,550,000 × 0.0236 ÷ 365 = ￥473,910.6…$

　　　　　　　　　　　　　　　　　（￥473,910）

電　【設定：CUT（S型は↓），0】
52240000 × 93 = 31480000 × 66 = 23150000 × 17 = GT
× .0236 ÷ 365 =

(20)

解　4.5％，4期の複利賦金率…0.2787 4365

毎期の年賦金　　　$￥3,500,000 × 0.27874365 = ￥975,603$

年賦金の合計　　　$￥975,603 × 4 = ￥3,902,412$

支払利息の合計　　$￥3,902,412 − ￥3,500,000 = ￥402,412$

1期の期首未済元金　　$￥3,500,000$

1期の期末支払利息　　$￥3,500,000 × 0.045 = ￥157,500$

1期の期末元金償還高　$￥975,603 − ￥157,500 = ￥818,103$

2期の期首未済元金　　$￥3,500,000 − ￥818,103 = ￥2,681,897$

2期の期末支払利息　　$￥2,681,897 × 0.045 = ￥120,685$

2期の期末元金償還高　$￥975,603 − ￥120,685 = ￥854,918$

3期の期首未済元金　　$￥2,681,897 − ￥854,918 = ￥1,826,979$

3期の期末支払利息　　$￥1,826,979 × 0.045 = ￥82,214$

3期の期末元金償還高　$￥975,603 − ￥82,214 = ￥893,389$

4期の期首未済元金・4期の期末元金償還高…

　　　　　　$￥1,826,979 − ￥893,389 = ￥933,590$

4期の期末支払利息　　$￥975,603 − ￥933,590 = ￥42,013$

電　【設定：5/4，0】

3500000 × .27874365 M+　　　　　（975,603）

× 4 =　　　　　　　　　　　　　（3,902,412）

− 3500000 =　　　　　　　　　　（402,412）

3500000　　　　　　　　　　　　（3,500）

× .045 =　　　　　　　　　　　　（157,500）

− MR =（−は記入しない）　　　　（−818,103）

+ 3500000 =　　　　　　　　　　（2,681,897）

× .045 =　　　　　　　　　　　　（120,685）

− MR =（−は記入しない）　　　　（−854,918）

+ 2681897 =　　　　　　　　　　（1,826,979）

× .045 =　　　　　　　　　　　　（82,214）

− MR =（−は記入しない）　　　　（−893,389）

+ 1826979 =　　　　　　　　　　（933,590）

− MR =（−は記入しない）　　　　（−42,013）

第145回試験問題　解答（本冊 p.184）

（A）乗算問題　　　□□□□□ 珠算・電卓採点箇所　● 電卓のみ採点箇所

1	¥659,600,056			●3.41%	
2	¥42,625,670	¥702,229,608		0.22%	●3.63%
3	¥3,882			0.00%（0 %）	
4	¥18,652,931,892	●¥18,653,466,879		●96.37%	96.37%
5	¥534,987			0.00%（0 %）	
		●¥19,355,696,487			

6	$2,114,064.40			3.43%	
7	$77.11	●$10,539,095.96		0.00%（0 %）	17.12%
8	$8,424,954.45			●13.68%	
9	$93,102.05	$51,037,042.34		0.15%	●82.88%
10	$50,943,940.29			●82.73%	
	珠算各10点，100点満点	●$61,576,138.30	電卓各5点，100点満点		

（B）除算問題

1	¥53,156			●11.26%	
2	¥1,660	●¥63,841		0.35%	13.52%
3	¥9,025			1.91%	
4	¥891	¥408,218		0.19%	●86.48%
5	¥407,327			●86.29%	
		●¥472,059			

6	£3.72			0.04%	
7	£8,141.29	£8,171.99		●85.42%	●85.74%
8	£26.98			0.28%	
9	£708.54	●£1,358.97		●7.43%	14.26%
10	£650.43			6.82%	
	珠算各10点，100点満点	●£9,530.96	電卓各5点，100点満点		

（C）見取算問題

No.	1	2	3	4	5
計	¥16,480,555,008	¥348,499	¥959,877,785	¥225,339,536	¥5,780,938
小計	¥17,440,781,292			●¥231,120,474	
合計	●¥17,671,901,766				
答え比率	●93.26%	0.00%（0 %）	5.43%	●1.28%	0.03%
小計比率	●98.69%			1.31%	

No.	6	7	8	9	10
計	€−3,466,241.83	€53,050,538.51	€40,267,634.55	€88,172,413.59	€601,487.83
小計	●€89,851,931.23			€88,773,901.42	
合計	●€178,625,832.65				
答え比率	−1.94%	29.70%（29.7%）	●22.54%	49.36%	●0.34%
小計比率	50.30%（50.3%）			●49.70%（49.7%）	

珠算各10点，100点満点　　　　　　　　　　電卓各5点，100点満点

ビジネス計算部門

（ 1 ）	¥653,794	（11）	¥264,320
（ 2 ）	0.285%	（12）	¥4,976,340
（ 3 ）	¥3,923,580	（13）	¥17,345,280
（ 4 ）	¥483,288	（14）	¥312,406
（ 5 ）	D ¥744 E ¥468 F ¥3,455	（15） （16）	¥93,618,596 ¥65,039,695
（ 6 ）	¥9,278,200	（17）	1.657%
（ 7 ）	3割1分8厘	（18）	¥8,339,384
（ 8 ）	¥24,324,447	（19）	¥5,574,000
（ 9 ）	¥5,678,400	（20）	＊
（10）	¥76,542,043		

（20）

期数	期首未済元金	年賦金	支払利息	元金償還高
1	1,900,000	195,629	114,000	81,629
2	1,818,371	195,629	109,102	86,527
3	1,731,844	195,629	103,911	91,718
4	1,640,126	195,629	98,408	97,221

第146回試験問題　解答（本冊 p.192）

（A）乗算問題

	珠算・電卓採点箇所	● 電卓のみ採点箇所

1	¥769,815,056
2	¥5,574,362,730
3	¥221
4	¥96,758,050
5	¥8,137,080,379

●¥6,344,178,007	●5.28%		
	38.24%	43.52%
	0.00%（0%）	
¥8,233,838,429	●0.66%	●56.48%
	55.82%	
●¥14,578,016,436		

6	€4,942,485.09
7	€10,622.33
8	€5,885,990.82
9	€3,795.93
10	€6,563,283.50

€10,839,098.24	28.40%（28.4%）	
	0.06%	●62.27%
	●33.82%	
●€6,567,079.43	0.02%	37.73%
	●37.71%	
●€17,406,177.67		

珠算各10点，100点満点　　　電卓各5点，100点満点

（B）除算問題

1	¥54,108
2	¥4,217
3	¥8,674
4	¥205,596
5	¥389

¥66,999	19.82%	
	●1.54%	●24.54%
	3.18%	
●¥205,985	●75.31%	75.46%
	0.14%	
●¥272,984		

6	$937.23
7	$6.25
8	$14.90
9	$7,606.51
10	$813.92

●$958.38	●9.99%	
	0.07%	10.22%
	0.16%	
$8,420.43	81.10%（81.1%）	●89.78%
	●8.68%	
●$9,378.81		

珠算各10点，100点満点　　　電卓各5点，100点満点

（C）見取算問題

No.	1	2	3	4	5
計	¥3,630,658,230	¥977,546	¥26,494,743,670	¥89,494,454	¥738,970,560

小計	●¥30,126,379,446			¥828,465,014	
合計	●¥30,954,844,460				

答え 比率	●11.73%	0.00%（0%）	85.59%	●0.29%	2.39%
小計 比率	97.32%			●2.68%	

No.	6	7	8	9	10
計	£266,670,970.18	£108,564.83	£89,511,955.16	£−690,389.76	£470,000,255.

小計	£356,291,490.17			●£469,309,865.38	
合計	●£825,601,355.55				

答え 比率	32.30%（32.3%）	0.01%	●10.84%	−0.08%	●56.93%
小計 比率	●43.16%			56.84%	

珠算各10点，100点満点　　　電卓各5点，100点満点

ジネス計算部門

）	¥57,927	(11)		2割4分1厘
）	¥81,297,949	(12)		¥94,845,606
）	¥40,480,000	(13)		1.54%
）	¥25,143	(14)		¥770,179
）	¥37,253,580	(15)		¥19,123,810
）	¥6,225,107	(16)		¥33,268,000
）	A 1.4% B 2.9% C 0.8%	(17)		¥9,038,007
）		(18)		¥8,037,593
）	¥41,200,000	(19)		¥662,016
）	¥26,945,591	(20)		＊
）	¥343,186			

）)

数	積立金	積立金利息	積立金増加高	積立金合計高
	598,766	0	598,766	598,766
	598,766	32,932	631,698	1,230,464
	598,766	67,676	666,442	1,896,906
	598,766	104,328	703,094	2,600,000
	2,395,064	204,936	2,600,000	―

第147回試験問題　解答（本冊 p.200）

（A）乗算問題

　　　　　　　□ 珠算・電卓採点箇所　　● 電卓のみ採点箇所

1	¥550,423,692			●3.66%	
2	¥365,056,350	¥923,460,746		2.43%	●6.14%
3	¥7,980,704			0.05%	
4	¥978	●¥14,104,638,554		0.00%（0％）	93.86%
5	¥14,104,637,576			●93.86%	
		●¥15,028,099,300			

6	£6,394,723.40			●2.46%	
7	£967,526.03	●£7,411,554.07		0.37%	2.85%
8	£49,304.64			0.02%	
9	£18,406.09	£252,500,710.93		●0.01%	●97.15%
10	£252,482,304.84			97.14%	
		●£259,912,265.00 （£259,912,265）			

珠算各10点，100点満点　　　　　　　　電卓各5点，100点満点

（B）除算問題

1	¥8,175			1.85%	
2	¥1,654	●¥10,578		0.37%	2.40%（2.4%）
3	¥749			●0.17%	
4	¥94,723	¥430,630		21.47%	●97.60%（97.6%）
5	¥335,907			●76.13%	
		●¥441,208			

6	€8.26			0.14%	
7	€206.70	€746.04		●3.62%	●13.08%
8	€531.08			9.31%	
9	€4,891.92	●€4,956.13		85.79%	86.92%
10	€64.21			●1.13%	
		●€5,702.17			

珠算各10点，100点満点　　　　　　　　電卓各5点，100点満点

（C）見取算問題

No.	1	2	3	4	5
計	¥7,540,399	¥9,599,815	¥8,585,406,257	¥6,205,841,811	¥5,893,192

小計	¥8,602,546,471			●¥6,211,735,003	
合計	●¥14,814,281,474				

答え比率	0.05%	0.06%	●57.95%	41.89%	●0.04%
小計比率	●58.07%			41.93%	

No.	6	7	8	9	10
計	$20,369,453.82	$44,420,763.28	$−13,404,189.63	$524,215,436.78	$32,039,589.4

小計	●$51,386,027.47			$556,255,026.24	
合計	●$607,641,053.71				

答え比率	●3.35%	7.31%	−2.21%	●86.27%	5.27%
小計比率	8.46%			●91.54%	

珠算各10点，100点満点　　　　　　　　電卓各5点，100点満点

ビジネス計算部門

1）	¥321,823	(11)	¥91,476,929
2）	0.175%	(12)	¥485,734
3）	¥21,684,460	(13)	2.963%
4）	¥1,479	(14)	8分8厘
5）	¥45,940,677	(15)	A ¥557 B ¥426 C ¥3,225
6）	¥9,373,258		
7）	¥6,137,600	(16)	¥70,535,717
8）	¥5,575,076	(17)	¥181,326,211
9）	¥2,915,761	(18)	¥35,301,400
10）	¥69,465,600	(19)	¥73,500
		(20)	＊

(20)

期数	期首帳簿価額	償却限度額	減価償却累計額
1	61,290,000	8,151,570	8,151,570
2	53,138,430	7,067,411	15,218,981
3	46,071,019	6,127,445	21,346,426
4	39,943,574	5,312,495	26,658,921

MEMO

MEMO

※各種データのダウンロードファイルを開く際は，以下の8ケタを入力してください。

Uf59hES8

また，ダウンロードの手順は次のとおりです。

東京法令出版ホームページ → 「とうほう（教育）」→ 「副教材関連データダウンロード」→ 「全商ビジネス計算実務検定
模擬テスト」→ ダウンロードボタンをクリック